聆听城市

深圳城市声景探索之旅

余 磊 张明棣 许 愿 黄其钰 郭键锋 唐 力/编著

中国环境出版集团·北京

图书在版编目（CIP）数据

聆听城市 ：深圳城市声景探索之旅 / 余磊等编著. --
北京 ：中国环境出版集团，2021.3
ISBN 978-7-5111-4690-8

Ⅰ. ①聆… Ⅱ. ①余… Ⅲ. ①城市空间－建筑声学－
深圳 Ⅳ. ①TU984.265.3

中国版本图书馆CIP数据核字(2021)第055045号

出 版 人 武德凯
责任编辑 曲 婷
责任校对 任 丽
装帧设计 宋 瑞

出版发行 中国环境出版集团
（100062 北京市东城区广渠门内大街 16 号）
网 址：http://www.cesp.com.cn
电子邮箱：bjgl@cesp.com.cn
联系电话：010-67112765（编辑管理部）
发行热线：010-67125803，010-67113405（传真）
印 刷 北京中科印刷有限公司
经 销 各地新华书店
版 次 2021 年 3 月第 1 版
印 次 2021 年 3 月第 1 次印刷
开 本 787×1092 1/16
印 张 26.75
字 数 500 千字
定 价 150.00 元

序

噪声给现代社会带来的严重环境污染，一直是社会健康关注的重要“话题”。传统基于声学物理量的噪声控制方法已不适应当前城市的生态化建设要求，而声景领域的研究与发展则为噪声控制提供更为科学的理论及方法。“声景”理论由加拿大音乐家默里•沙费（R. Murray Schafer）于20世纪中叶提出，该理论强调环境声的景观特征，明确提出环境声不是噪声，只有给人们带来烦躁的环境声才是噪声，人们喜闻乐见的环境声是环境资源，应加以保护利用。声景重声环境感知的美学效果，将传统噪声范畴中包含的人们喜闻乐见的声音剥离出来，真实反映了人们对环境声的感知，为噪声提供了更为清晰的范畴。同时，也是反映一个城市生态状况的景观指标。对于深圳这样生态环境优渥的城市而言，展示她丰富多元的声景，对城市的生态化发展有着重要意义。

深圳是中国南海之滨的一座重要都市。她紧邻东方明珠的香港，自然生态环境优渥。在深圳环境监测中心站的支持下，哈尔滨工业大学（深圳）声景研究小组经过5年多的辛苦勘测，掌握了深圳城市中大量的声景样本，这些声音样本充分展示了深圳“城市之音”，可窥一斑她丰富多姿的生态面貌。基于哈工大（深圳）声景小组的长期耕耘，《聆听城市》一书反映了深圳这座南海之滨都市独特的声景。无论是啾啾鸟鸣还是惊涛拍岸，处处体现了该市原始生态之貌；大珠小珠落玉盘的公园活动声掺杂着此起彼伏的商业喧嚣声，则体现了其丰富多彩的社会活动，而这些跳跃的音符均淹没在城市中纵横交织的交通声中。通过本书收录的大量图片及音频资料，全面展现了深圳充满魅力的“听”之风景，揭示了声景之于该城市发展的丰富内涵，阐释了声景之于城市的重要价值。

基于哈工大（深圳）研究团队难能可贵的工作，本书的出版将会为声景的推广与应用起到积极示范作用，为丰富城市景观多样性而进行地多方位规划设计工作起到推动作用。该书的出版将使读者们认识到：一个城市不仅可以愉快地“看”、还能够细细地“听”。

康健

前言

自人类社会进入工业文明以来，城市就越来越多地充斥着各种机械声音，这给人们带来了烦躁的听觉感受。由此，噪声污染逐渐成为工业化城市存在的主要城市病之一，并受到了社会各界的广泛关注。实际上，今天城市监测的“噪声”并非真实语义上的噪声。虽然现代化都市充斥着各色令人烦躁的交通声、机械声、社会生活声，但是，蝉鸣鸟叫、涓涓流水依然存在于我们生活的城市中，并受到人们的普遍喜爱。然而，城市噪声控制的依据是采用环境等效声级测量值，没有环境声源信息。在此情况下，所有环境声均上了噪声负面清单。对此，默里・沙弗（R.Murray Schafer）于20世纪60年代提出了“声景”概念，作为对我们所处环境听觉感知的完整描述。声景与噪声对人居声环境认识不同，前者关注的是听觉感知效果，而非声音物理量。它将人们喜爱的声音从传统噪声范畴中剥离出来，将声环境考虑为整个生态环境的部分，而非城市“废物”。由此可见，声景理念符合当前城市生态发展要求，特别对深圳具备天然生态环境条件的大都市，有着极其重要的意义。

深圳位于我国南海之滨，地处珠江口东岸，东临大亚湾和大鹏湾，西濒伶仃洋，隔深圳河与香港相连，是当前粤港澳大湾区建设中的四大中心城市之一，具有良好天然生态资源。从深圳城市化发展过程来看，城市建设与原生的生态环境之间存在着一种交融关系，形成了一种生态城市格局。城市中具有原生态、半原生态、人工等三种生态基底。当城市区域中原生态基底较多时，则具有较多自然声源，形成了自然声景；当城市区域中人工建设较多时，则具有较多的人工性声源（社会生活声、机械声），形成了人工声景。深圳自建市以来，经过 40 年发展，目前已有 10 个行政区。它们由东至西分别为大鹏、盐田、龙岗、坪山、罗湖、龙华、福田、南山、光明、宝安。这些行政区域内或多或少存在以上三种生态基底，对于开发强度低的区域，生态基底保留较多，对开发强度高的区域，已几乎很少可见原生态基底。基于开发强度，10 个行政区可划分为基本未开发区、已开发区、和正在开发区。大鹏新区属于基本未开发区，除了少量旅游设施外，基本保持了原生态格局，以自然声景居多。龙岗、坪山、龙华、光明、宝安处于新区开发阶段，原生态格局受到一定破坏，随着时间推移，城市声景由自然向人工方向变化越来越大。盐田、罗湖、福田、南山属于城市建成区，原生态格局已基本改变，城市声景以人工为主，存在少量自然声景。随着城市更新、生态环境建设，自然声景正在逐步增加。

本书在深圳市噪声源识别项目、声环境监测研究等项目支持下，收集到了深圳 6 个行政区的环境声数据，并根据它们的声源特征，为深圳划分了自然声景、机械声景、生活声景、混元声景等 4 种类别的声景。6 个行政区包括了基本未开发的大鹏新区，正处于城市化新区开发阶段的龙岗、坪山、宝安区，以及已完成开发、处于城市更新阶段的罗湖、福田、南山区。无论这些区域具有怎样的开发强度，均保留有了一定的自然生态基底，具有公园城市特色，形成了丰富多彩的城市声景。

本书主要展现了由人、声音、景观形成的多姿多彩的生态城市声景世界。从自然之声、机械之声、生活之声、混元之声四个篇章展现了深圳城市包含的声景。自然之声篇反映了六大区域生态基底上的声景情况；机械之声主要描述了六大区繁忙的交通景象；生活之声和混元之声则从社会生活层面描绘了深圳的都市生活景象。每一篇章均是按照大鹏、罗湖、福田、南山、宝安、龙岗的区域顺序，以画卷方式展开。既展现了典型城市空间的形象，又提供了可聆听的城市之声，并辅以了相关知识说明。整本书以图、文、音并茂的方式，向读者提供了了解深圳城市各类特色声景的第一手资料。在多媒体技术支持下，使读者能够沉浸在深圳城市声景的包裹中，徜徉在聆听城市的海洋里。

经过一年多时间的编辑整理，本书稿终告完成。饮水思源，在此向所有作者的殷切期许表达谢意。希望通过此书能够传播声景理念，是大众了解深圳城市声景状况，和更好地认识深圳城市生态格局、景观格局、城市生活状况，从听觉感知角度去感受深圳的城市魅力，同时掌握一定的声景理论知识。

本书的出版不仅是所有作者努力的结果，而且还要感谢那些为了帮助它诞生而付出了辛勤努力的人们。首先要感谢参与本书素材收集及编写工作的张希立、张鹏、李云鹏、刘芳、张璐、邱瑞、徐舶闻、朱彬豪、孔德辉、杨晓晔、叶泳怡、刘玉婷、杨凡、何茹涵、徐泽宇等同学；此外，特别要感谢徐东超同学两年多来对深圳声景数据收集的艰辛工作及其后期的分析工作。其次要感谢所有师长、家人、朋友们的支持，是所有人的努力使得本书得以完成，并不断完善。最后，特别鸣谢本书得以付梓的幕后英雄。他们是哈尔滨工业大学（深圳）的何茹涵同学在文字校对、图片修编方面的辛苦工作，以及中国环境出版社的编辑和工作人员在文稿润色、出版安排等方面带来巨大的帮助与启发。

注释

*L*eq	某一时间内段的声压级按能量的平均值称为等效连续声级，即 *L*eq
dB(A)	dB 即分贝，是声强与声压级的计量单位。dB(A) 是 A 计权声压级，该计权是基于人耳对声音频率的反应，常用作计量环境声级
FFT	FFT，即傅立叶变换，能将一个时域范围内的声音物理量转换该时段的频域物理量。能够反映一段时间内的声音在不同频域上的压力值
Level vs. Time	Level vs. Time，即声音的时域图。表达了声音在时间上的压力变化
Left / Right	Left 代表左声道声音，Right 代表右声道声音
	二维码对应相应环境中的音频片段。读者通过扫码方式，可以聆听该位置的音频，再结合视景图，可在脑海中形成虚拟的声景
声音时间段划分	清晨之声指的是 5:00 ～ 8:00 的声音；上午之声指的是 8:00 ～ 11:00 的声音；午间之声指的是 11:00 ～ 13:00 的声音；下午之声指的是 13:00 ～ 17:00 的声音；傍晚之声指的是 17:00 ～ 18:00 的声音；夜间之声指的是 18:00 ～ 5:00 的声音

目录 Contents

贰 机械之声 103

莺歌燕语

蛙鸣蝉噪

潺潺流水

惊涛拍岸

风声鹤唳

雨打芭蕉

自然之声

I·Voice of Nature

壹

大 鹏

大鹏新区是深圳别称“鹏城”的由来，位于深圳城市东南部。大鹏新区三面临海、一面环山；东临大亚湾、西抱大鹏新区湾，东北面连接深圳盐田区、坪山新区，与香港新界隔海相望。其地理位置为东经 114° 22′ ～ 114° 36′、北纬 22° 26′ ～ 22° 40′，区内山多平地少，地形较为复杂。其自然地貌以滨海低山、丘陵为主，山海之间零星分布着宽谷小平原。气候属亚热带海洋性季风气候，四季温和，阳光充足。大鹏新区行政辖区面积为 600 平方千米，辖区内共有 25 个行政社区。大鹏新区陆域面积为 295 平方千米，海域面积 305 平方千米，海岸线长 295 公里，约占深圳市总海岸线长的 1/2。大鹏新区是深圳最早有古人类活动的地方之一，明清时期，是中国南部重要的海防要塞，闻名遐迩的“大鹏所城”就在大鹏新区内。

大鹏新区从地理环境来看，具有山海相间的地貌特征，植被覆盖率较高，海洋气候明显。温湿的气候条件形成了野生动植物繁茂的生态环境。旖旎的山海风光造就了该区域水天一色、蝉鸣鸟叫、海浪声声、海鸟婉转的自然声景。大鹏新区自然之声篇共包括了 145 个自然声源片段。充分挖掘了大鹏新区自然声景的方方面面，为我们展示了该区域令人心驰神往的“自然音符”。

鹿咀码头视景

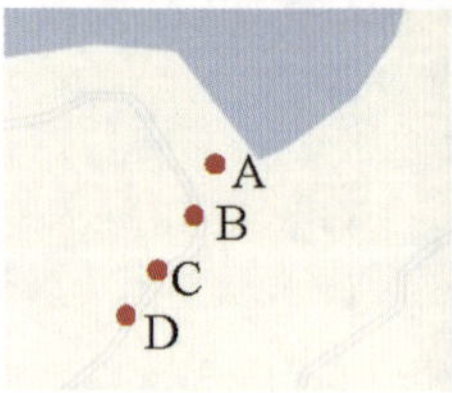

北纬 22° 32′
东经 114° 35′

此处植物类型

首冠藤

假连翘

木麻黄

鹿咀码头 A 处声景：该处位于鹿咀码头接驳处；大部分时段有鸟鸣、虫叫等声音；山光水色之间呈现出海浪低鸣处、虫鸣鸟叫不断的自然声景。

周边环境主要有蜻蜓、鸟、蟋蟀等动物。

工作日声音的声学特征：声级随时间变化明显，为 40 ～ 70 dB(A)；低频声音能力较高，可见该处以低频声为主；左右耳听到的声能量不同，反映出该处环境声具有明显的方向性。

<table>
<tr><th colspan="4">工作日下午之声</th></tr>
<tr><td>声音时长</td><td>1 min</td><td rowspan="3">FFT</td><td rowspan="3">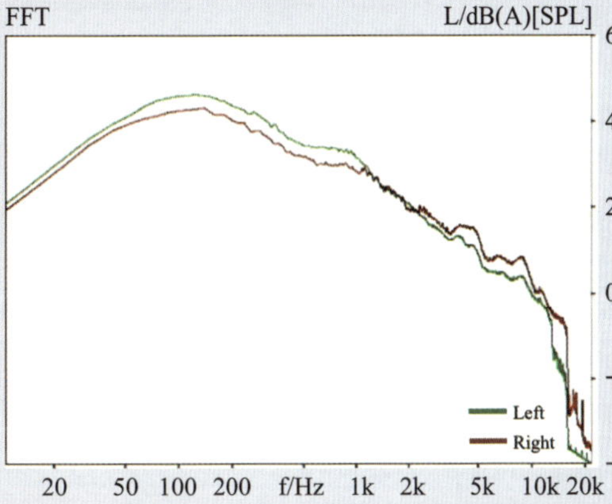
</td></tr>
<tr><td>Leq</td><td>57.3 dB(A)</td></tr>
<tr><td colspan="2">可听见的声音：
______
______
______
______
______
______</td></tr>
<tr><td colspan="2"></td><td>Level vs. Time</td><td>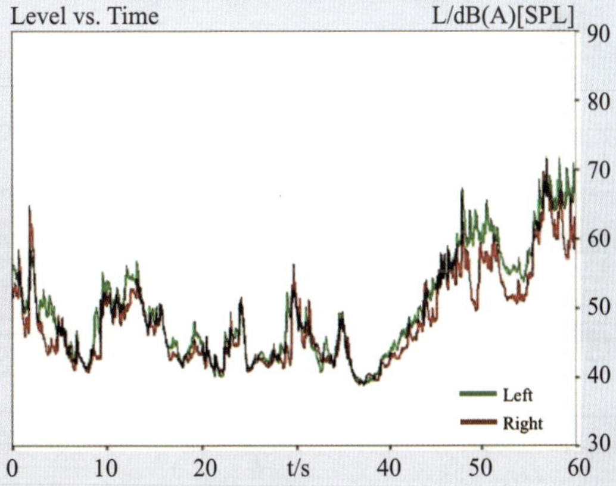
</td></tr>
</table>

工作日清晨之声

工作日上午之声

工作日下午之声

工作日夜间之声 1

工作日夜间之声 2

休息日夜间之声

鹿咀码头 D 处声景：该处位于鹿咀码头的小路；大部分时段有鸟鸣、风声等声音；层峦叠嶂间、阵阵微风中，呈现鸟啭莺啼的自然声景。

周边环境主要有知了、蜻蜓、鸟、蟋蟀等动物。

工作日声音的声学特征：声级随时间有规律变化，为 40 ～ 60 dB(A)；中低频声音能量较高，反映出该处以中低频声音为主，且左右耳可闻的声音能量差别较大；该处的环境声音具有明显的方向性。

工作日清晨之声

声音时长	1 min
Leq	54.1 dB(A)

可听见的声音：

______

______

______

______

______

______

FFT

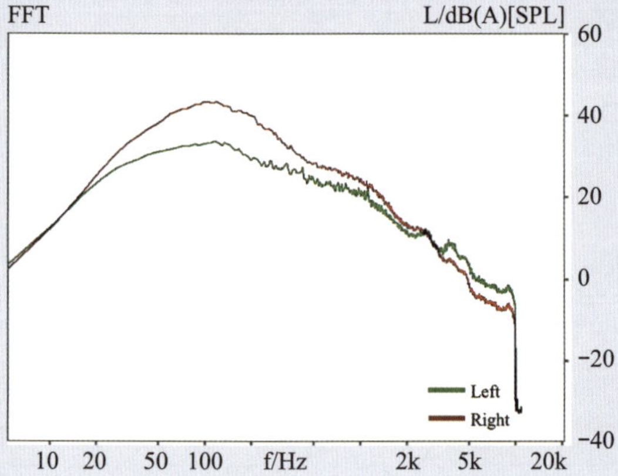

Level vs. Time

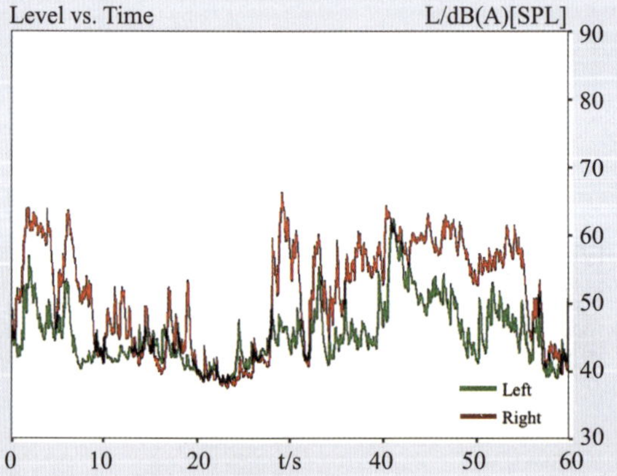

工作日清晨之声　工作日上午之声　工作日下午之声

工作日夜间之声 1　工作日夜间之声 2　休息日夜间之声

鹿咀湿地视景

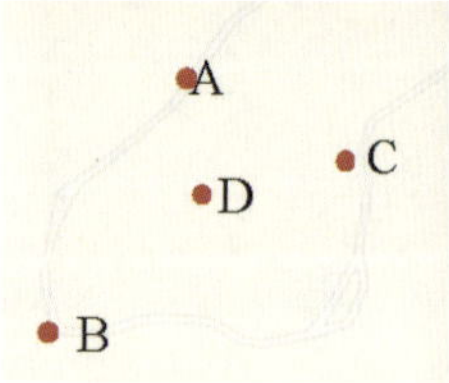

北纬 22° 32′
经 114° 35′

此处植物类型

马占相思

红树

白背叶

鹿咀湿地 B 处声景：该处位于鹿咀湿地的密林中；大部分时段以鸟鸣、蝉叫声为主；碧波荡漾的密林中，呈现出鸟鸣蝉叫的自然声景。

周边环境主要有鸟、蛙、蟋蟀、知了等动物。

工作日声音的声学特征：声级为 50 dB(A) 左右，中高频声音能力较高，可见该处以中高频声为主；左右耳听到的声能量不同，反映出该处环境声具有明显的方向性。

工作日上午之声			
声音时长	1 min	FFT	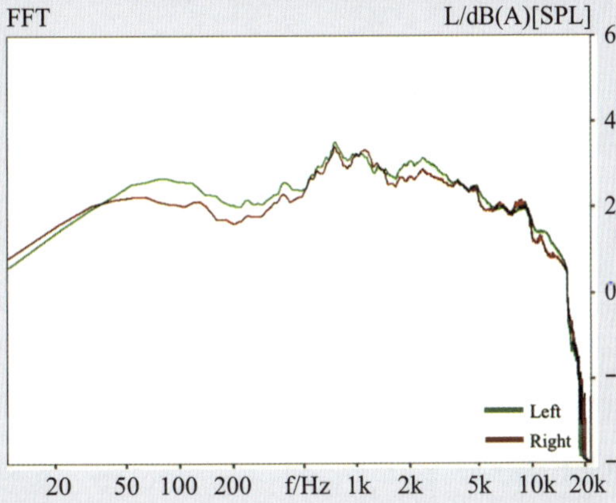
*L*eq	53.5 dB(A)		
可听见的声音： ______ ______ ______ ______ ______ ______			
		Level vs. Time	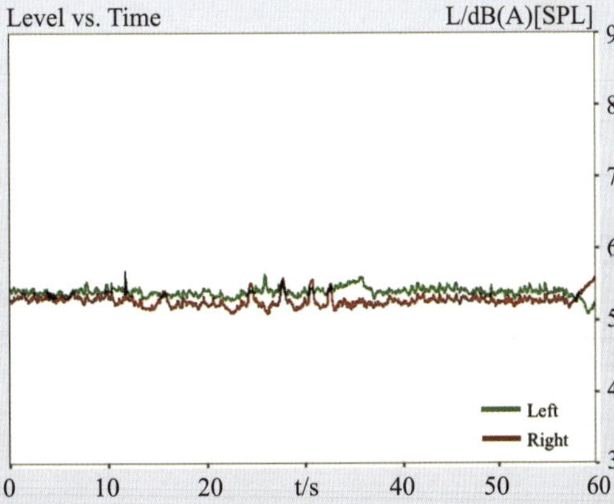

工作日上午之声　　工作日下午之声　　工作日夜间之声 1

工作日夜间之声 2　　休息日上午之声　　休息日下午之声

鹿咀湿地 C 处声景：该处为与鹿咀湿地的道路边；大部分时段以鸟鸣、虫叫等声音为主；呈现出幽谷空鸣、鸟鸣虫叫声不绝的自然声景。

周边环境主要有鸟、蟋蟀、知了等动物。

工作日声音的声学特征：声级为 50 dB(A) 左右，且中、低、高频声音并存，声音的抖动性较强；低频声音的方向性不明显，而中高频声音的方向性较强。

工作日上午之声

声音时长	1 min
Leq	51.8 dB(A)

可听见的声音：

____

____

____

____

____

____

FFT

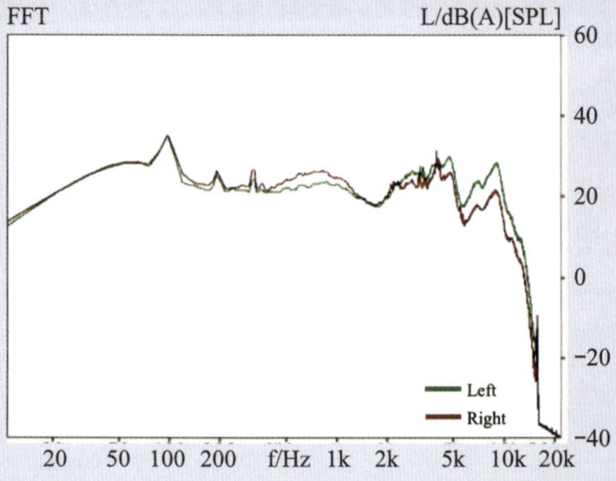

Level vs. Time

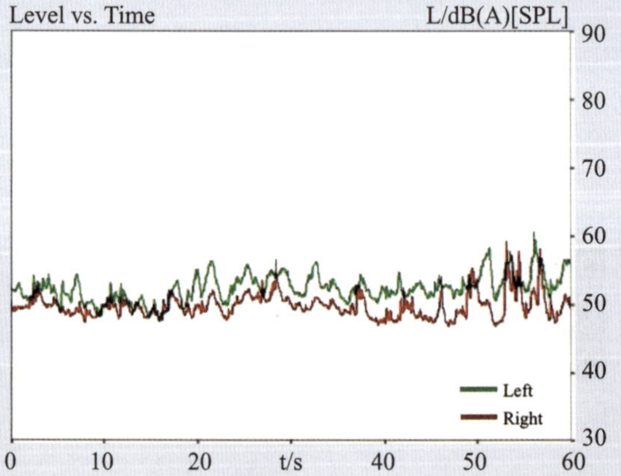

工作日上午之声　工作日下午之声 1　工作日下午之声 2

休息日下午之声

鹿咀湿地 D 处声景：该处位于鹿咀湿地内；大部分时段以鸟鸣、蝉叫等自然声音为主；草木苍翠处，呈现出蝉鸣鸟叫一派生机勃勃的自然声景。

周边环境主要有鸟、蝴蝶、蜜蜂、天牛、蝉等动物。

工作日声音的声学特征：声级为 40 dB(A) 左右；中、低、高频声音并存，所有频段的声音随时间变化的节奏性较强；低频声音的左右耳听阈有差别，反映出该频段的声音存在一定方向性。

<table>
<tr><th colspan="4">工作日下午之声</th></tr>
<tr><td>声音时长</td><td>1 min</td><td rowspan="3">FFT</td><td rowspan="3">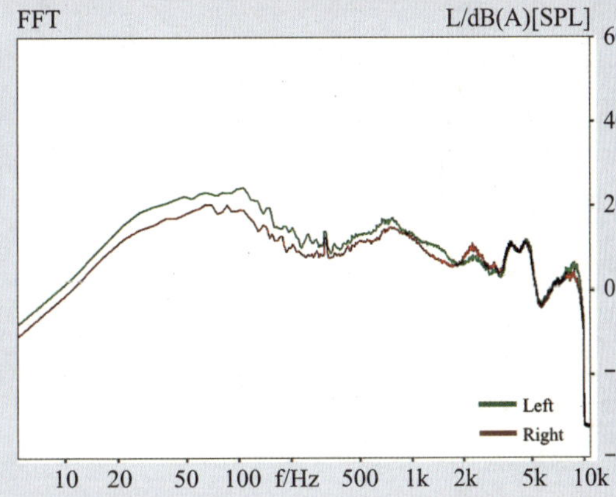
</td></tr>
<tr><td>Leq</td><td>39.6 dB(A)</td></tr>
<tr><td colspan="2">可听见的声音：
______
______
______
______
______
______</td></tr>
<tr><td colspan="2"></td><td>Level vs. Time</td><td>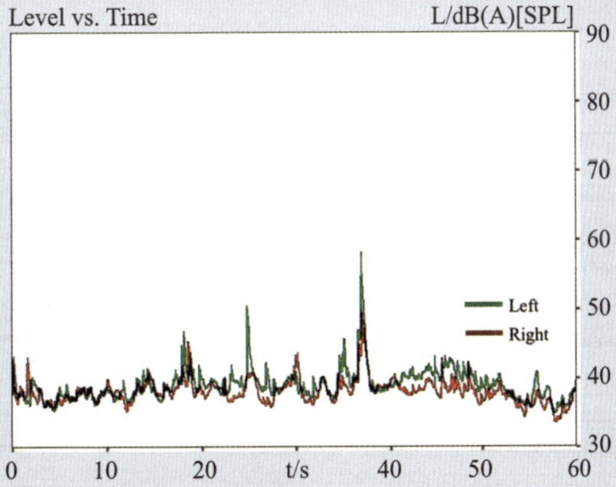
</td></tr>
</table>

工作日清晨之声　　工作日下午之声 1　　工作日下午之声 2

工作日傍晚之声　　休息日下午之声

鹿雁科考线视景

北纬 22° 32′
经 114° 35′

此处植物类型

血桐

鹿雁科考线 B 处声景：该处位于科考线的休息平台；大部分时段以鸟鸣、虫叫声为主；曲径通幽处微风拂面，呈现出鸟鸣虫叫不绝于耳的自然声景。

周边环境主要有鸟、蟋蟀、天牛等动物。

工作日声音的声学特征：声级为 40 dB(A) 左右呈韵律性变化，低频声较明显，中高频声波动性强，可见该处以中低频声为主；左右耳听到的声能量不同，反映出该处环境声具有明显的方向性。

工作日傍晚之声

声音时长	1 min
*L*eq	41.2 dB(A)

可听见的声音：

____
____
____
____
____
____

FFT

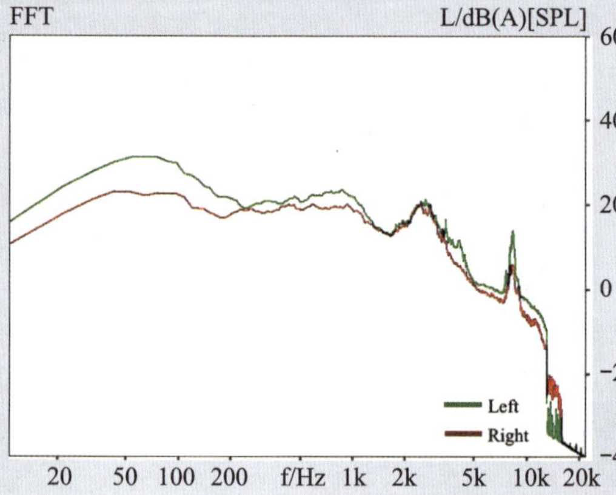

Level vs. Time

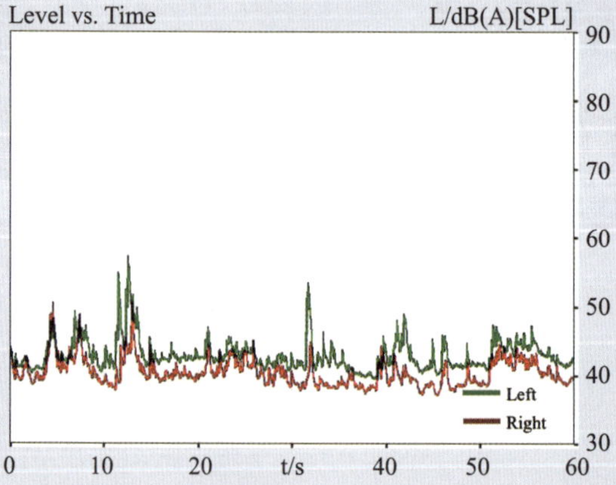

工作日清晨之声 1　工作日清晨之声 2　工作日清晨之声 3

工作日午间之声　工作日下午之声

鹿雁科考线 C 处声景：该处位于科考线的山路上；大部分时段以鸟鸣、虫叫等声音为主；山间小路处绿草如茵、炎炎烈日下虫鸣声此起彼伏，呈现出一派热闹的自然声景。

周边环境主要有鸟、蟋蟀、知了等动物。

工作日声音的声学特征：声级为 50 dB(A) 上下呈韵律性变化，高频声音能力较高，可见该处以高频声为主；左右耳听到的声能量不同，反映出该处环境声具有明显的方向性。

工作日午间之声

声音时长	1 min
*L*eq	50.8 dB(A)

可听见的声音：

______

______

______

______

______

______

FFT

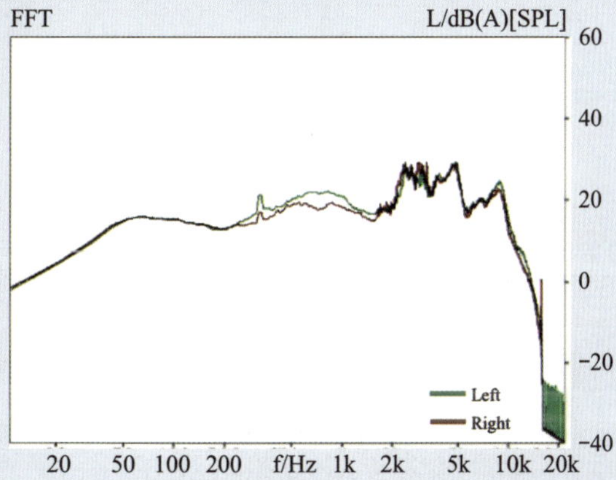

Level vs. Time

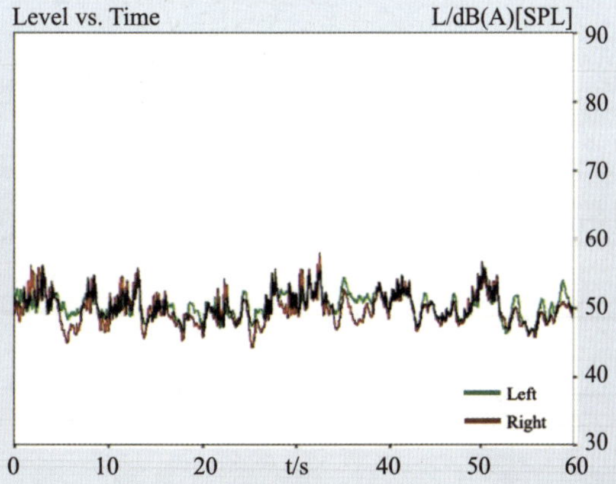

工作日清晨之声 1

工作日清晨之声 2

工作日清晨之声 3

工作日清晨之声 4

工作日傍晚之声

工作日夜间之声

鹿咀山庄海边视景

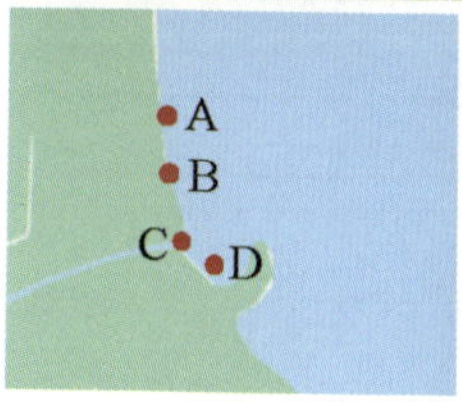

北纬 22° 31′
经 114° 36′

此处植物类型

血桐

鹿咀山庄海边 A 处声景：该处位于大水坑湾海滩上；大部分时段以海浪声、鸟鸣声为主；呈现出浪击礁石、海鸟翱翔的自然声景。

周边环境主要有海鸟等动物。

工作日声音的声学特征：声级为 60 dB(A) 左右，高、中、低频声音并存，所有频段的声音随时间变化的节奏性较弱；高频声音的左右耳听阈有差别，反映出该频段的声音存在一定方向性。

工作日午间之声

声音时长	1 min	FFT	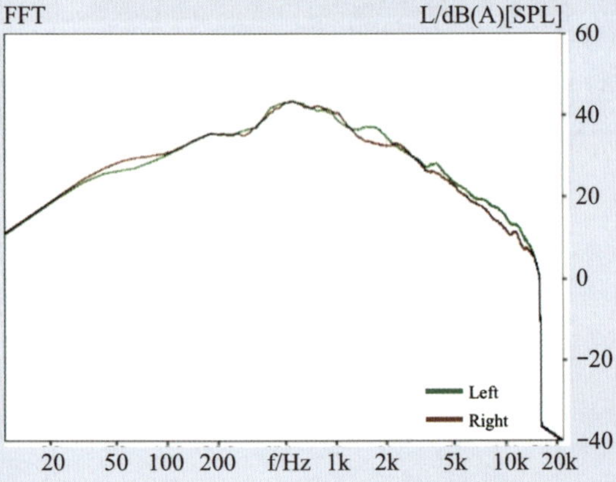
*L*eq	60.6 dB(A)		
可听见的声音： __________ __________ __________ __________ __________ __________		Level vs. Time	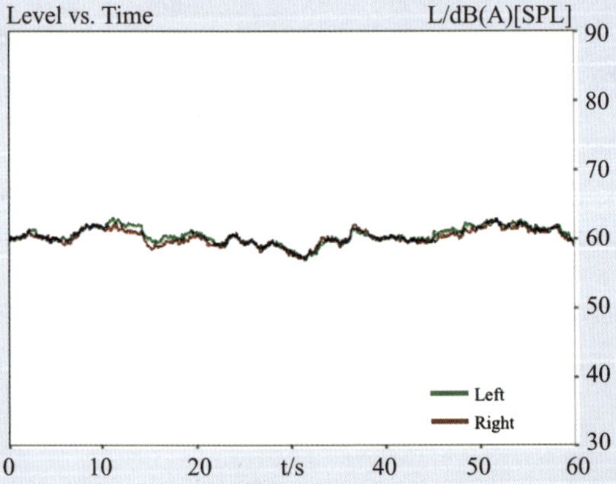

工作日清晨之声 1

工作日清晨之声 2

工作日上午之声

工作日下午之声

工作日傍晚之声

鹿咀山庄海边 D 处声景：该处位于大水坑湾海滩上；大部分时段以海浪声、风声、流水声等声音为主；呈现出惊涛拍岸、浪打礁石的自然声景。

周边环境主要有海鸟等动物。

工作日声音的声学特征：声级为 60 ～ 70 dB(A)，中高频声音较明显，且中高频声波动性强，可见该处以中、高频声为主；整体而言，声音不具有明显的方向性。

工作日清晨之声			
声音时长	1 min	FFT	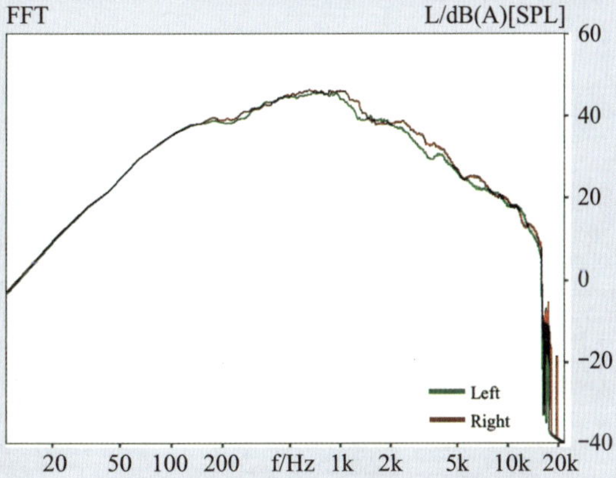
*L*eq	64.5 dB(A)		
可听见的声音： ______ ______ ______ ______ ______ ______			
		Level vs. Time	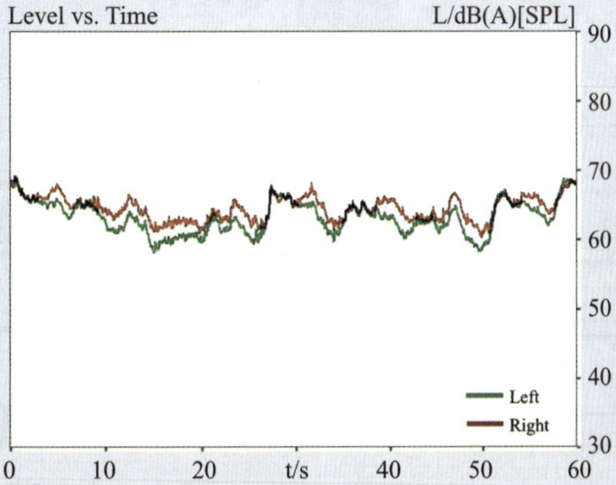

工作日清晨之声 1　　工作日清晨之声 2　　工作日上午之声

工作日下午之声　　工作日傍晚之声

鹿咀山庄海边山谷视景

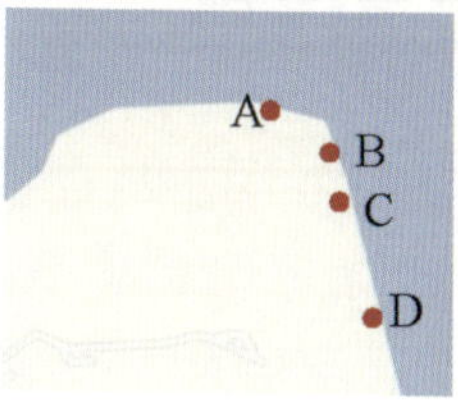

北纬 22° 32′
经 114° 36′

此处植物类型

蟛蜞菊

海桐

假连翘

鹿咀山庄海边山谷 A 处声景：该处位于大鹏新区高山角；大部分时段以流水声、风声等声音为主；呈现出烟波浩渺、流水潺潺的自然声景。

周边环境主要有蝉、鸟等动物。

工作日声音的声学特征：声级为 50 dB(A) 左右，且以中低频声为主，除高频声音外（见下图 10 000 Hz 左右耳听到的声音区别），其他频率段的声音不具有明显的方向性。

工作日上午之声			
声音时长	1 min	FFT	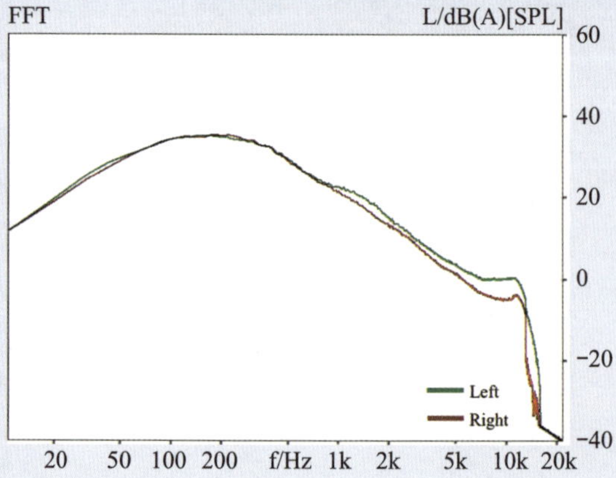
Leq	49.1 dB(A)		
可听见的声音： ______ ______ ______ ______ ______			
		Level vs. Time	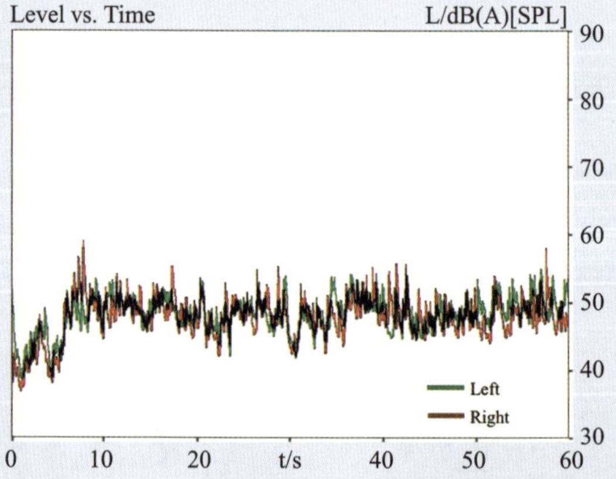

工作日上午之声 1　　工作日上午之声 2　　工作日下午之声

工作日夜间之声 1　　工作日夜间之声 2　　工作日夜间之声 3

鹿咀山庄海边山谷 B 处声景：该处位于大鹏新区高山角；大部分时段以鸟鸣、蝉叫、海浪声等声音为主；石崖绝壁处，呈现出一派浪打礁石的自然声景。

周边环境主要有鸟、蟋蟀、蝉等动物。

工作日声音的声学特征：声级为 40 ～ 50 dB(A) 呈规律性变化；高、中、低频声音（20 ～ 15 Hz）均较多，且低频声音具有一定的方向性（左右耳听觉差别较为明显）。

工作日上午之声			
声音时长	1 min	FFT	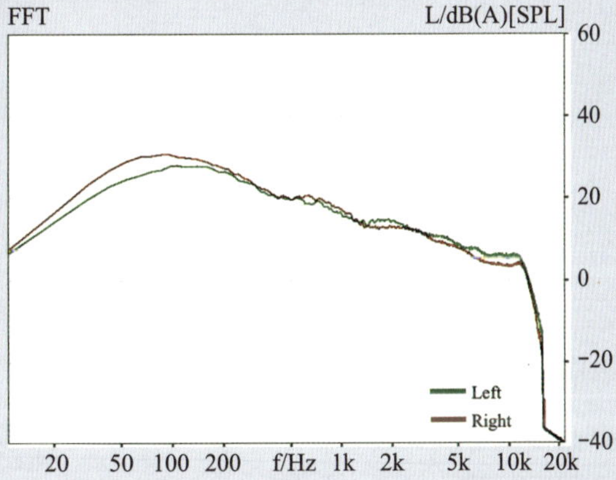
*L*eq	42.8 dB(A)		
可听见的声音：			
		Level vs. Time	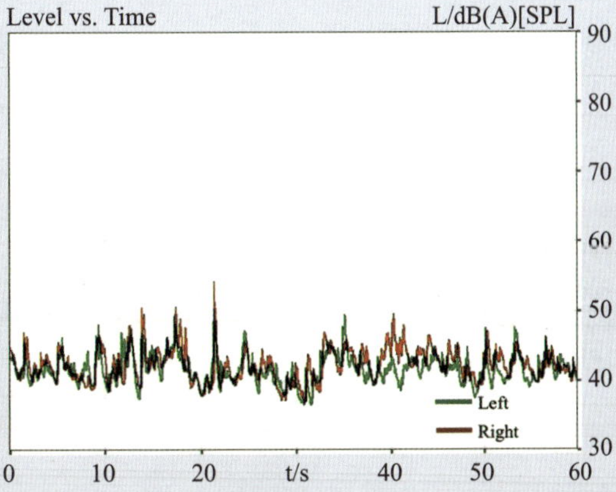

工作日下午之声 1　工作日下午之声 2　工作日下午之声 3

工作日下午之声 4　工作日夜间之声 1　工作日夜间之声 2

鹿咀山庄海边山谷 C 处声景：该处位于大鹏新区高山角，大部分时段以海浪声、风声、虫叫等声音为主；呈现出海浪澎湃、鸟鸣虫叫的自然声景。

周边环境主要有鸟、蟋蟀等动物。

工作日声音的声学特征：声级为 40 ～ 60 dB(A) 呈规律性变化，低频声音具有较高能量，听起来较为明显，可见该处以低频声为主；声音不具有明显的方向性。

工作日上午之声

声音时长	1 min
Leq	50.5 dB(A)

可听见的声音：

FFT

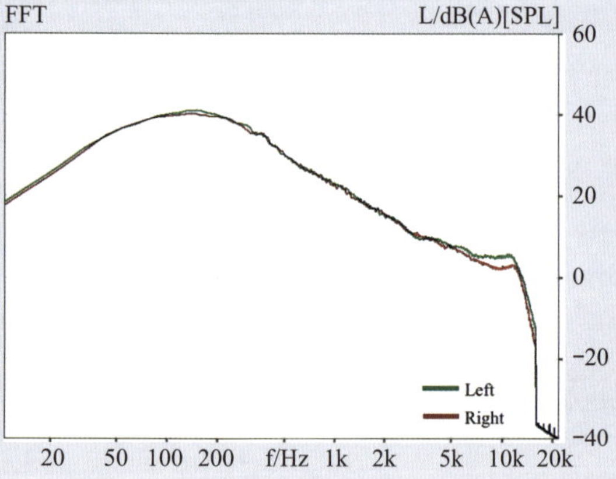

Level vs. Time

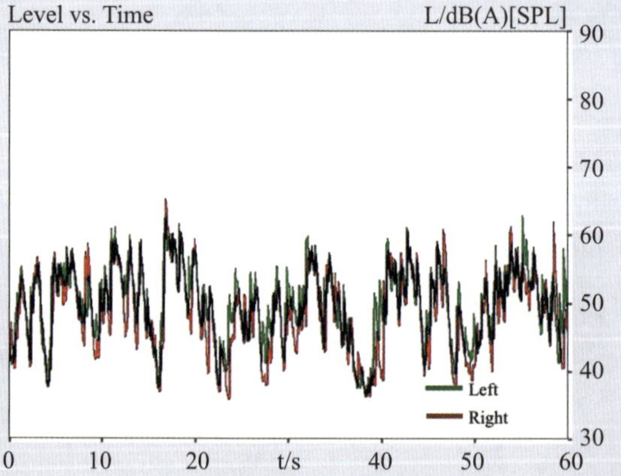

工作日清晨之声　　工作日下午之声　　工作日夜间之声 1

工作日夜间之声 2　　工作日夜间之声 3　　休息日清晨之声

东渔社区视景

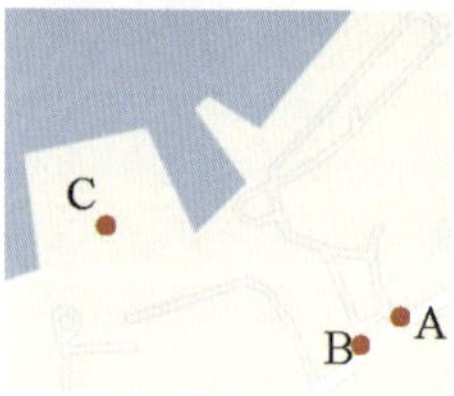

北纬 22° 33′
经 114° 31′

此处植物类型

蟛蜞菊

首冠藤

木麻黄

东渔社区 A 处声景：该处位于东渔村社区内；大部分时段以鸟鸣、虫叫等声音为主；静谧的村落中，呈现出流水声声、虫鸣鸟叫的自然声景。

周边环境主要有蝉、鸟、蝈蝈、蝶等动物。

工作日声音的声学特征：声级为 50 ～ 60 dB(A) 呈规律性变化，高频声音较明显，高频声波动性强，可见该处以高频声为主；且此处的声音不具有明显的方向性。

<table>
<tr><th colspan="4">工作日清晨之声</th></tr>
<tr><td>声音时长</td><td>1 min</td><td rowspan="3">FFT</td><td rowspan="3">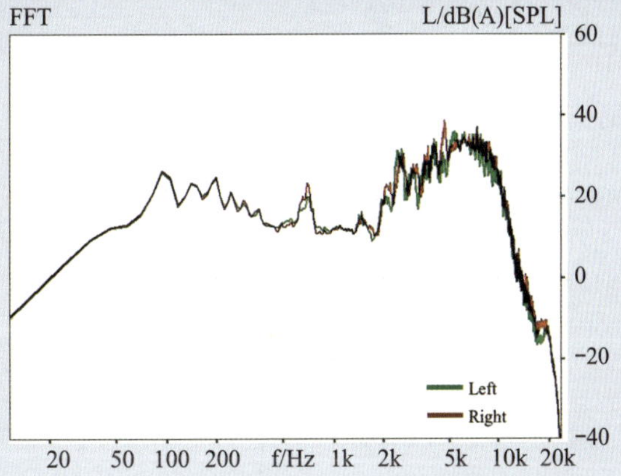
</td></tr>
<tr><td>Leq</td><td>57.8 dB(A)</td></tr>
<tr><td colspan="2">可听见的声音：
____
____
____
____
____
________</td></tr>
<tr><td colspan="2"></td><td>Level vs. Time</td><td>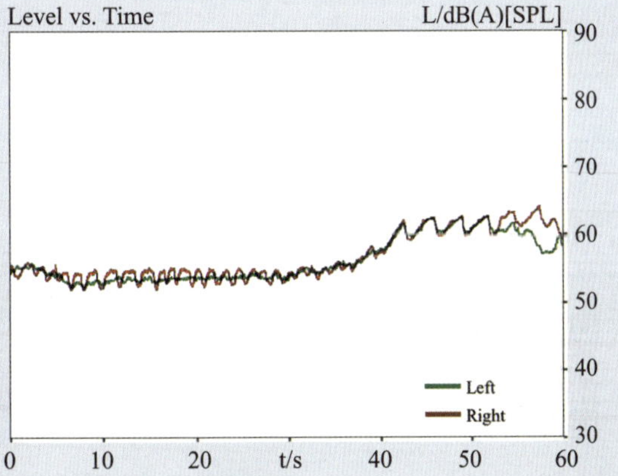
</td></tr>
</table>

工作日清晨之声　工作日上午之声　工作日下午之声

工作日夜间之声　休息日上午之声　休息日下午之声 1

休息日下午之声 2　休息日夜间之声

东渔社区 C 处声景：该处位于东渔村码头接驳处；大部分时段以鸟鸣、虫叫等声音为主；呈现出水波涟漪，鸟啭莺啼的自然声景。

周边环境主要有蝉、鸟、蛙、蝶等动物。

休息日声音的声学特征：声级为 40 ～ 50 dB(A) 存局部性凸起，高频声音较明显，高频声频谱抖动剧烈，可见该处以高频声为主；且存在一定的方向性（存在左右耳听觉差异）。

工作日上午之声			
声音时长	1 min	FFT	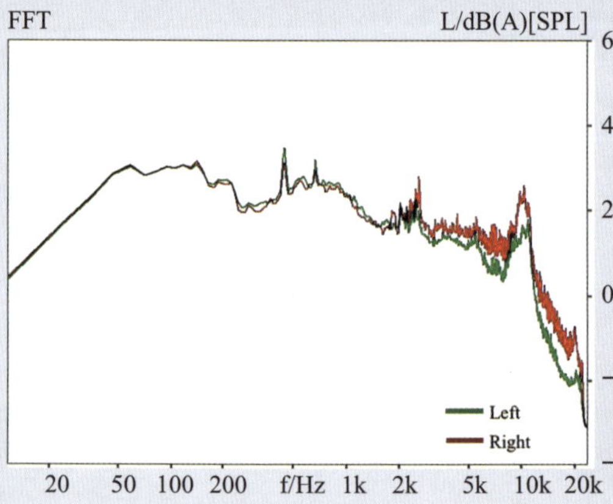
*L*eq	47.3 dB(A)		
可听见的声音： ______ ______ ______ ______ ______ ______			
		Level vs. Time	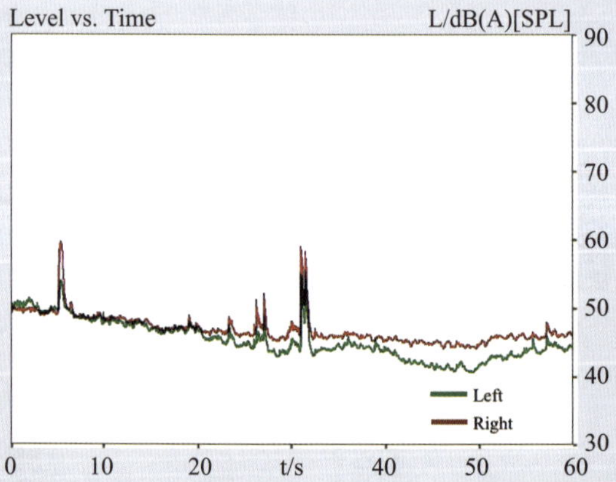

工作日清晨之声　　工作日上午之声 1　　工作日上午之声 2

工作日下午之声　　工作日夜间之声　　休息日清晨之声

七娘山入口视景

北纬 22° 31′
经 114° 32′

此处植物类型

鬼针草

五节芒

海芋

朱蕉

花叶艳山姜

七娘山入口 B 处声景：该处位于大鹏新区半岛国家地质公园入口的溪边；工作日清晨时段以鸟鸣、虫叫、流水声等声音为主；绿树掩映下，工作日清晨呈现出流水潺潺、蝉鸣鸟叫声不绝于耳的自然声景。

周边环境主要有蝶、鸟、蝉、蟋蟀等动物。

工作日声音的声学特征：声级为 50 ～ 60 dB(A)，中高频声音较明显，且中高频声频谱抖动剧烈，可见该处以中高频声为主。整体而言，声音的方向性并不明显。

工作日清晨之声			
声音时长	5 min	FFT	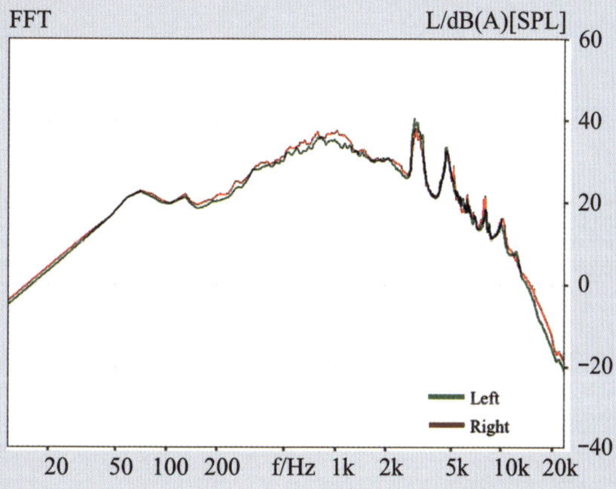
*L*eq	56.7 dB(A)		
可听见的声音：		Level vs. Time	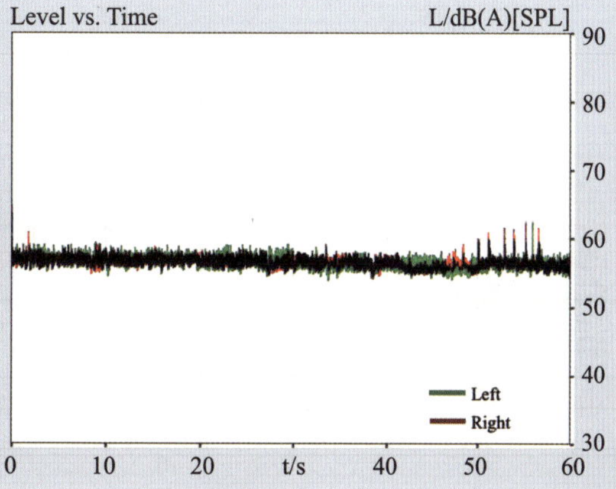

工作日清晨之声　工作日上午之声　工作日午间之声

工作日下午之声　工作日夜间之声

七娘山入口 C 处声景：该处位于大鹏新区半岛国家地质公园的小道内；大部分时段以鸟鸣、虫叫、海浪声等声音为主；曲径通幽处，呈现出草木繁茂、蝉鸣鸟叫声声入耳的声景。

周边环境主要有蝶、鸟、蝉、蟋蟀、蜘蛛等动物。

工作日声音的声学特征：声级为 60 dB(A) 上下浮动，中高频声音较明显，且中高频声频谱抖动剧烈，尤其在 5 000 Hz 左右的声音凸起明显，可见该处以中高频声为主；声音的方向性较明显。

工作日清晨之声			
声音时长	5 min	FFT	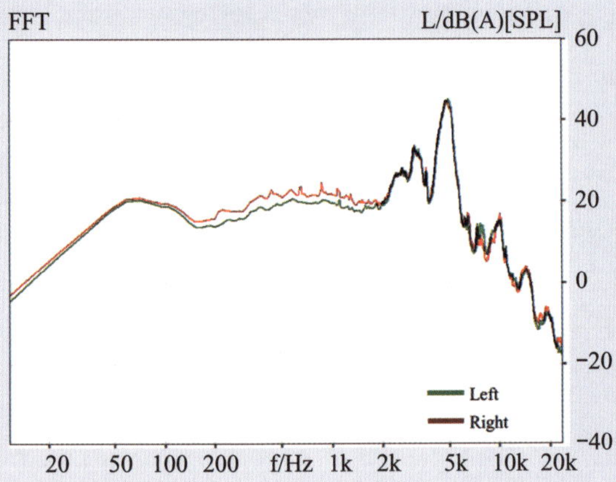
*L*eq	60.7 dB(A)		
可听见的声音： ________ ________ ________ ________ ________ ________			
		Level vs. Time	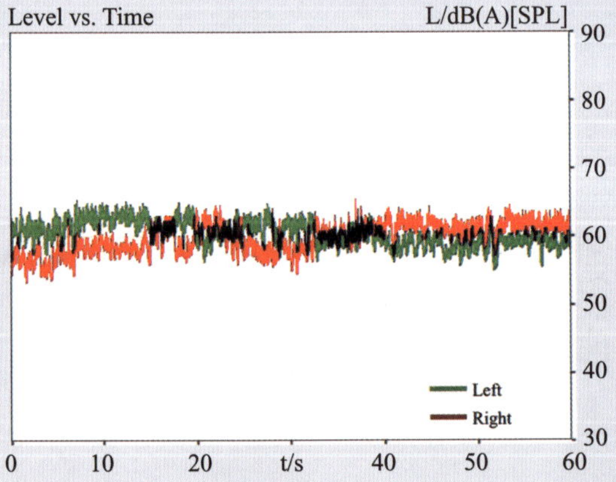

工作日上午之声 1　工作日上午之声 2　工作日下午之声 1

工作日下午之声 2　工作日夜间之声

七娘山入口 D 处声景：该处位于大鹏新区半岛国家地质公园的阶梯路上，大部分时段以鸟鸣、虫叫等声音为主，远处海水低鸣；密林深处的山间小径，呈现出蝉鸣鸟叫此起彼伏的自然声景。

周边环境主要有蝉、鸟等动物。

工作日声音的声学特征：声级为 60 ～ 70 dB(A)，中频声音较明显，尤其在 1 000 Hz 左右明显突起，且中频声频谱抖动剧烈，可见该处以中频声为主。整体而言，声音的方向性并不明显。

工作日上午之声

声音时长	5 min
*L*eq	54.1 dB(A)

可听见的声音：

FFT

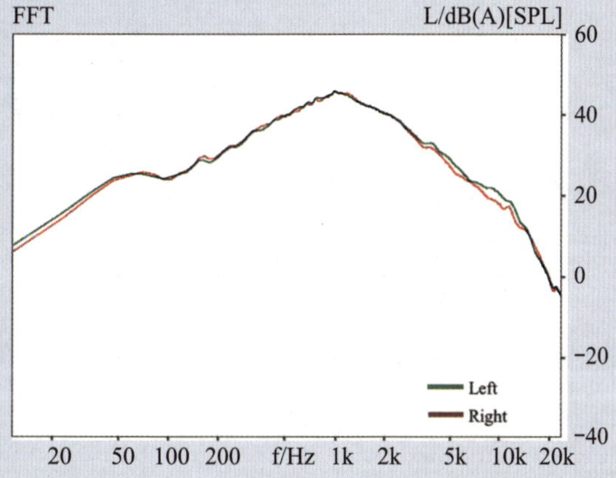

Level vs. Time

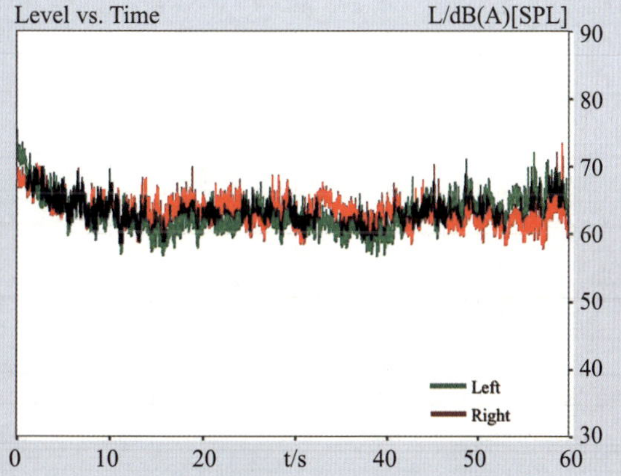

工作日上午之声　　工作日傍晚之声

七娘山主峰视景

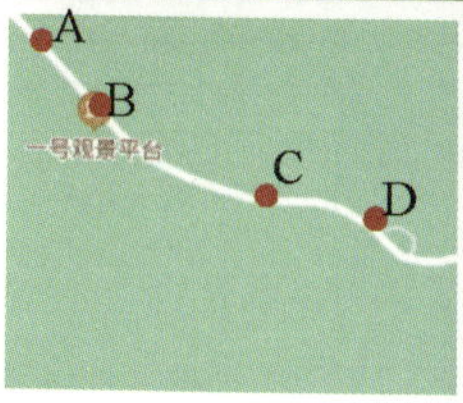

北纬 22° 31′
经 114° 31′

此处植物类型

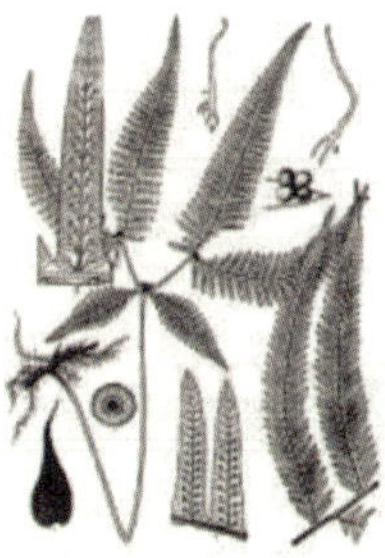
芒萁

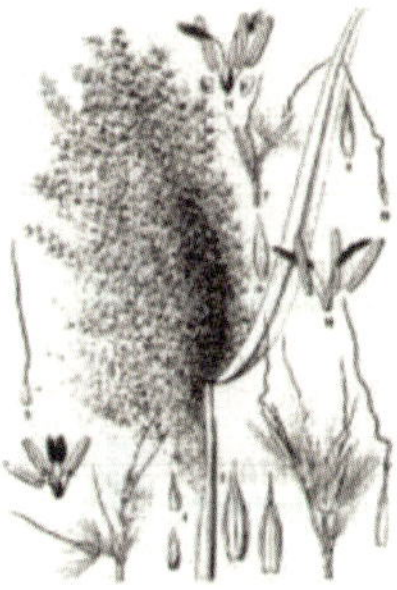
五节芒

罗汉松

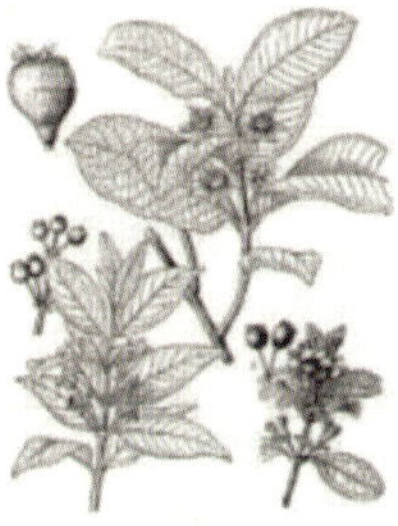
桃金娘

米碎花

七娘山主峰 A 处声景：该处位于大鹏新区南端七娘山主峰的视野开阔地带；大部分时段以鸟鸣、虫叫等声音为主；山峰之巅处清风拂面，呈现出鸟叫虫鸣、声声入耳的自然声景。

周边环境主要有鸟、蟋蟀等动物。

工作日声音的声学特征：声级为 60 dB(A) 上下变化，高、中、低频声并存，且声音抖动性较为明显；在 100 Hz 左右、5 000 Hz 左右的声音存在一定的方向性（存在左右耳听觉差异）。

工作日清晨之声			
声音时长	5 min	FFT	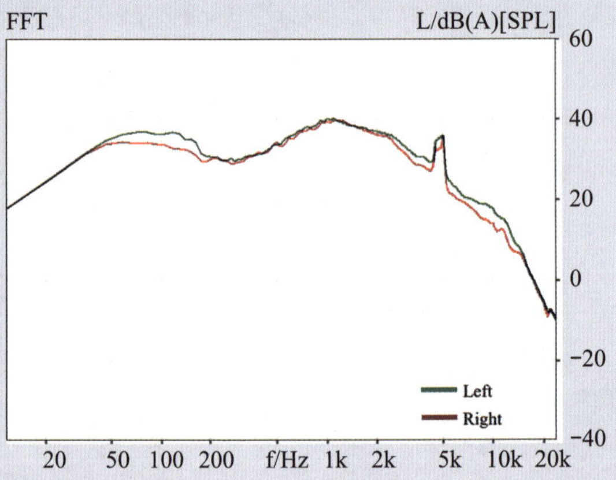
*L*eq	60.1 dB(A)		
可听见的声音： ________ ________ ________ ________ ________ ________			
		Level vs. Time	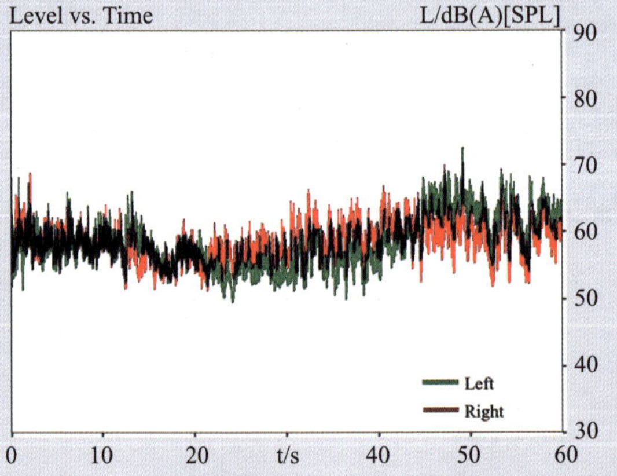

工作日清晨之声　工作日上午之声 1　工作日上午之声 2

工作日午间之声　工作日下午之声

七娘山主峰 B 处声景：该处位于大鹏新区南端七娘山主峰的观景平台；大部分时段以鸟鸣、虫叫等声音为主；杂草丛生的攀岩之路上，呈现出此起彼伏的鸟鸣虫叫的自然声景。

周边环境主要有鸟、蝉、蟋蟀等动物。

工作日声音的声学特征：声级为 40 ～ 50 dB(A) 上下剧烈变化，20 Hz ～ 1 000 Hz 的声音较多，高、中、低频声并存，且高频声凸起较多。总体来看，声音不存在明显的方向性。

<table>
<tr><th colspan="4">工作日清晨之声</th></tr>
<tr><td>声音时长</td><td>5 min</td><td rowspan="3">FFT</td><td rowspan="3">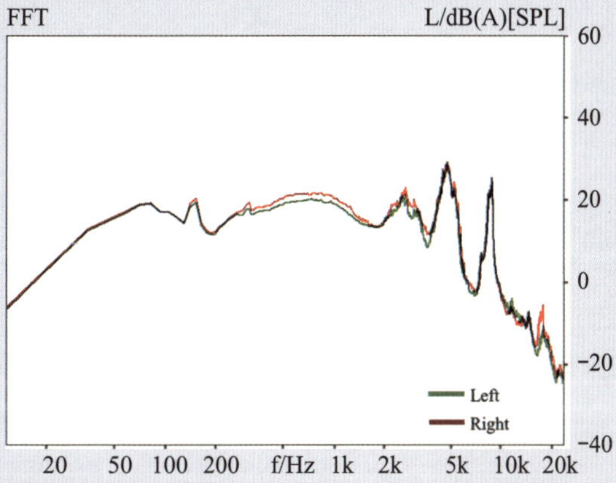
</td></tr>
<tr><td>Leq</td><td>46.5 dB(A)</td></tr>
<tr><td colspan="2">可听见的声音：
______
______
______
______
______
______</td></tr>
<tr><td colspan="2"></td><td>Level vs. Time</td><td>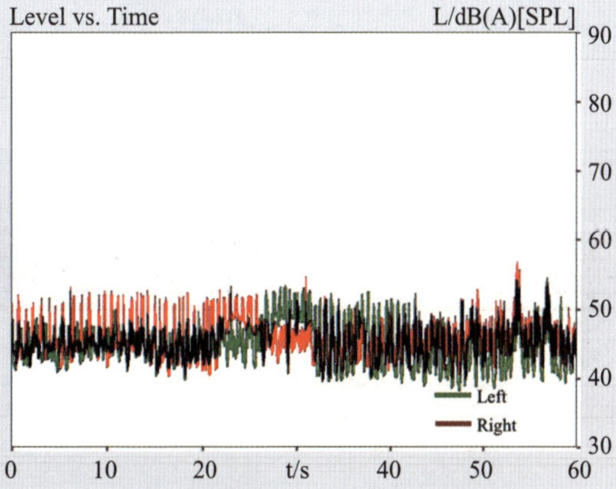
</td></tr>
</table>

工作日上午之声　　工作日傍晚之声

七娘山主峰C处声景：该处位于大鹏新区南端七娘山主峰的阶梯路；大部分时段以鸟鸣、虫叫等声音为主；静谧小路边、草木葱郁间，呈现出蜂鸣鸟叫的自然声景。

周边环境主要有鸟、蟋蟀、蝉、马蜂等动物。

工作日声音的声学特征：声级为50～60 dB(A)剧烈变化，高、中、低频声并存，且中频声音较明显；中低频声音存在着一定的方向性（存在左右耳听觉差异）。

工作日清晨之声			
声音时长	5 min	FFT	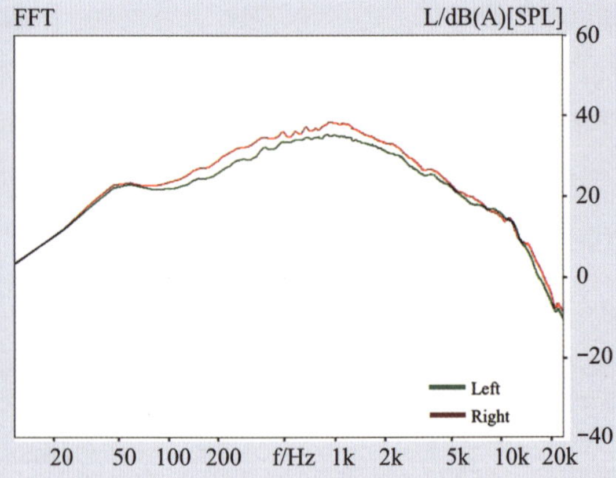
Leq	56.6 dB(A)		
可听见的声音： ______ ______ ______ ______ ______ ______			
		Level vs. Time	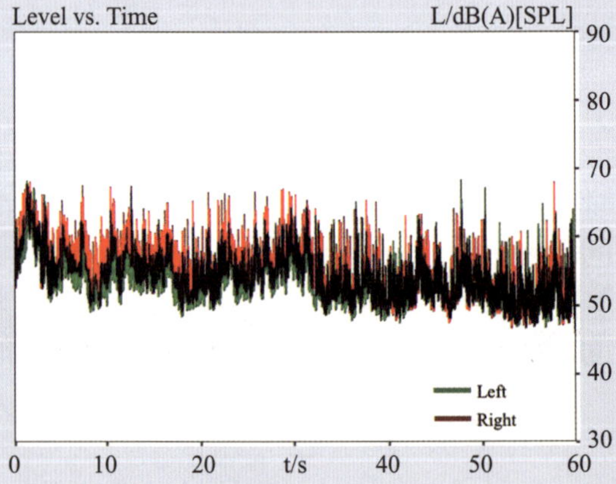

工作日清晨之声　　工作日上午之声　　工作日下午之声 1

工作日下午之声 2　　工作日傍晚之声　　工作日夜间之声

七娘山主峰 D 处声景：此处位于大鹏新区南端七娘山主峰的攀登之路上；大部分时段以鸟鸣、虫叫等声音为主；蜿蜒曲折的山路旁，绿树成荫，呈现出蝉鸣鸟叫的声景。

周边环境主要有鸟、蝉、蟋蟀等动物。

工作日声音的声学特征：声级为 40 ～ 50 dB(A) 剧烈变化，高、中、低频声并存，声音的抖动性较为明显，在 5 000 Hz 处有明显突起，且声音不存在明显的方向性。

<table>
<tr><th colspan="4">工作日清晨之声</th></tr>
<tr><td>声音时长</td><td>5 min</td><td rowspan="3">FFT</td><td rowspan="3">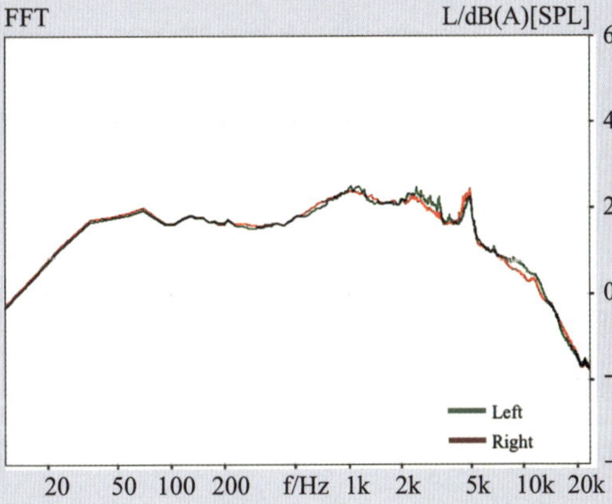
</td></tr>
<tr><td>Leq</td><td>46.8 dB(A)</td></tr>
<tr><td colspan="2">可听见的声音：
______
______
______
______
______
______</td></tr>
<tr><td colspan="2"></td><td>Level vs. Time</td><td>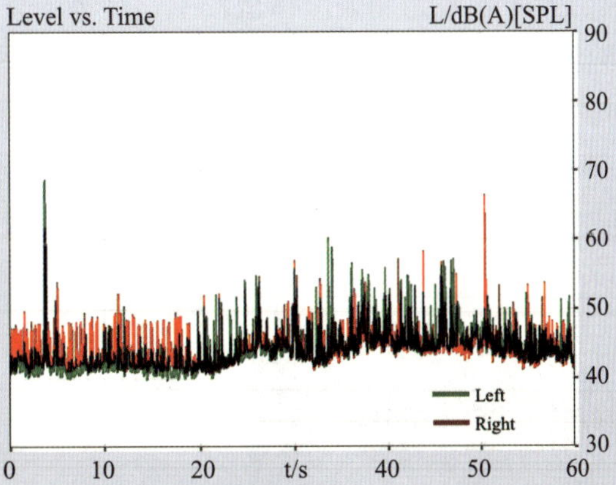
</td></tr>
</table>

工作日清晨之声 1　工作日清晨之声 2　工作日清晨之声 3

工作日上午之声　工作日午间之声　工作日夜间之声

大鹏新区自然声景特征

大鹏新区是深圳市民休闲度假的主要场所，区内山峦叠嶂、海水连天。从本章收集的大鹏新区自然声片段可以感受到该区域一片欣欣向荣的自然生机。在自然声背景下，散落其间的渔村和乡镇，亦呈现出渔家生活的喧闹景象。这里的主要声音为蝉鸣、蛙叫、鸟吟的自然声以及阵阵的海浪声。此外，为旅游开发而建设的公路上，不时传来行驶的汽车声。

总体而言，大鹏新区自然声资源丰富，环境声级一般在 50 dB(A) 左右，海岸边以及人活动较多区域的环境声级可达 60 dB(A) 左右。主要声音为虫鸣鸟叫声以及山涧蛙鸣声，伴随着海浪声以及行驶的汽车声。在村落、城镇、旅游景点等人员活动较为密集的区域，夹杂着较多的人声、活动声等生活类声音。从时间变化来看，工作日声级为 40 ～ 60 dB(A)，休息日声级为 50 dB(A) 左右，工作日较休息日而言，声音变化性强、频谱抖动剧烈，声级的变化更明显。从四季来看，夏季飞鸟昆虫较为活跃，自然声声级较高，且声音的方向性明显，而秋冬季自然声声级就相对偏低，各频率声音的抖动性较弱。

从本章包括的 145 个大鹏地区自然声景音频特征来看，虫鸣鸟叫等自然声的方向性较为明显，体现在中、高频的声音存在较强的方向性（左右耳感受到的声能不同），这些环境声带给人一种身处山林之中的静谧感。此外，大鹏半岛三面环海，海岸线长，浪花翻腾，惊涛拍岸，形成了极具特色的自然声景。既表现了大鹏优美的生态生境，亦是城市居民恢复身心健康的宁静“声吧”。

大鹏新区鹿咀湿地典型自然声景的声学特征

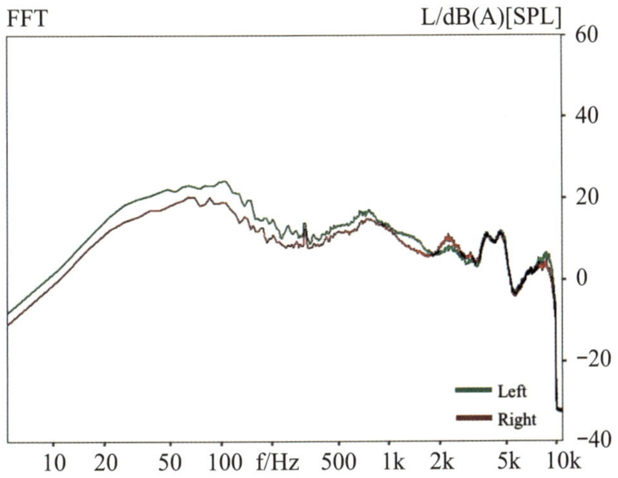

大鹏新区七娘山主峰典型自然声景的声学特征

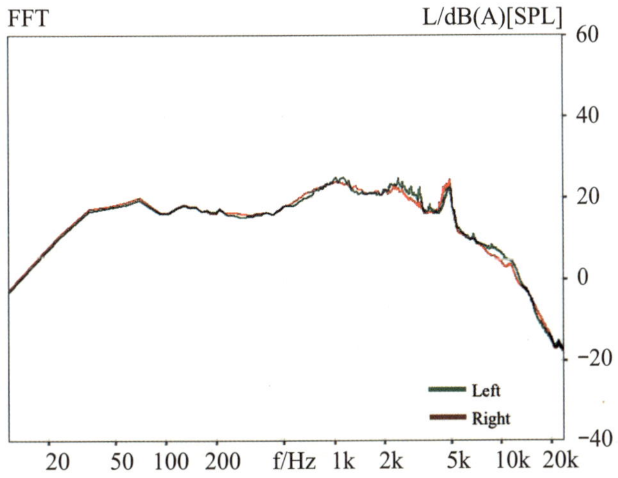

从上图可以看出，中高频声频率变化明显，体现了自然声特征。

大鹏新区七娘山夏季某周自然声景声级变化趋势

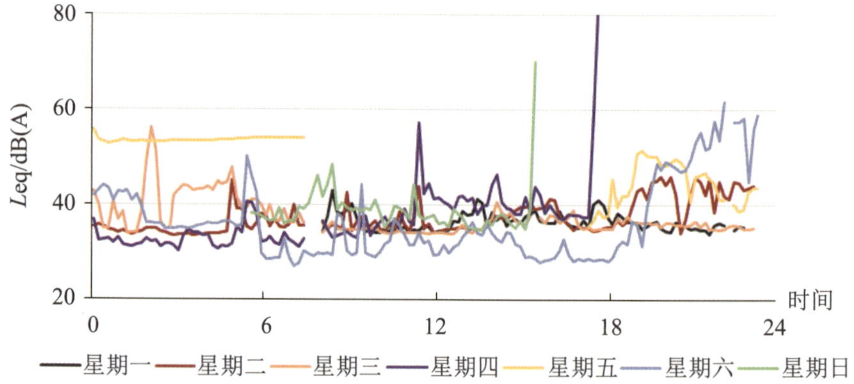

大鹏七娘山具有大鹏新区自然之声的典型特征。从上图展示的七娘山夏季自然声变化看出，全天呈起伏性变化，周六白天声级相对较低，而夜间水平显著升高，是七娘山夏季自然声景特征的体现。

大鹏新区七娘山四季自然声景声级变化趋势

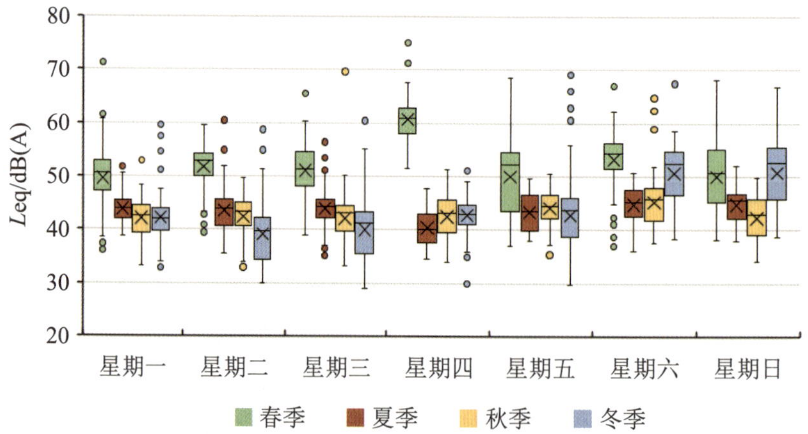

从大鹏新区七娘山四季自然声级的变化来看，春季声级较高、冬季较低，夏秋季比冬季略高，体现了四季自然声变化规律，说明万物复苏的春季虫鸟活动频繁。

坪 山

深圳坪山区位于城市的东北部。北靠广东惠州市、东莞市，东临大亚湾与惠州市相望，西接深圳龙华区、南连深圳罗湖区与盐田区，隔大鹏新区湾与香港新界相眺。是深圳通往广东惠州、汕头以及福建等地的必由之路。坪山区位于北纬 22° 35′ ～22° 49′ 、东经 114° 03′ ～114° 22′ ，地形呈东北高、西南低之势，属低山丘陵滨海地形。坪山区具有亚热带海洋性季风气候，气候宜人、四季温和、阳光充沛，年平均气温在 22.3 摄氏度，相对湿度为 80%，年平均降雨量为 1 933 毫米。坪山行政辖区面积为 388 平方千米，约占深圳城市总面积的 40% 以上，已建成区域面积为 200 多平方千米。坪山区下辖行政街道有 11 个，行政社区有 111 个。

坪山区与大鹏新区相接，延续了大鹏新区山海相间的地貌特征，植被覆盖率较高，海洋对气候的调节明显。温湿的气候条件形成了该地区较好的野生环境和较多的动植物种类。坪山区自然之声篇共包括 14 个自然声源片段，它们以声音为载体，表现了坪山区旖旎的山海风光，水天一色、鸟鸣蝉叫的自然景观。

家鄉私房菜
禁止外来
和人员

田心山山脚视景

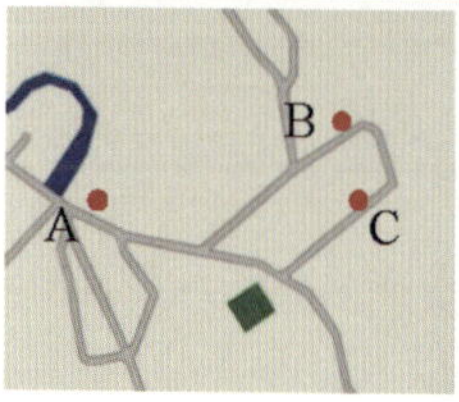

北纬 22° 39′
经 114° 21′

此处植物类型

棕榈树

樟树

木瓜树

田心山山脚声景：田心山山脚位于江岭社区公园周边；大部分时段以鸟鸣、虫叫等声音为主；郁郁葱葱的城郊村落中呈现出鸟鸣虫叫声不绝，掺杂着些许生活声的声景。

周边环境存在的动物有鸟、蝉等。

休息日声音的声学特征：该处环境声级为 40 ～ 60 dB(A)，声音能量随时间呈规律性的变化。此处以中、低频声音为主，中频的声音抖动性强；左右耳听觉差异性不强，反映出声音方向性并不明显。

休息日傍晚之声			
声音时长	5 min	FFT	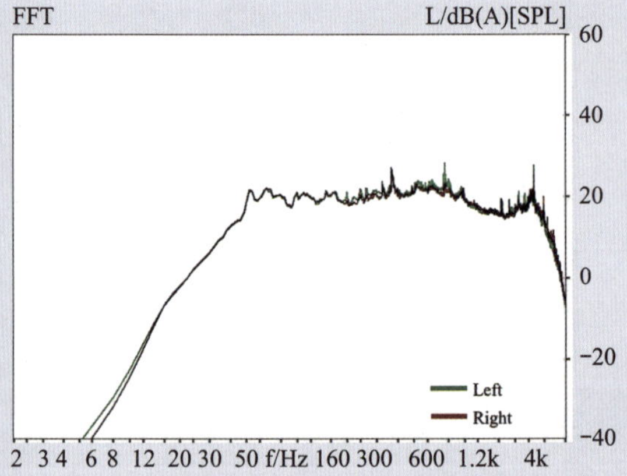
Leq	49.2 dB(A)		
可听见的声音：______ ______ ______ ______ ______ ______		Level vs. Time	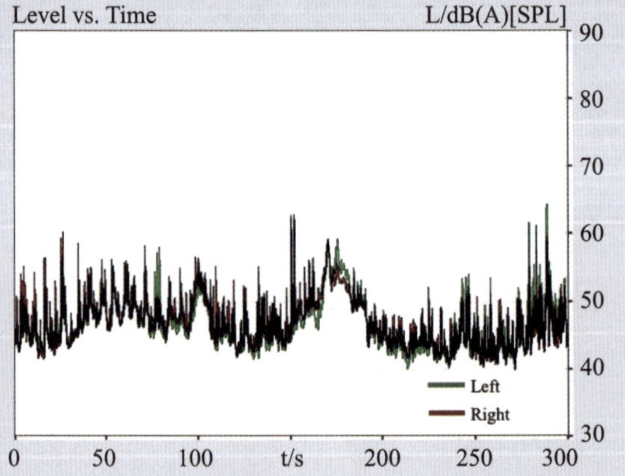

工作日上午之声　工作日下午之声　工作日夜间之声 1

工作日夜间之声 2　工作日夜间之声 3

田心山水库视景

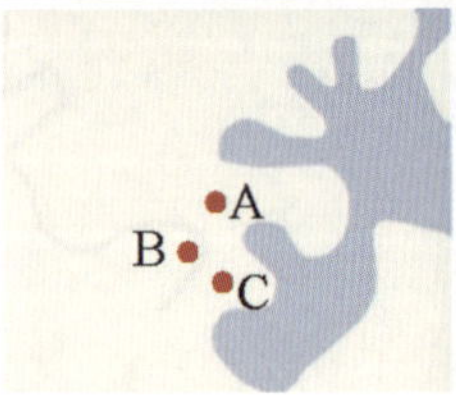

北纬 22° 39′
经 114° 21′

此处植物类型

黄金叶

樟树

米兰

田心山水库声景：田心山水库位于江岭路；大部分时段以鸟鸣、虫叫等声音为主；树木苍翠的密林中呈现出鸟鸣虫叫声不绝的声景。

周边环境存在的动物有鸟、虫、蜘蛛等。

工作日声音的声学特征：该处环境声级为 40 ～ 55 dB(A)，声音能量随时间呈规律性的变化。此处以中频声音为主，中频的声音具有一定的抖动性；左右耳听觉差异性较小，反映出声音方向性并不明显。

工作日下午之声

声音时长	5 min
*L*eq	48.5 dB(A)

可听见的声音：

____

____

____

____

____

____

FFT

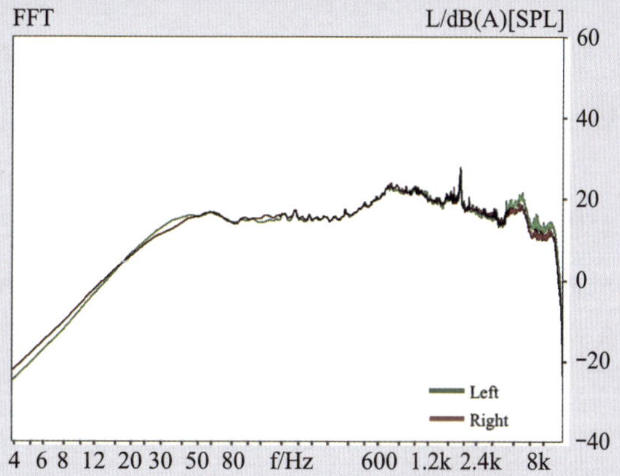

Level vs. Time

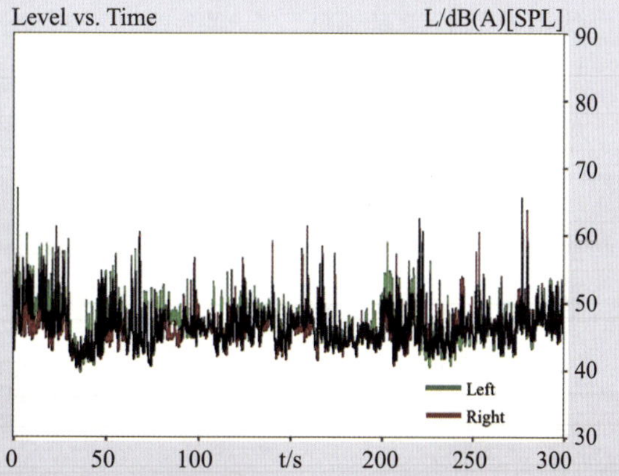

工作日清晨之声

工作日夜间之声 1

工作日夜间之声 2

休息日夜间之声

坪山区自然声景特征

坪山区是原深圳经济特区外的一个重要城镇。随着深圳二线关裁撤，坪山并入深圳市。经过近些年的快速建设发展，该区域内的城市功能逐渐完备，基础设施不断完善。目前，坪山区承接了大量从原市区（福田、南山区）撤出的工业企业，成为深圳工业企业发展的重点区域。居住在这些地方的人们以从事生产活动为主，年轻人、农民工较多，还有较多在罗湖区、福田区、南山区工作，但在坪山区生活的居民具有一定的“卧城”特征。由此可见，坪山区城市交通声、施工机械声、以及工厂的噪声十分显著，形成了该地区的主要声景。坪山自然声主要为山林水库以及零落分布于社区绿化环境中的虫鸣鸟叫等声音。

坪山区虽然自然声源较少，但以田心山为主要生态本底形成的自然声景，其主要特征为声级一般在 50 dB(A) 以下，在社区附近可达 60 dB(A) 左右。主要声音为虫鸣鸟叫声以及山涧蛙鸣声，伴随行驶的汽车声。在住区、商业区等人员活动较为密集的区域，夹杂着较多的人声、活动声等生活类声音。从时间变化来看，工作日声级为 50 dB(A) 左右，休息日在 40 ～ 60 dB(A) 变化；工作日较休息日而言，声频谱抖动更有规律性，声级变化较少；从四季来看，春夏季飞鸟昆虫较为活跃，自然声声级较高，且声音的方向性明显，而秋冬季自然声声级就相对偏低，各频率声音的抖动性较弱。

从本章包括的 14 个龙岗地区自然声景音频特征来看，虫鸣鸟叫声等自然声主要存在于山林水库区，以及城郊村落的清晨等时间段，声源具有一定的方向性。主要体现在低频的声音存在一定的方向性（左右耳感受到的声能不同），这些声音会给人一种身处山林之中的静谧感。坪山自然声还存在于公园绿地中，在清晨有明显的鸟叫虫鸣声。

坪山区田心山山脚典型自然声景的声学特征

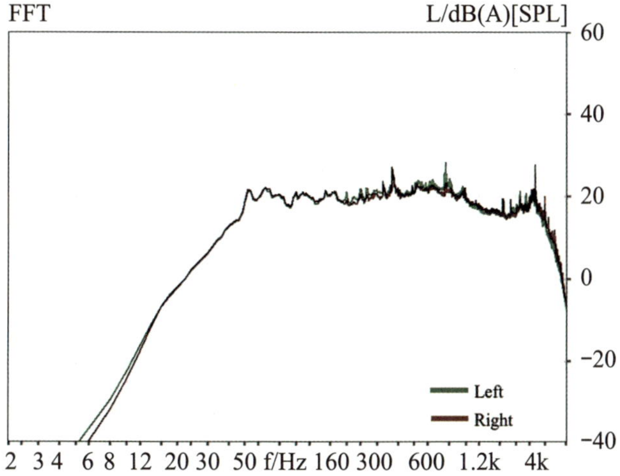

坪山区田心山水库典型自然声景的声学特征

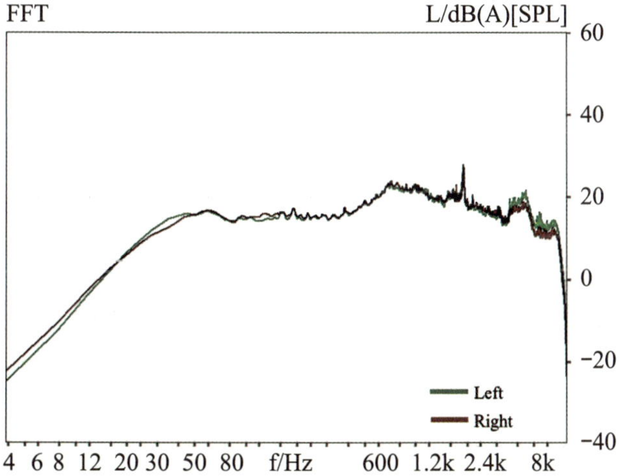

从上图可以看出，中频声频率变化明显，体现了虫鸣鸟叫与潺潺流水声的特性。

坪山区田心山水库春季某周自然声景声级变化趋势

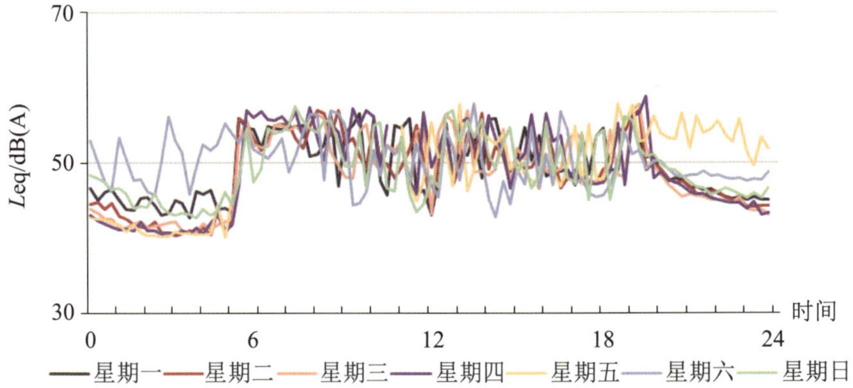

坪山区田心山水库具有坪山区自然之声的典型特征。从上图展示的田心山水库春季自然声声级变化图可以看出，白天声级普遍较夜间高，周五夜间和周六凌晨比其他时期高，显示出周末夜间可能存在的游人活动。是坪山地区田心山春季自然声景特征的体现。

坪山区田心山水库四季自然声景声级变化趋势

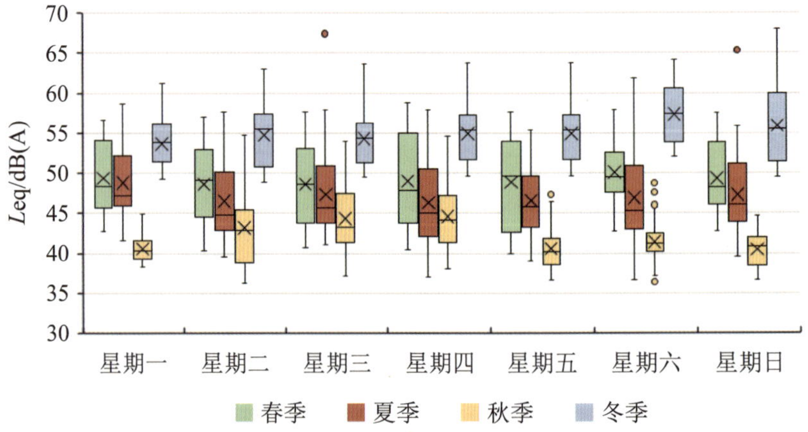

从坪山区田心山水库四季自然声某周的变化可以看出，春季声音最高，夏季次之，其次为秋季，冬季最低，体现了自然界中野生动物的活动规律。

罗　湖

罗湖区是深圳改革开放的起点、也是改革开放的前沿阵地，是 20 世纪 80 年代深圳的城市中心。该区域位于城市的中东部。东面连接盐田区，西部比邻福田区，南面经罗湖桥与香港隔河相望。现在的罗湖区城市化程度较高，已成为深圳多个中心城区之一。罗湖区位于东经 114° 04′ ～ 114° 14′ 、北纬 22° 31′ ～ 22° 37′ ，地貌呈现出东北高、西南低之势。区内多为丘陵山地和冲积小平原。属亚热带海洋性气候，常年日照充足，雨水充沛。年平均气温在 22 摄氏度，日照时数为 2 060 小时，年降水量 1 948 毫米。罗湖行政辖区面积为 78.75 平方千米，内设行政街道 10 个，行政社区 83 个。

虽然罗湖区城市化水平较高，但区内自然资源依旧丰富。它的东部坐拥具有深圳最高山峰的梧桐山。深圳河、布吉河等多条河流流经该区，并形成了较大的洪湖水域，成就了区内自然风景，为该区城市化生活添加了别样的“生态”风采。罗湖区自然之声篇共包括 17 个声源片段。深入挖掘了该区城市化生活中的自然风貌，让我们听到了车水马龙背后“静谧”的罗湖。

洪湖公园视景

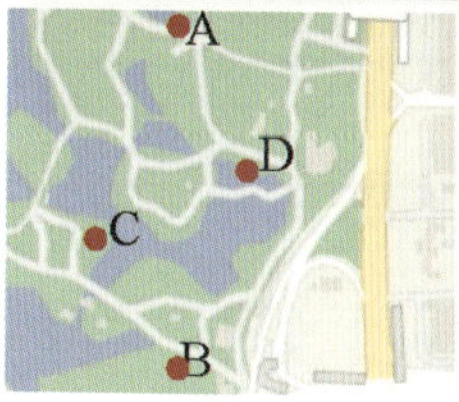

北纬 22° 33′
经 114° 6′

此处植物类型

高山榕

棕榈树

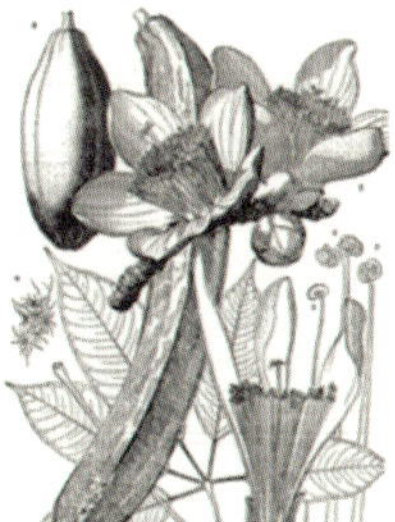
木棉

紫薇

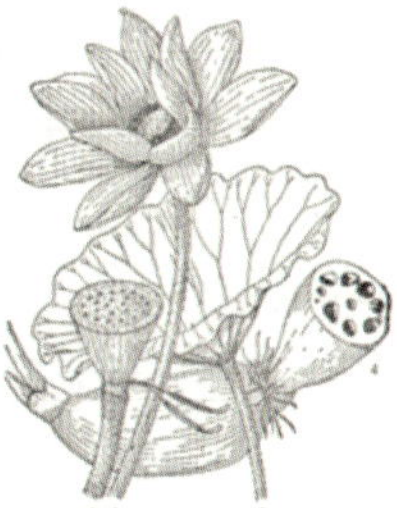
莲花

洪湖公园 A 处自然声景：该处位于洪湖公园中心区域；工作日下午时段主要有鸟鸣、蝉叫、活动声等声音；工作日下午呈现出鸟鸣蝉叫、闲暇人群谈笑风生的声景。

周边环境存在的动物有鸟、虫等。

工作日声音的声学特征：该处环境声级为 55 ～ 70 dB(A)，声音随时间呈规律性的变化。此处以中、高频声音为主，且具有一定的抖动性；左右耳听觉存在一定的差异，反映出声音具有一定的方向性。

工作日下午之声			
声音时长	5 min	FFT	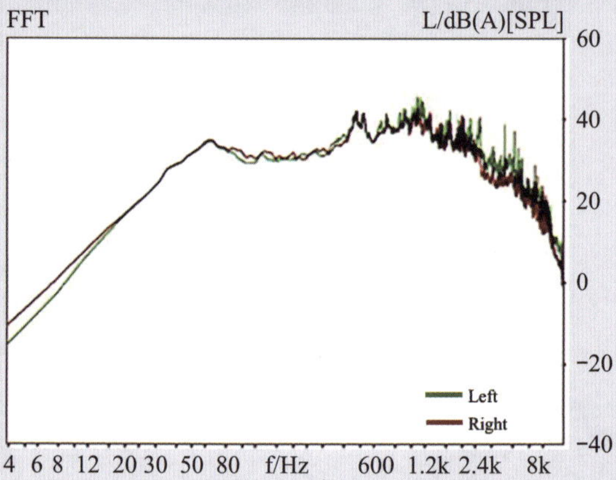
Leq	64.0 dB(A)		
可听见的声音： ________ ________ ________ ________ ________ ________			
		Level vs. Time	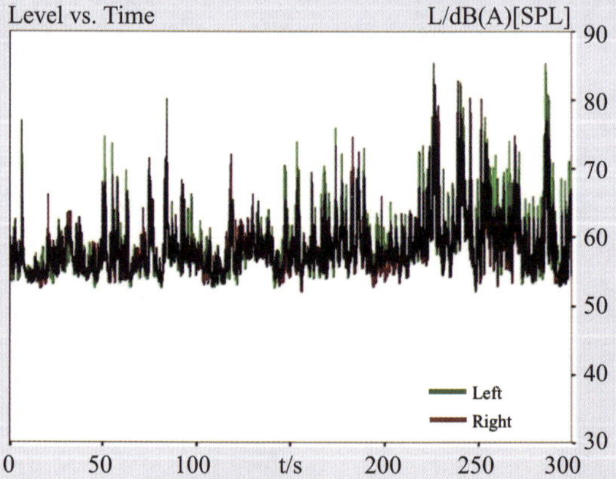

工作日上午之声 1　　工作日上午之声 2　　工作日午间之声 1

工作日午间之声 2　　休息日上午之声 1　　休息日上午之声 2

洪湖公园 C 处自然声景：该处位于洪湖公园南侧；工作日夜间时段主要有鸟鸣、蝉叫、活动声等声音；工作日夜间呈现出荷池上微风徐徐传来阵阵鸟鸣，伴随着高吟低浅的笑语的声景。

周边环境存在的动物有鸟、虫等。

工作日声音的声学特征：该处环境声级为 60 dB(A) 左右，声音随时间呈剧烈的变化。此处以高频声音为主，且具有一定的抖动性；声音在高频处左右耳听觉存在一定的差异，反映出声音具有一定的方向性。

<table>
<tr><th colspan="4">工作日夜间之声</th></tr>
<tr><td>声音时长</td><td>5 min</td><td rowspan="3">FFT</td><td rowspan="3">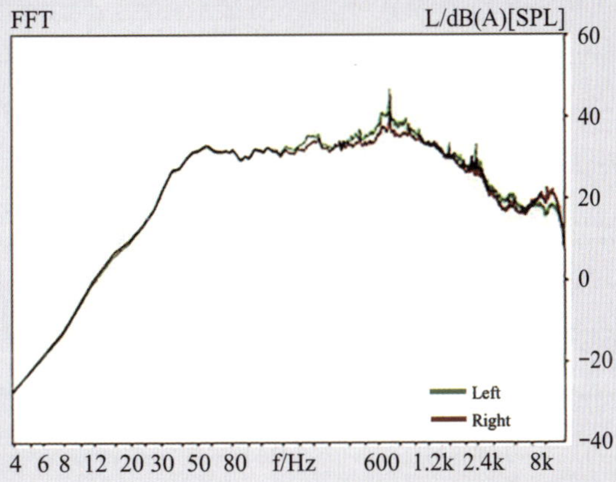
</td></tr>
<tr><td>Leq</td><td>60.3 dB(A)</td></tr>
<tr><td colspan="2">可听见的声音：
______
______
______
______
______
______</td></tr>
<tr><td colspan="2"></td><td>Level vs. Time</td><td>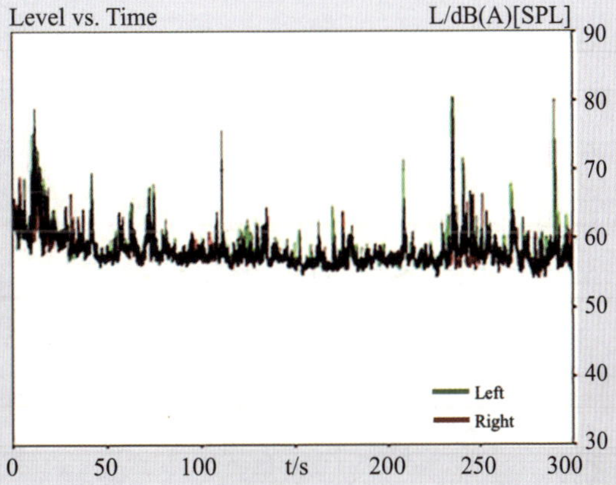
</td></tr>
</table>

工作日夜间之声 1　工作日夜间之声 2　工作日夜间之声 3

休息日上午之声

罗湖区自然声景特征

罗湖区是深圳经济特区的发祥地之一，也是深圳市的中心城区之一。经过几十年发展，罗湖区域内的城市功能较为完备，基础设施也相对完善，境内有横 6 纵 11 条主干道。罗湖区域内建设强度高，中小企业居多，且以生产性的服务业为主。人口分布密集，其中在东门、桂园、南湖 3 个地区的人口分布最为密集，从事商贸活动居多。由此可见，罗湖区城市交通声、施工机械声较为显著，以居民日常生活活动声叠合城市交通声为主要声景。罗湖区自然声主要为城市公园中的虫鸣鸟叫声。

罗湖区自然声景不多，主要存在于公园绿地中，且以洪湖公园一带最为明显。罗湖以自然声为主的环境声级一般在 50 dB(A) 以下，在靠近交通干道的公园边缘可达 60 dB(A) 左右。主要声音为虫鸣鸟叫声以及湖中蛙鸣声，伴随公园旁行驶的汽车声。在住区、商业区等人员活动较为密集的区域，夹杂着较多的人声、活动声等生活类声音。从时间变化来看，工作日声级为 60 dB(A) 左右，休息日声级为 50 ～ 80 dB(A) 变化；工作日较休息日而言，声频谱抖动更有规律性，声级变化较少；从四季来看，春夏季飞鸟昆虫较为活跃，自然声声级较高，且声音的方向性明显，而秋冬季自然声声级就相对偏低，各频率声音的抖动性较弱。

从本章包括的 17 个罗湖自然声景音频特征来看，虫鸣鸟叫声等自然声主要存在于绿化环境较好的城市公园空间，声源具有一定的方向性。主要体现在低频的声音存在一定的方向性（左右耳感受到的声能不同），这些声音带给人一种身处滨水之畔的惬意感。虽然罗湖拥有发达的城市商业，生活声与交通声此起彼伏。但在清晨和傍晚等时段亦存在较明显的鸟鸣虫叫等自然声，这与罗湖拥有较多河流、湖泊与公园绿地有关。罗湖自然声景使人们犹如身处城市中的世外桃源。

罗湖区洪湖公园典型自然声景的声学特征

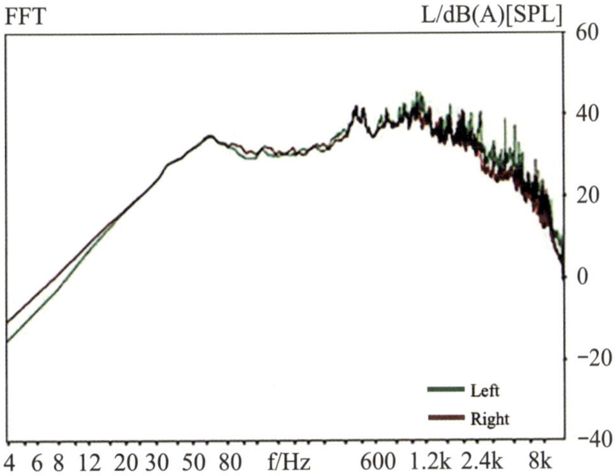

罗湖区洪湖公园典型自然声景的声学特征

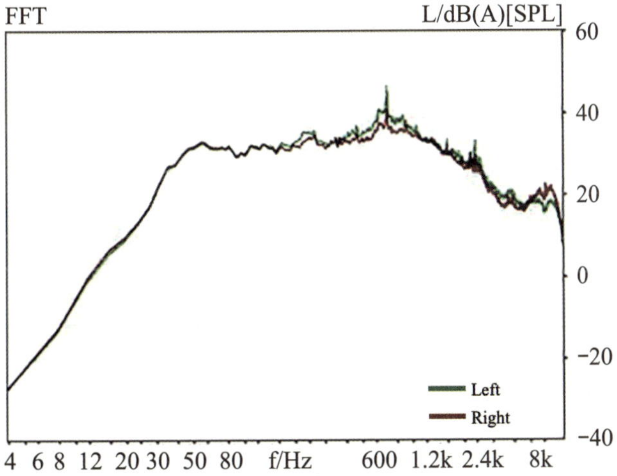

从以上图可以看出，中、高频声变化十分剧烈，体现自然声与人活动声交融在一起的特点。

罗湖区洪湖公园春季某周自然声景声级变化趋势

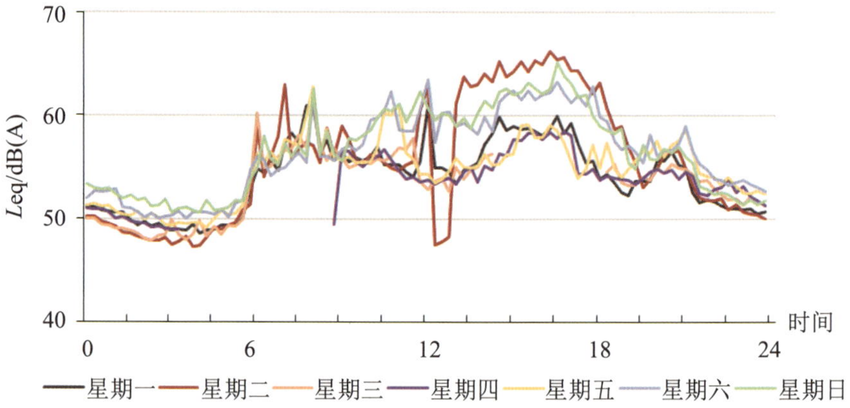

罗湖区洪湖公园具有罗湖区自然之声的典型特征。从上图展示的洪湖公园春季自然声变化可以看出，基本趋势是白天高、夜晚低，休息日略高于工作日。周二出现了较为明显的变化，反映出社会活动特征，是罗湖洪湖公园春季自然声景的体现。

罗湖区洪湖公园四季自然声景声级变化趋势

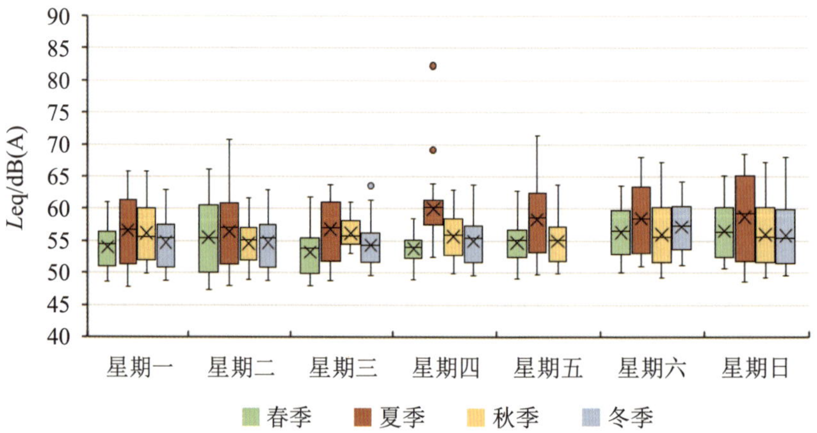

从罗湖区洪湖公园四季自然声变化可以看出，春季声级略低，其他季节较为相近。

福　田

福田之名，一是源自宋代所题“湖山拥福，田地生辉”一词；二是源自史书记载的南宋光宗三年（1192 年），上沙村始祖之子黄西开荒造田，将田地形成格块形状，名曰“幅田”，谐音“福田”而得。福田区地处深圳城市中部，东部连接罗湖区，西部接壤南山区，南临深圳河与香港隔河相望，西南面海，北靠白眉石、大脑壳、黄竹园山脊。地理位置在北回归线以南，位于东经 113° 59′ ～ 114° 07′ 及北纬 22° 29′ ～ 22° 36′，自然地形以丘陵为主，分布在西北和北部地区，形成北高南低之势。区内水域总面积约 62.6 平方千米，共 7 条河流，分属深圳湾水系和深圳河流域两个水系。属亚热带海洋性气候，气候温和，阳光充沛。福田行政辖区面积 79 平方千米，内设行政街道 10 个，行政社区 95 个。

福田区是深圳市继罗湖区之后开始发展的主要城市区域。与罗湖区不同的是，福田区城市化发展充分考虑了生态环境。福田区保留了较多的自然环境并将其作为城市公园绿地，莲花山即为其中的典型代表。福田区植被以次生林和人工林为主。生态性公园为区域主要自然环境，形成了人与自然和谐共生的城市生态。福田区自然之声篇共包括 31 个声源片段。这些声音片段记录福田城市生活中的自然之音，揭示了生态福田的“奥秘”。

莲花山漾日湖视景

A

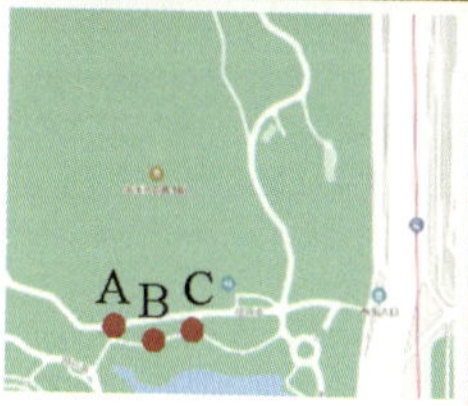

北纬 22° 33′
经 114° 3′

B

C

此处植物类型

蟛蜞菊

木麻黄

黄樟

莲花山漾日湖声景：莲花山漾日湖位于莲花山公园东南面；大部分时段以鸟鸣蝉叫声为主；绿树成荫的湖畔边，呈现出微风阵阵、鸟鸣蝉叫的自然声景。

周边环境存在的动物有鸟、蝉等。

休息日声音的声学特征：声级为 60 dB(A) 左右呈剧烈变化，最高可达 75 dB(A)；此处高、中、低频声均存在，且高频声抖动相对剧烈；中高频声音的方向性较为明显。

休息日清晨之声			
声音时长	5 min	FFT	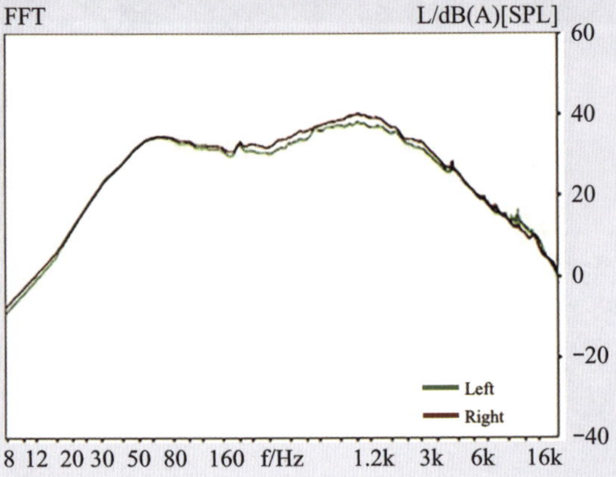
*L*eq	60.0 dB(A)		
可听见的声音： ______ ______ ______ ______ ______ ______			
		Level vs. Time	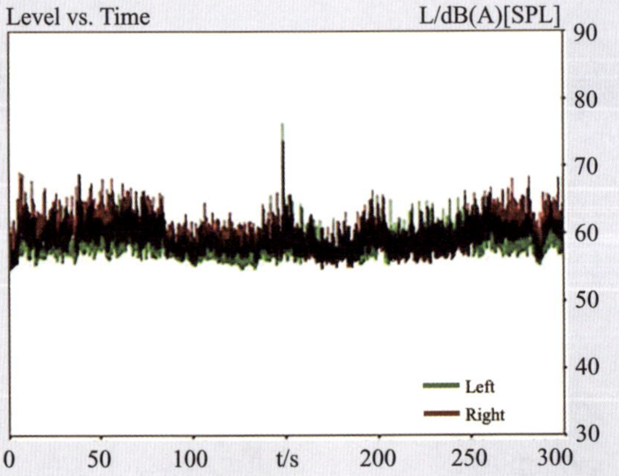

工作日清晨之声　工作日午间之声　工作日夜间之声 1

工作日夜间之声 2　休息日上午之声 1　休息日上午之声 2

休息日下午之声　休息日夜间之声

莲花山邓小平铜像广场视景

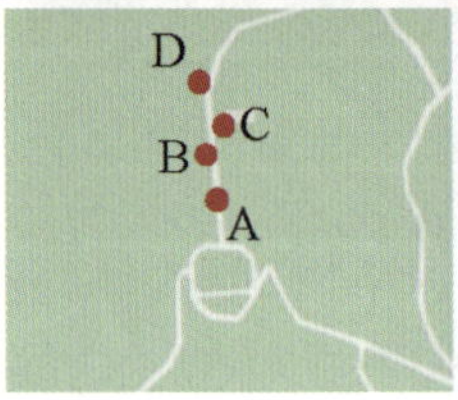

北纬 22° 33′
经 114° 3′

此处植物类型

蟛蜞菊

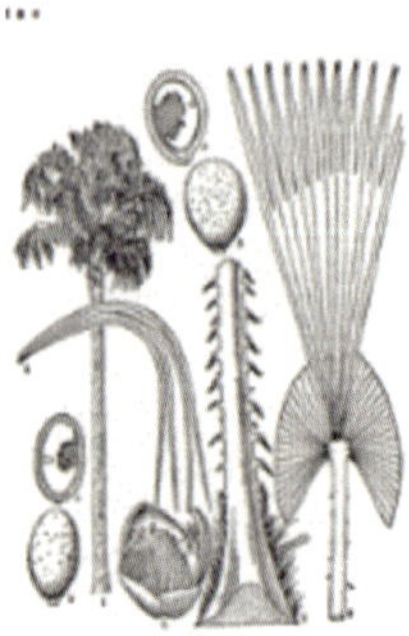

蒲葵

高山榕

莲花山邓小平铜像广场声景：邓小平铜像广场位于莲花山公园内；大部分时段以鸟鸣蛙蝉叫声为主，夹杂着人们的交谈声；绿树成荫的道路旁，呈现出鸟叫蝉鸣的自然声景。

周边环境存在的动物有鸟、蝉等。

休息日声音的声学特征：声级为 50 ～ 70 dB(A) 剧烈变化；高频声音能力较高，可见该处以高频声为主；左右耳听到的声能量不同，反映出该处环境声具有明显的方向性。

休息日上午之声			
声音时长	5 min	FFT	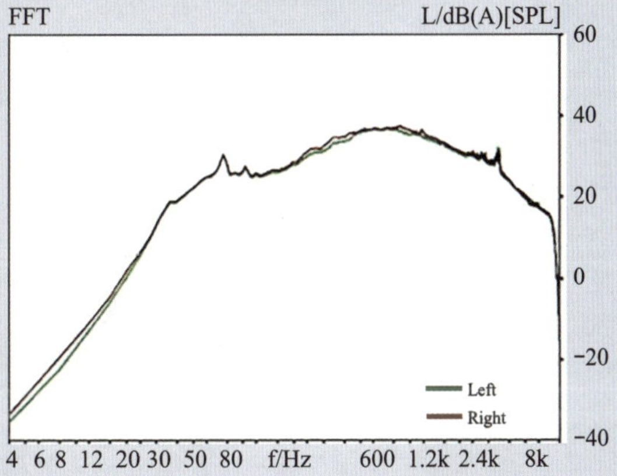
*L*eq	61.0 dB(A)		
可听见的声音： ______ ______ ______ ______ ______ ______		Level vs. Time	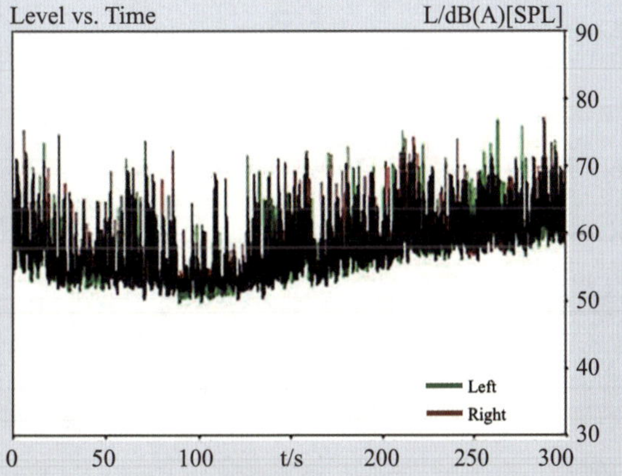

工作日下午之声 1　工作日下午之声 2　工作日下午之声 3

工作日夜间之声　休息日上午之声　休息日下午之声

莲花山莲花湖视景

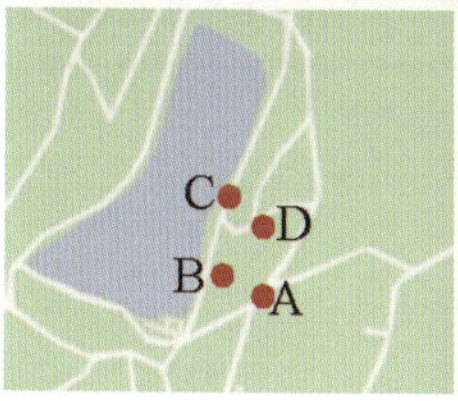

北纬 22° 33′
经 114° 32′

此处植物类型

蟛蜞菊

鹅掌柴

琴叶榕

莲花山莲花湖声景：莲花湖位于莲花山公园内；大部分时段以鸟鸣蝉叫声为主；该处湖岸边树木成荫，鸟叫蝉鸣声中夹杂着路人嘻语微弱声，呈现出一派自然景象。

周边环境存在的动物有鸟、蝉、蝶等。

休息日声音的声学特征：声级为 60 dB(A) 左右韵律性变化；高、中频声明显且尖锐；低频声平滑而时有突变；左右耳听到的声能量不同，反映出该处环境声具有明显的方向性。

休息日清晨之声	
声音时长	5 min
*L*eq	59.6 dB(A)
可听见的声音： ______ ______ ______ ______ ______ ______	

FFT

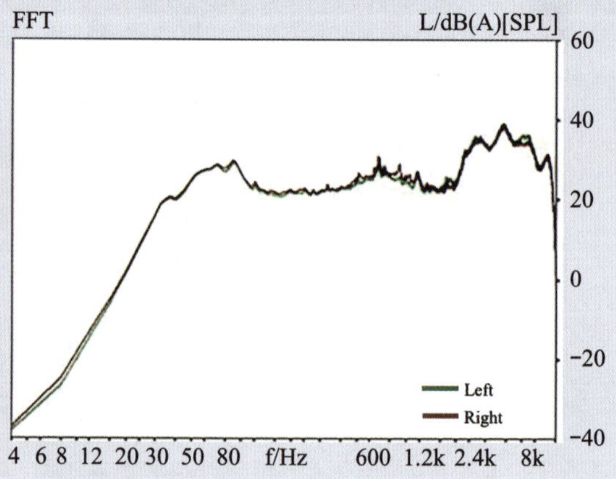

Level vs. Time

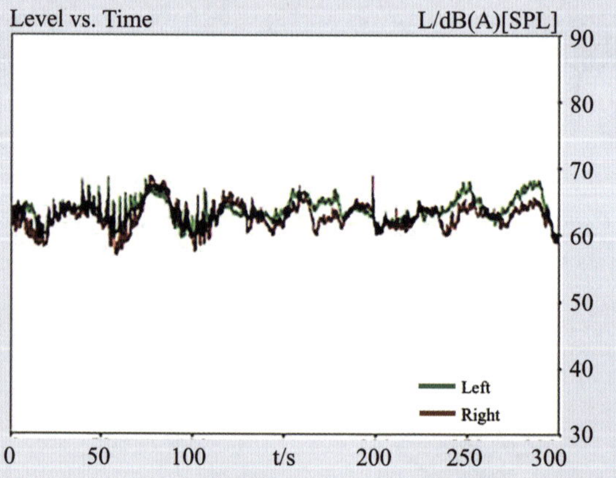

工作日夜间之声 1　工作日夜间之声 2　工作日夜间之声 3

工作日夜间之声 4　休息日上午之声

莲花山清风路视景

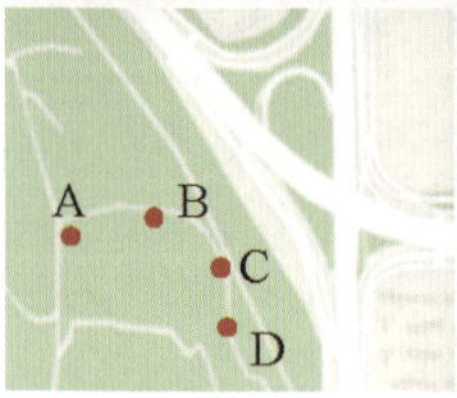

北纬 22° 33′
经 114° 3′

此处植物类型

蟛蜞菊

黄樟

高山榕

莲花山清风路声景：清风路位于莲花山公园旁；大部分时段以鸟鸣蛙蝉叫声为主；该处呈现出一片绿树成荫，鸟啭莺啼交合蝉声鸣鸣的自然声景。

周边环境存在的动物有鸟、蝉、蛙等。

工作日声音的声学特征：声级为 55 ～ 60 dB(A)，最高可达 75 dB；此处以中低频声音为主，声音波动性明显；且左右耳有听觉时差，声音具有方向性。

工作清晨之声			
声音时长	5 min	FFT	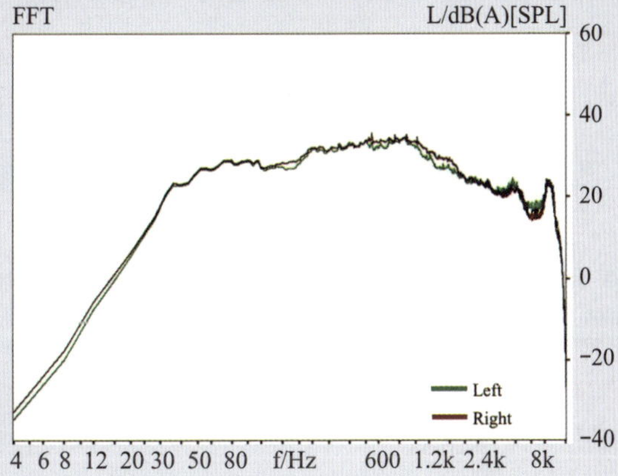
*L*eq	57.2 dB(A)		
可听见的声音： ________ ________ ________ ________ ________ ________			
		Level vs. Time	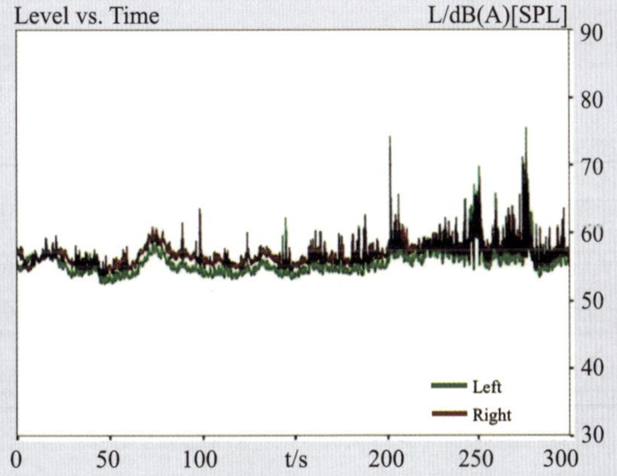

工作日上午之声　　工作日下午之声　　工作日夜间之声

休息日清晨之声　　休息日午间之声 1　　休息日午间之声 2

休息日夜间之声

福田区自然声景特征

福田区保留了较多的自然环境作为城市公园绿地，莲花山公园、荔枝公园、中心公园、笔架山公园、皇岗公园、香蜜公园等这些公园都是市民休闲娱乐的主要场所，莲花山公园为其中的典型代表。福田区植被以次生林和人工林为主，福莲花山既有以草坪、棕榈科植物为主组成的具有热带、亚热带风情的椰风林草坪，又有宽广的人工湖；整体上绿草成荫，树木茂密，林间散布着些许小道；公园中常见鸟、蝉、蝶等动物。生态性公园为区域主要自然环境，形成了人与自然和谐共生的城市生态。

虽然福田区拥有较丰富的自然声资源，特别是以红树林为特征的海边，时常有“落霞与孤鹜齐飞，秋水共长天一色”的声景。但莲花山则是福田区最主要的生态公园，是深圳市民休闲、放松的重要场所，其优质的自然声景服务了大量城市居民。莲花山环境声级一般在 60 dB(A) 左右，公园以及人活动较多区域的环境声级可达 70 dB(A) 左右。自然声源主要为鸟叫声以及山涧聒噪的蛙声，伴随行驶的汽车声。在城中村、公园景点等人员较为密集的区域，在以自然声为主的环境声中还夹杂着较多的社会活动声。从时间变化来看，工作日声级为60～70 dB(A)，休息日声级为60 dB(A)左右，工作日较休息日而言，声频谱抖动更剧烈，声级变化更明显；从四季来看，夏季飞鸟昆虫较为活跃，自然声声级较高，且声音的方向性明显，而秋冬季自然声声级就相对偏低，各频率声音的抖动性较弱。

从本章包括的 31 个福田区自然声景音频特征来看，虫鸣鸟叫等自然声的方向性较为明显，体现在中、高频的声音存在较强的方向性（左右耳感受到的声能不同），这些声音给人一种身处山林之中的静谧感。另外，鸟鸣虫叫声结合远处的汽车声形成了以中低频率声音为主的自然声景。

福田区莲花山邓小平铜像广场自然声景的声学特征

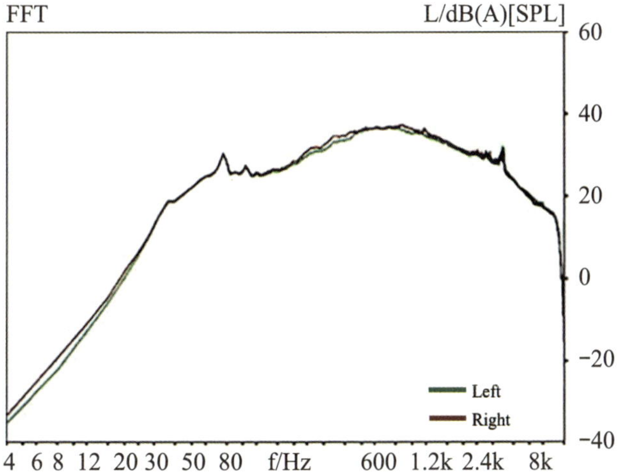

福田区莲花山漾日湖自然声景的声学特征

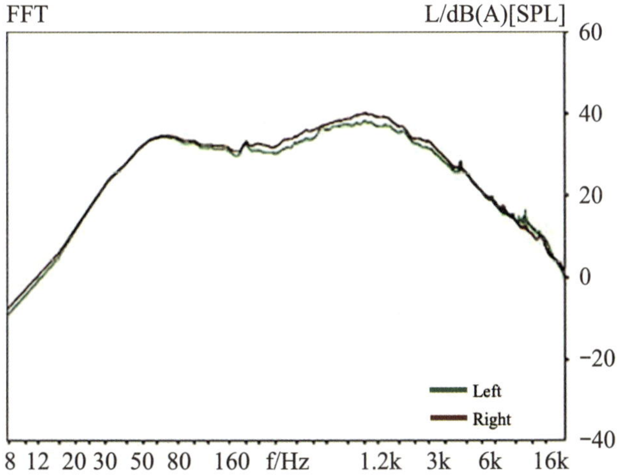

以上图中高频声明显，且声音较为平稳，体现出鸟声融合水声的特点。

福田区莲花山春季某周自然声景声级变化趋势

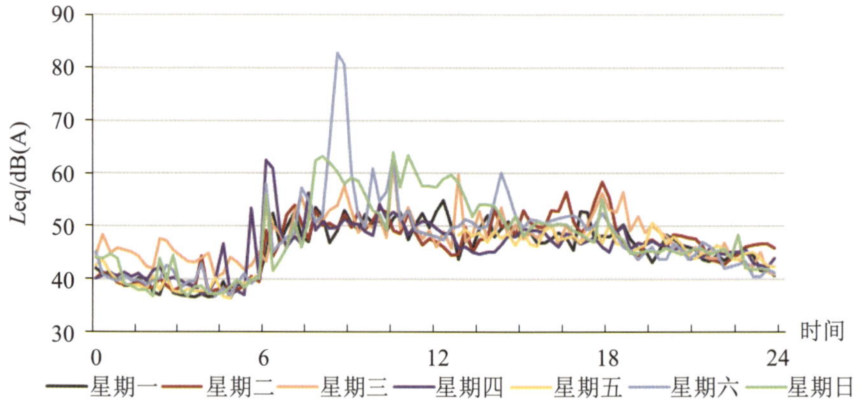

福田区莲花山具有福田区自然之声的典型特征。从上图展示的莲花山春季自然声变化可以看出，白天高、夜晚低的趋势。周六上午出现了较为明显的声学事件。福田区莲花山春季自然声变化图是该地区春季自然声景特征的体现。

福田区莲花山四季自然声景声级变化趋势

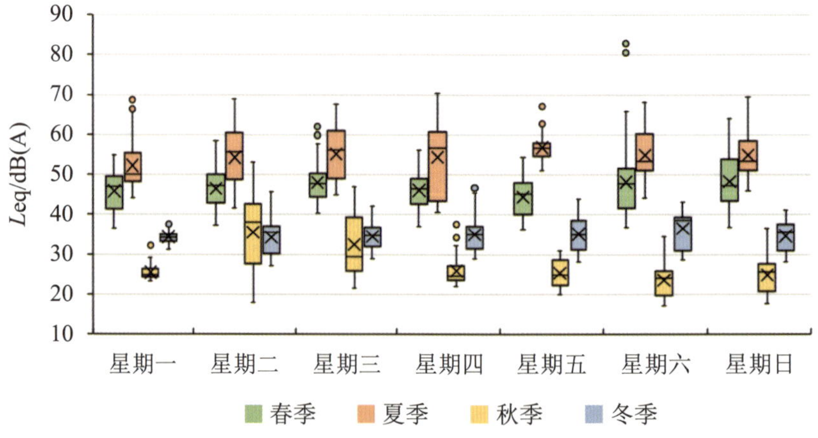

从莲花山四季自然声变化看出，夏季声级最高，春季次之，秋季最低。四季的自然声大小明显不同，与野外动物活动规律应有一定关联。

南　山

深圳市南山区在古代被称南头。先秦时期属于百越，秦汉时期属于南海郡管辖。该地区在明朝洪武年间，修筑有海防所界的所城。南山区位于深圳城市的中偏西部，东接福田区，西连宝安区，北靠阳台山与宝安区、龙华区接壤，南部经蛇口港、大铲岛和内伶仃岛与香港元朗遥相呼应，西南隔珠江口与珠海、澳门相望。南山地处北纬 22° 24′ ～ 22° 39′ 、东经 113° 47′ ～ 114° 01′ ，地势北高南低，区域内平地、台地、山丘相间，且由北向南逐级下降。南山区滨临南海，属亚热带海洋性季风气候，阳光充沛。南山行政辖区土地面积约 188 平方千米，海岸线长 43.7 公里，是除深圳大鹏新区区外，具有最长海岸线的一个行政区。南山区下属 8 个行政街道，101 个行政社区。

南山区具有天然的自然生态环境优势，区内呈现山峦叠嶂的景观风貌。在城市化开发过程中，依旧保留阳台山主山北峰、塘朗山脉、大南山脉等自然生态环境，并将其作为城市“绿肺”。南山区林业用地多，森林覆盖率高，是深圳高密集城市化建设中，最具自然风貌的行政区。南山区自然之声篇共包括 24 个声源片段。它们展现了这个区域山海交相辉映下鸟鸣阵阵，山、海、城三者相融合的生态之音。

小南山公园汉京九榕台视景

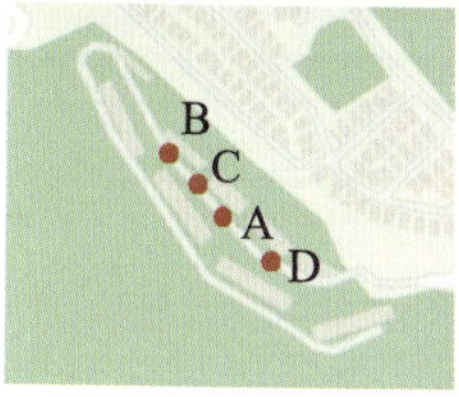

北纬 22° 29′
经 113° 52′

此处植物类型

软枝黄蝉

棕榈

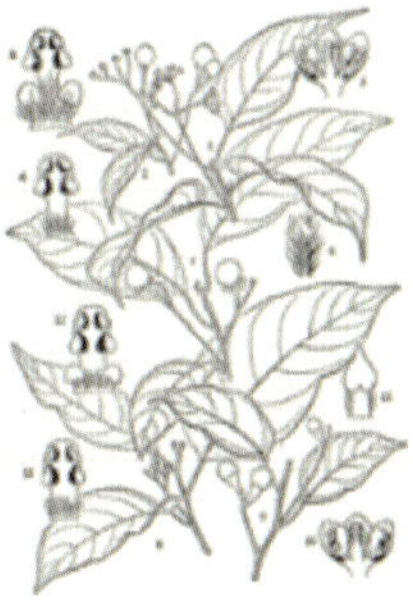

樟树

榕树

小南山公园汉京九榕台声景：小南山公园汉京九榕台位于南山区前海路以南；大部分时段以鸟鸣蝉叫的声音为主；该处呈现出一片树木茂密、鸟鸣蝉叫，声声入耳的自然声景。

周边环境存在的动物有鸟、蝉、蝶等。

休息日声音的声学特征：声级为 50 ～ 60 dB(A)，最高可达 68 dB(A)；此处高、中、低频声音共存，且中高频声音有些许抖动；整体而言，此处声音具有一定的方向性。

<table>
<tr><th colspan="4">休息日上午之声</th></tr>
<tr><td>声音时长</td><td>5 min</td><td rowspan="3">FFT</td><td rowspan="3">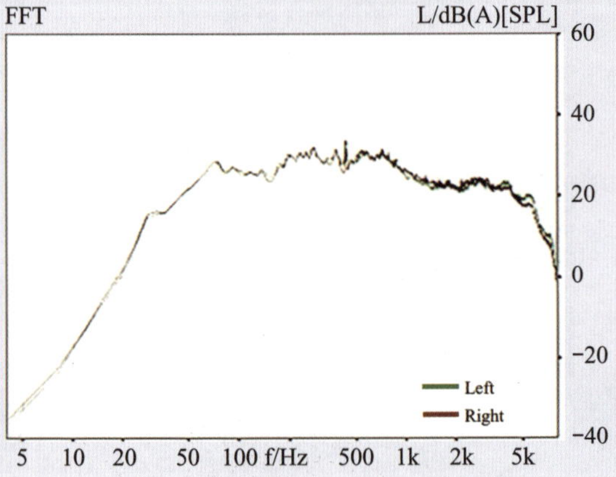
</td></tr>
<tr><td>Leq</td><td>56.7 dB(A)</td></tr>
<tr><td colspan="2">可听见的声音：
____
____
____
____
____
__________</td></tr>
<tr><td colspan="2"></td><td>Level vs. Time</td><td>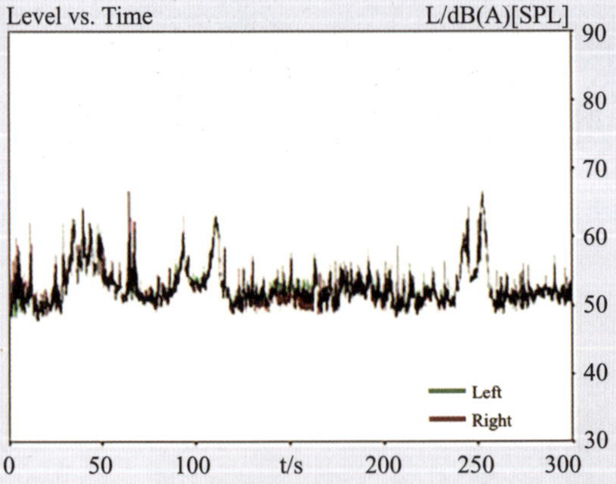
</td></tr>
</table>

工作日清晨之声　工作日夜间之声 1　工作日夜间之声 2

休息日上午之声

月亮湾公园荔枝园视景

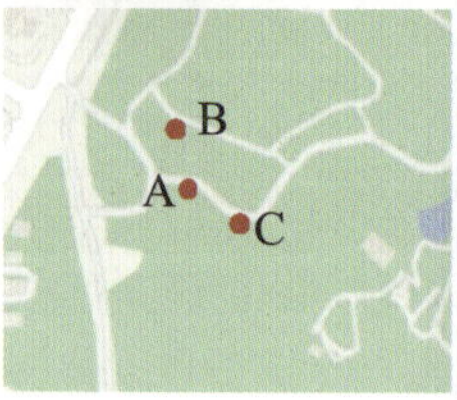

北纬 22° 30′
经 113° 53′

此处植物类型

棕榈树

荔枝树

月亮湾公园荔枝园声景：月亮湾公园荔枝园位于南山公园西北面；大部分时段以鸟鸣蝉鸣的声音为主；该处呈现出茂密树木掩映下静谧小路间鸟鸣蝉叫、声声不绝的自然声景。

周边环境可见动物有鸟、蝉、虫等。

工作日声音的声学特征：声级为 50 ～ 60 dB(A)，最高可达 75 dB(A)；此处高、中、低频声音并存，且高、中频声音突起明显；整体而言，此处的声音方向性较强。

<table>
<tr><th colspan="4">工作日午间之声</th></tr>
<tr><td>声音时长</td><td>5 min</td><td rowspan="3">FFT</td><td rowspan="3">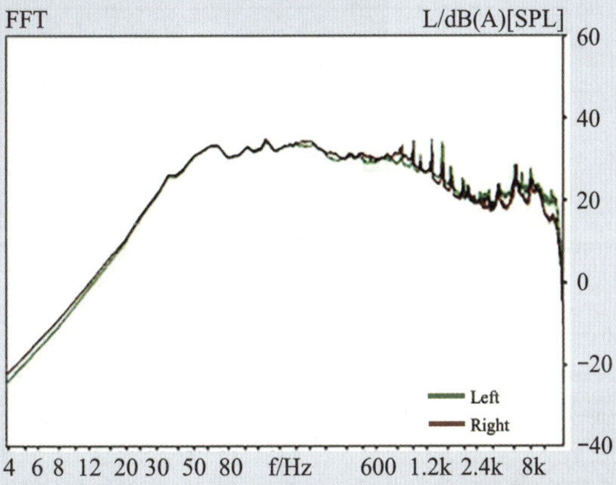
</td></tr>
<tr><td>Leq</td><td>56.2 dB(A)</td></tr>
<tr><td colspan="2">可听见的声音：
____
____
____
____
____
________</td></tr>
<tr><td colspan="2"></td><td>Level vs. Time</td><td>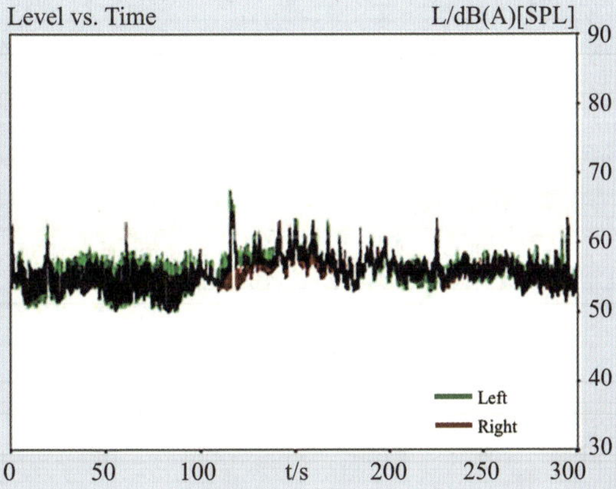
</td></tr>
</table>

工作日清晨之声　　工作日上午之声　　工作日夜间之声 1

工作日夜间之声 2　　工作日夜间之声 3　　休息日下午之声

山水情小区视景

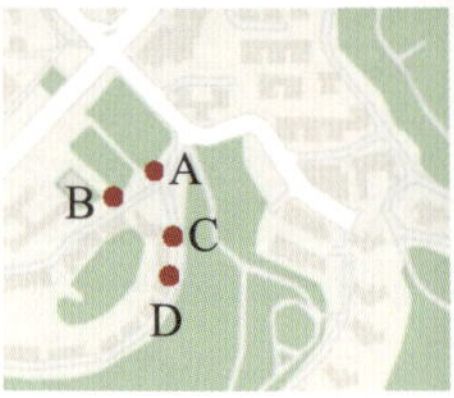

北纬 22° 30′
经 113° 54′

此处植物类型

软枝黄蝉

细杆椰子

黄金叶

榕树

山水情小区声景：山水情小区位于荔林公园北面；大部分时段以鸟鸣蝉鸣声为主，偶尔伴随着交通声和人们的交谈声；郁郁葱葱的住区内蝉声阵阵、间或夹杂着鸟儿欢鸣的声音，呈现出一派自然声景。

周边环境可见动物有：鸟、蝉、蜘蛛等。

休息日声音的声学特征：声级为 60 ～ 70 dB(A) 浮动，最高可达 75 dB(A)；此处以中高频声为主，且中高频声音有明显波动、低频声较平缓；此处中频声的方向性比较明显。

休息日清晨之声			
声音时长	5 min	FFT	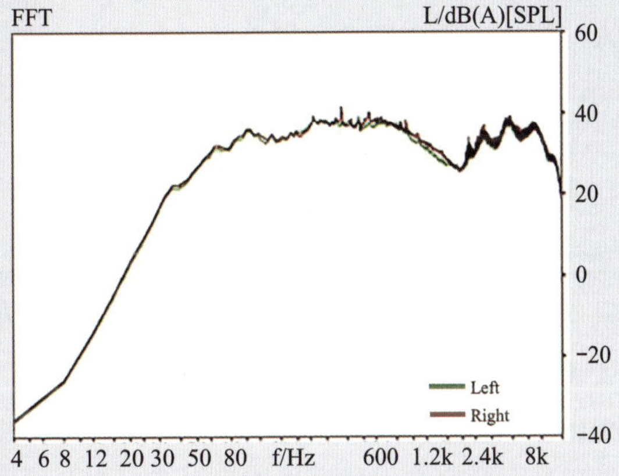
*L*eq	65.3 dB(A)		
可听见的声音： ________ ________ ________ ________ ________ ________		Level vs. Time	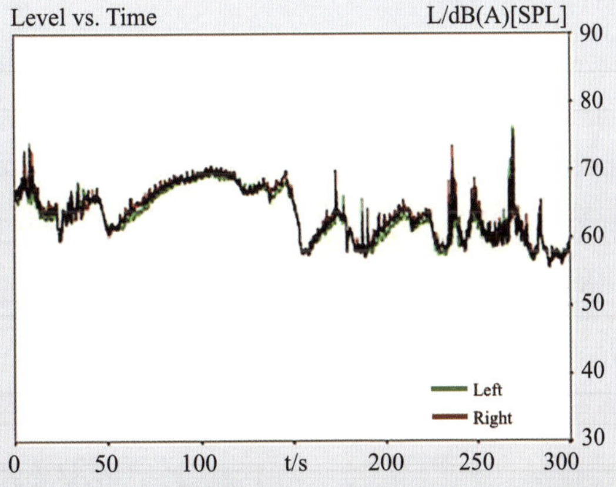

工作日上午之声　　工作日下午之声　　工作日夜间之声

休息日清晨之声 1　　休息日清晨之声 2　　休息日夜间之声

南山区自然声景特征

南山区位于深圳的西南部，具有山峦叠嶂的自然景象，森林覆盖率高达44%，主要树种包括榕树、棕榈树等，具有天然的自然生态环境优势。在城市化开发过程中，南山区依旧保留有阳台山主山北峰、塘朗山脉、大南山脉等自然生态环境并将其作为城市“绿肺”。南山区林业用地多，森林覆盖率高，是深圳高密集城市化建设中最具自然风貌的行政区。区内公园众多，有南山公园、大沙河公园、人才公园、月亮湾公园等，南侧的南山公园山上树木茂密，景色宜人，登高远望，整个深圳湾畔尽收眼底。在公园中常见鸟、蝉、蝶、蟋蟀等动物。

南山区主要自然声源存在于大、小南山片区。环境中自然声源丰富，环境声级一般在 60 dB(A) 左右。主要声音为虫鸣鸟叫声以及山涧蛙鸣声，伴随行驶的汽车声。在村落、城镇、旅游景点等人员活动较为密集的区域，夹杂着较多的人声、活动声等生活类声音。从时间变化来看，工作日声级为 50 ～ 60 dB(A)，休息日声级为 65 dB(A) 左右，工作日较休息日而言，声频谱抖动更剧烈，声级变化更明显；从四季来看，夏季飞鸟昆虫较为活跃，自然声声级较高，且声音的方向性明显，而秋冬季自然声声级就相对偏低，各频率声音的抖动性较弱。

从本章描述的 24 个南山区自然声景音频特征来看，虫鸣鸟叫等自然声的方向性较为明显，体现在中、高频的声音存在较强的方向性（左右耳感受到的声能不同），这些声音给人一种身处山林之中的静谧感。另外，鸟鸣虫叫声结合远处的汽车声形成了以中低频率为主的声音，这类声音的方向性较低；对于南山脚下，月亮湾公园和山水情小区一带而言，清晨、傍晚、夜间的虫鸣鸟叫声形成了主要自然声景。而沿海的深圳湾一带，由于建设了大量高档住区，导致社会生活声与海水自然声交相辉映，已不再有城市建设前的自然生态样貌。

南山区月亮湾公园荔枝园自然声景声学特征

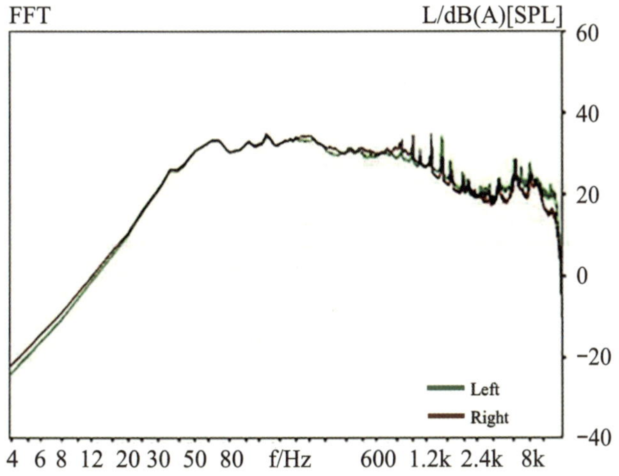

南山区山水情小区自然声景声学特征

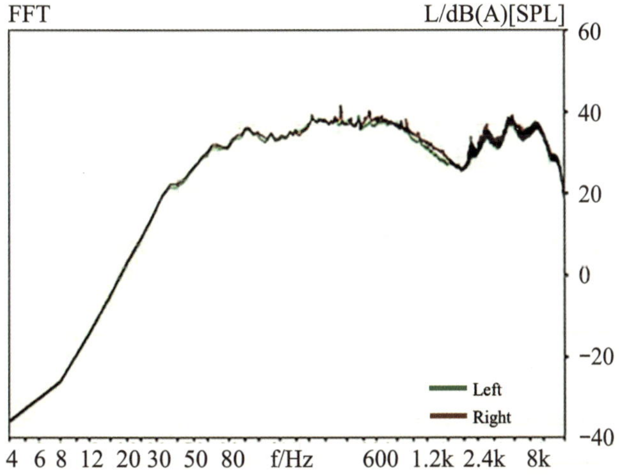

以上图可以看出中高频声音的变化特征，体现了一定的自然声特点。

南山区小南山公园春季某周自然声景声级变化趋势

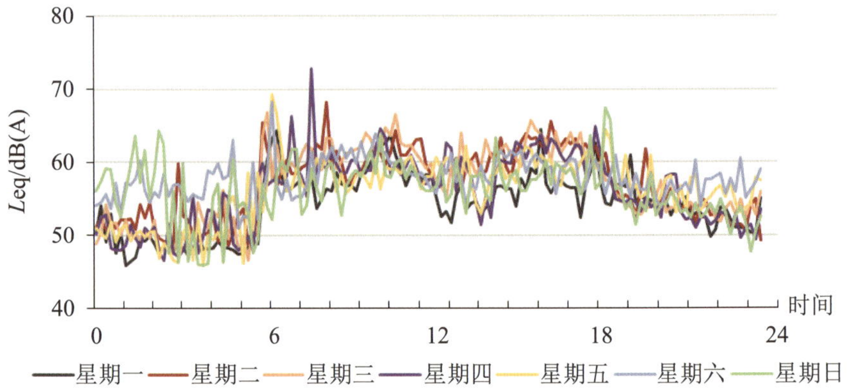

南山区小南山公园具有南山区自然之声的典型特征。从上图展示的小南山公园春季自然声变化可以看出，一周中每天的声级变化类似，整体趋势是从白天到夜晚逐渐降低。

小南区山公园四季自然声景声级变化趋势

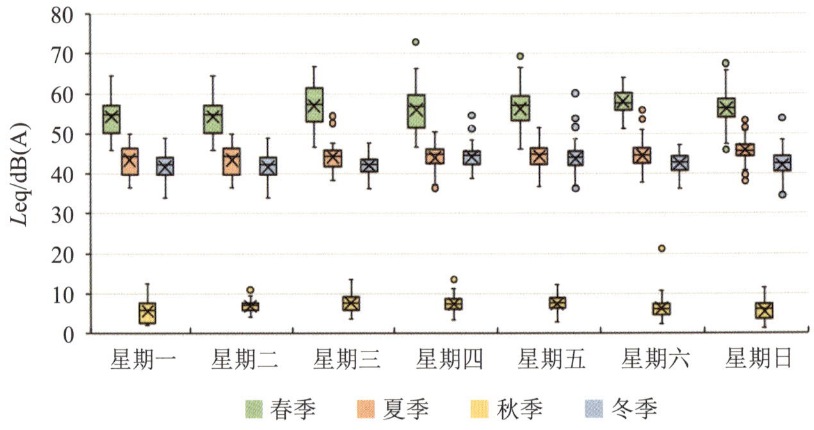

从小南山公园四季自然声级变化可以看出，春季最高、秋季最低，夏、冬季自然声级接近。一个明显特征是秋季自然声级比其他季节低很多。

宝　安

“宝安”为深圳地区改革开放前的名称，也称为宝安县。改革开放后宝安撤县建区。宝安区地处深圳城市西部，以广府文化为主，区内名胜古迹较多、民族文化丰富。宝安区西临珠江口，东接龙华区与光明新区，南面与南山区相连，北部为东莞市。宝安区位于北纬 22° 30′ ～ 22° 52′ 、东经 113° 40′ ～ 113° 59′ 。区内地形较为复杂，主要地貌为低山、丘陵、台地和平原，属低山丘陵滨海地貌。宝安区背山面海，岗峦起伏，主要山脉属莲花山系，由阳台山、凤凰山等构成海岸屏障，最高海拔地点为阳台山山顶。宝安行政辖区面积 397 平方千米，海岸线长 50 公里，海域面积 220 平方公里。宝安区下属 10 个行政街道，124 个行政社区。

宝安区属亚热带海洋性气候。东北部主要为低山；中部及北部主要为丘陵和台地；西部是冲积平原，以及一些残留的低丘；西南部面海，海岸边多为淤泥，滩涂资源丰富。2018 年 8 月 26 日，国务院批复同意《前海深港现代服务业合作区总体发展规划》，2015 年 4 月 28 日深圳前海蛇口自由贸易区正式挂牌。宝安区在城市化程度较罗湖区、福田区、南山区低一些。但随着前海自由贸易区的落实，宝安区必将迎来一个城市化发展的“爆发期”。宝安区自然之声篇共包括 14 个声源片段。这些片段记载了宝安区依山傍水的声景，以及在快速城市化进程中尚保留的“自然”记忆。

阳台山应人石路视景

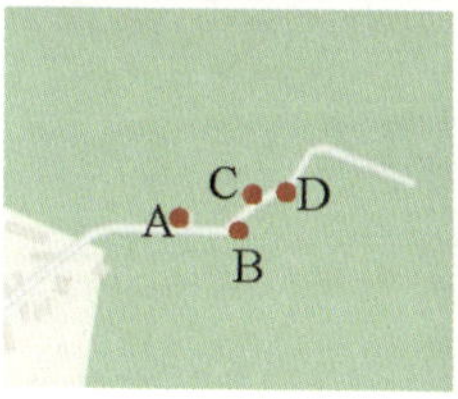

北纬 22° 39′
经 113° 55′

此处植物类型

车前草

黄樟

阳台山应人石路声景：应人石路位于阳台山森林公园正西面；大部分时段以鸟鸣蝉叫的声音为主；该处呈现出一片鸟鸣蛙叫、犬吠蝉鸣的自然声景。

周边环境存在的动物有鸟、蝉、蛙、狗等。

工作日声音的声学特征：声级为 45 ～ 60 dB(A) 左右变化剧烈，最高可达 72 dB(A)；此处高、中、低频声均存在，低频声平缓，高频声抖动剧烈；各频段声音均具有较明确的方向性。

工作日清晨之声			
声音时长	5 min	FFT	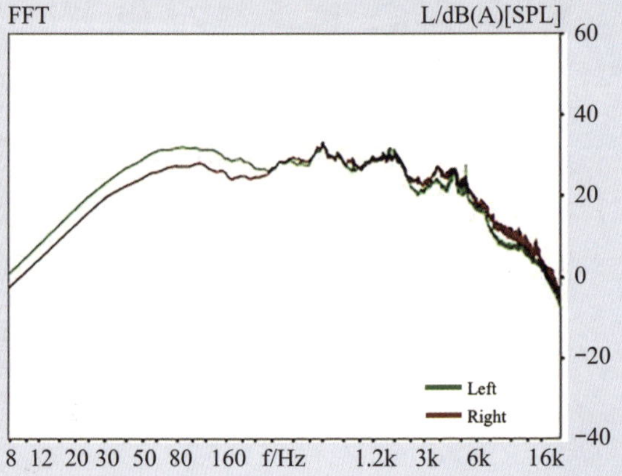
*L*eq	52.8 dB(A)		
可听见的声音： ________ ________ ________ ________ ________ ________			
		Level vs. Time	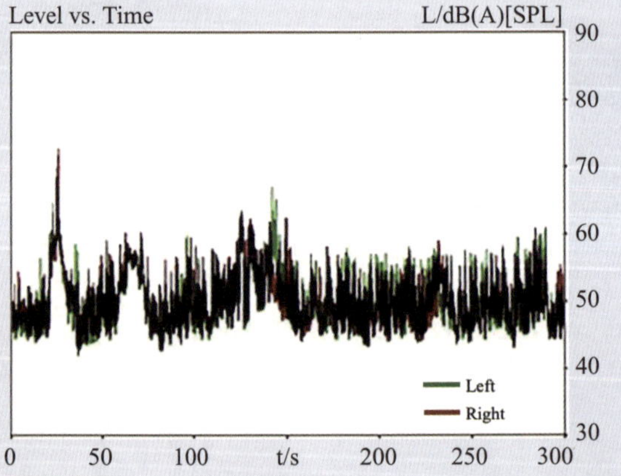

工作日夜间之声 1　　工作日夜间之声 2　　工作日夜间之声 3

工作日夜间之声 4　　工作日夜间之声 5　　休息日清晨之声

石

阳台山水库视景

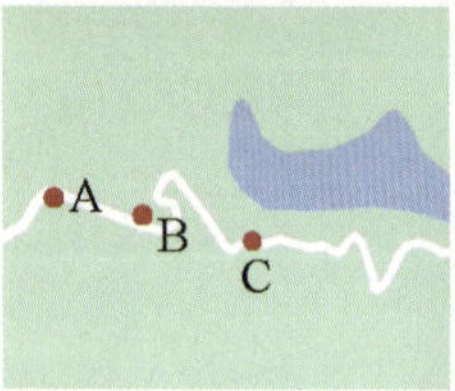

北纬 22° 33′
经 114° 32′

此处植物类型

车前草

软枝黄蝉

高山榕

阳台山水库声景：阳台山水库位于阳台山森林公园正东面；大部分时段以鸟鸣蛙叫声、狗吠声以及蝉鸣声为主；该处呈现出一片鸟鸣蝉叫、蛙声阵阵的自然声景。

周边环境存在的动物有蛙、鸟、虫等。

工作日声音的声学特征：声级为 45 ～ 50 dB(A) 变化剧烈，最高可达 65 dB(A)；此处高、中、低频声均存在，且低频声平缓，高频声抖动剧烈；整体而言，声音具有较明显的方向性。

工作日清晨之声			
声音时长	5 min	FFT	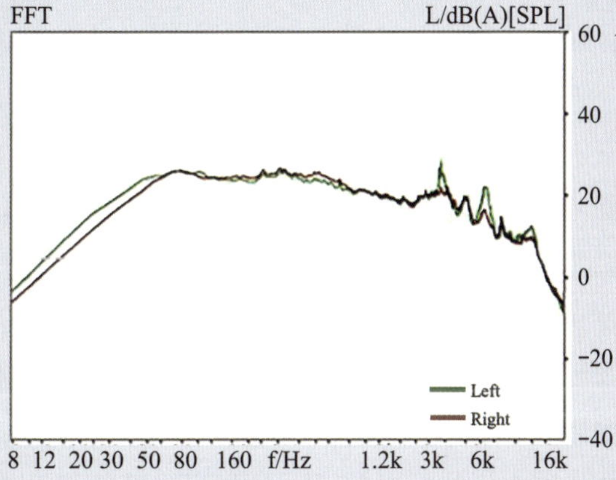
Leq	47.7 dB(A)		
可听见的声音： ______ ______ ______ ______ ______ ______		Level vs. Time	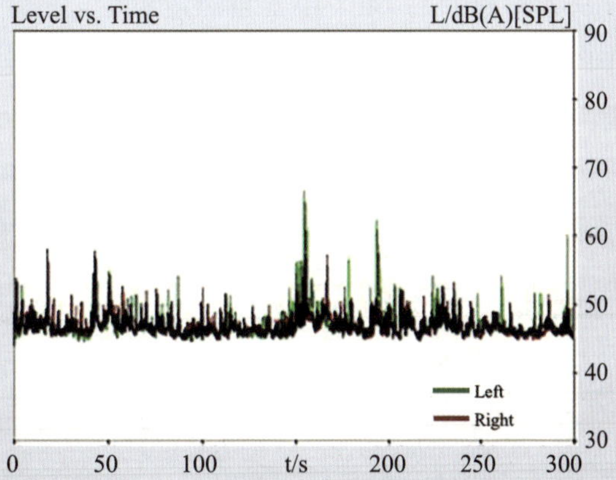

工作日上午之声　工作日下午之声　工作日傍晚之声

工作日夜间之声 1　工作日夜间之声 2　休息日清晨之声

宝安区自然声景特征

宝安区自然地貌以低山、丘陵和台地为主。区内公园众多，有阳台山公园、罗田森林公园、西乡公园、松岗公园、宝安公园、铁仔山公园等。宝安阳台山雨量充沛，气候宜人，是深圳河流的重要发源地，山下分布着石岩水库、铁岗水库、西丽水库、高峰水库和赖屋山水库等 10 多座水库。每逢雨季，该地云烟缥缈，变幻莫测；山上林木繁茂，树种以黄樟为主，并有野生动物出没其间。在公园中常见鸟、蝉、蛙等动物。

总体而言，宝安区的自然声资源相对丰富，环境声级一般在 50 dB(A) 左右，前海、欢乐港湾等人活动较多区域的环境声级可达 60 dB(A) 左右。主要声音为虫鸣鸟叫声以及山涧蛙鸣声，伴随着海浪声，以及行驶的汽车声。在旅游景点等人员活动较为密集的区域，夹杂着人声、活动声等生活类声音。从时间变化来看，工作日声级为 50 ～ 60 dB(A)，休息日声级 40 dB(A) 左右，工作日较休息日而言，声频谱抖动更剧烈，声级变化更明显；从四季来看，夏季飞鸟昆虫较为活跃，自然声声级较高，且声音的方向性明显，而秋冬季自然声声级就相对偏低，各频率声音的抖动性较弱。

从本章包括的 14 个宝安自然声景片段的声学特征来看，虫鸣鸟叫等自然声的方向性较为明显，体现在中高频的声音存在较强的方向性，左右耳感受到的声能不同，这些声音给人一种身处山林之中的静谧感。另外，临海区域哗哗海浪声、由气候导致的喧闹风雨声、海水拍岸等自然声景是宝安的又一声景特色，并结合远处的汽车声形成了以中、低频率为主的声音，这类声音的方向性较低。

宝安区阳台山应人石路自然声景的声学特征

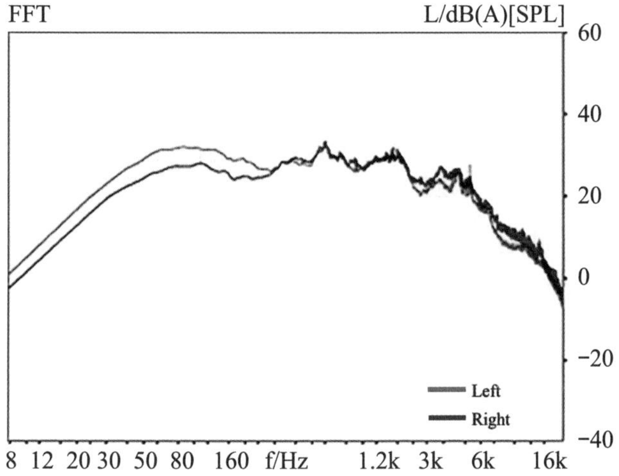

宝安区阳台山水库自然声景的声学特征

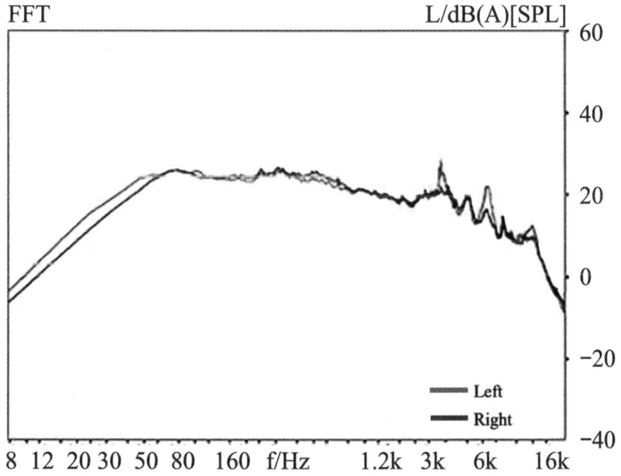

以上图显示出中高频率声音变化显著，体现了自然声存在的一些特征。

宝安区阳台山子站春季某周自然声景声级变化趋势

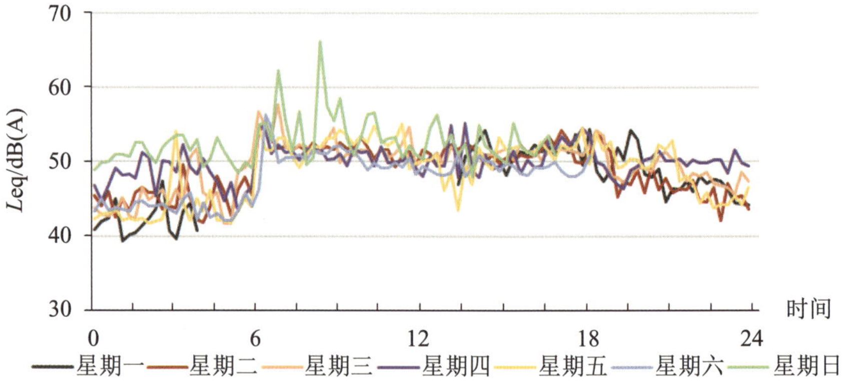

宝安区阳台山子站具有宝安区自然之声的典型特征。从上图展示的阳台山子站春季自然声变化可以看出，夜间 0 点到凌晨 6 点声级较低，除周日外，其他日在这个时段的声级变化幅度较大，体现了春季清晨时段自然声较为活跃的特征。

宝安区阳台山子站四季自然声景声级变化趋势

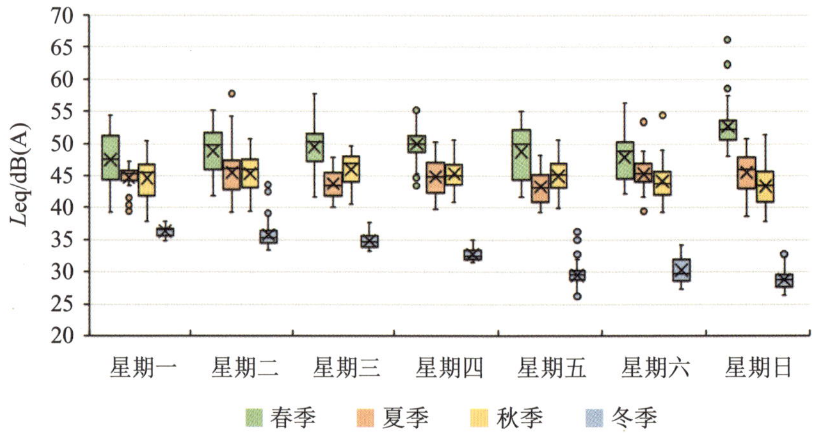

从宝安区阳台山子站四季自然声的变化可以看出，春季声级较夏、秋季高，冬季最低，且比其他季节低很多，体现了冬季虫鸟极少活动的特征。

深圳市属于亚热带海洋性季风气候，四季温和，阳光充沛，自然环境中既有山峦叠嶂的雄伟，又有惊涛骇浪的气势。自然声景中包含较为明显的鸟鸣虫叫声，沿海区域海水声明显，但大鹏新区区礁石较多，海水声与城市区域有较大不同。北部生态山脉及其形成的野生公园中自然声景中的活动声较城市公园少很多。自然声景中的环境声级一般在 50 dB(A)，大鹏新区区最低，可达 40 dB(A)，最高一般不超过 70 dB(A)。大鹏新区区、罗湖区具有其独特的自然声景，南山区与福田区自然声景相近，坪山区与宝安区相近，但宝安区西南沿海部分的自然声景与南山区相近。总体而言，自然声景给人宁静以致远的静谧感，具有一定的疗愈效果。

大鹏位于深圳东南部，植被覆盖率高、野生动植物繁茂。地貌以滨海低山、丘陵为主。旖旎的水光山色中，呈现出鸟鸣虫叫、海浪翻涌、惊涛拍岸，雨声沥沥、风声呼啸等自然声景。其环境声级一般为 40 ～ 50 dB(A) 左右，最高可达 60 dB(A) 多。冬季比春夏秋季安静。坪山区位于深圳东北部。北靠惠州、东莞，隔海与香港新界相眺，是通往广东惠州、汕头、以及福建等的必由之路。地形呈东北高、西南低之势，东北部植被覆盖率较高，野生动植物繁茂。鸟鸣虫叫、水波荡漾为东北部主要自然声。自然声景中的环境声级一般在 50 dB(A) 左右，最高可达 60 dB(A) 多。坪山区自然声景中夹杂着较多城市发展的声音。罗湖区位于深圳市中东部。地势平坦，区内河流众多、水域较大。鸟鸣虫叫、蛙声戚戚的湖水之滨夹杂着人们休闲活动声。罗湖区水声多来自于河流和湖泊，其环境声级一般在 50 dB(A) 左右，最高可达 60 dB(A) 多。从时间维度看，罗湖自然声景的环境声在休息日比工作日略高，春夏季比其他季节略高。福田区位于深圳中部，与香港隔河相望。地势北高南低，海岸线绵长。自然声景明显存在于北部城市公园环境中。鸟鸣虫叫以及海水波涛是主要自然声源。活动声在自然声景中存在较多，与自然声交相辉映。其环境声级一般在 60 dB(A) 左右，最高可达 70 dB(A) 多。夏季自然声景的声级较其他季节高。南山区位于深圳市中偏西部，南部与香港隔海相望，与珠海、澳门隔江相邻。地势北高南低，海岸线较长。自然声景与福田区较为接近，但其中的活动声略有不同。其环境声级一般在 60 dB(A) 左右，最高在 65 dB(A) 上下。休息日声级比工作日略高，声音方向性较为明显。宝安区位于深圳市西部，西临珠江口，北接广东东莞。宝安区背山面海，由阳台山、凤凰山等构成海岸屏障。区内原生态环境相对较多，但随着城市化发展，城市公园绿地也贡献了大量自然声景。除鸟鸣虫叫外，水声比较显著，自然声景的环境声级一般在 50 dB(A) 左右，最高可达 60 dB(A) 上下。在原生态区的自然声景与坪山区相似，在城市公园中的自然声景与福田区、南山区相似。

车水马龙　机器轰鸣

机械之声

II•Voice of Machine

贰

大　鹏

大鹏新区是深圳别称“鹏城”的由来，位于深圳城市东南部。大鹏新区三面临海、一面环山；东临大亚湾、西抱大鹏新区湾，东北面连接深圳盐田区、坪山新区，与香港新界隔海相望。其地理位置为东经114°22′～114°36′、北纬22°26′～22°40′，区内山多平地少，地形较为复杂。其自然地貌以滨海低山、丘陵为主，山海之间零星分布着宽谷小平原。气候属亚热带海洋性季风气候，四季温和，阳光充足。大鹏新区行政辖区面积为600平方千米，辖区内共有25个行政社区。大鹏新区陆域面积为295平方千米，海域面积305平方千米，海岸线长295公里，约占深圳市总海岸线长的1/2。大鹏新区是深圳最早有古人类活动的地方之一。

大鹏新区是深圳的“绿肺”，城市化开发强度不高。但是，作为深圳最主要的自然生态区，其旅游功能将日趋发达，城市化的交通建设是该地区发展主题。目前坪葵路、坪西路贯穿区域南北，惠深沿海高速连接西东，大鹏新区到罗湖区、坪山区等中心区交通距离均在半小时之内可到达。隆隆的交通声随着游人们的足迹纷纷踏至这山水之间，形成了以道路交通声为主的机械声景。大鹏新区机械之声篇共包括12个机械声源片段。

东山码头视景

A

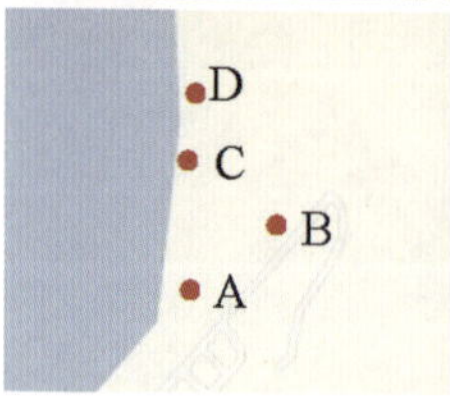

北纬 22° 33′
经 114° 31′

B

C

D

此处植物类型

首冠藤

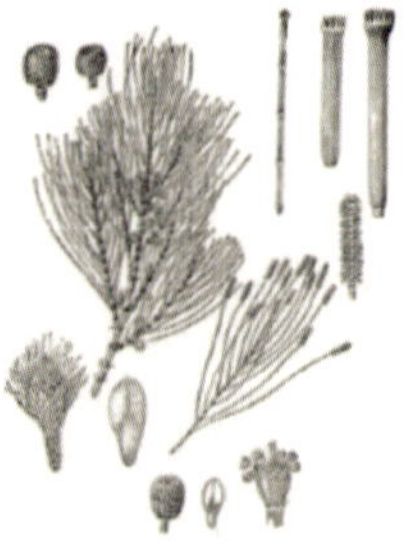

木麻黄

东山码头机械声景：东山码头位于东渔村；由于施工工作，工作日上午以施工声、讲话声等声音为主；码头施工处，工作日上午呈现出震耳欲聋的施工声中掺杂着些许讲话声的声景。

周边环境存在的动物有鸟、蝉等。

工作日声音的声学特征：该处环境声级为 45 ～ 65 dB(A)，声音随时间呈节奏性的剧烈变化。此处以高频声为主，而低频声抖动变化明显；左右耳听觉有一定差异，反映出声音具有一定方向性。

<table>
<tr><th colspan="4">工作日上午之声</th></tr>
<tr><td>声音时长</td><td>1 min</td><td rowspan="3">FFT</td><td rowspan="3">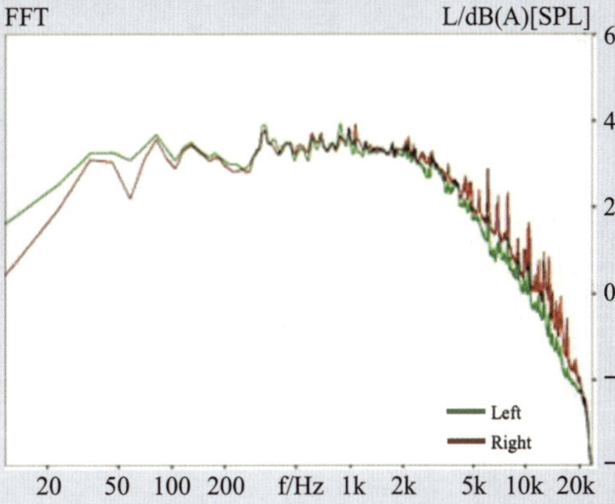
</td></tr>
<tr><td>Leq</td><td>56.1 dB(A)</td></tr>
<tr><td colspan="2">可听见的声音：
____
____
____
____
____
________</td></tr>
<tr><td colspan="2"></td><td>Level vs. Time</td><td>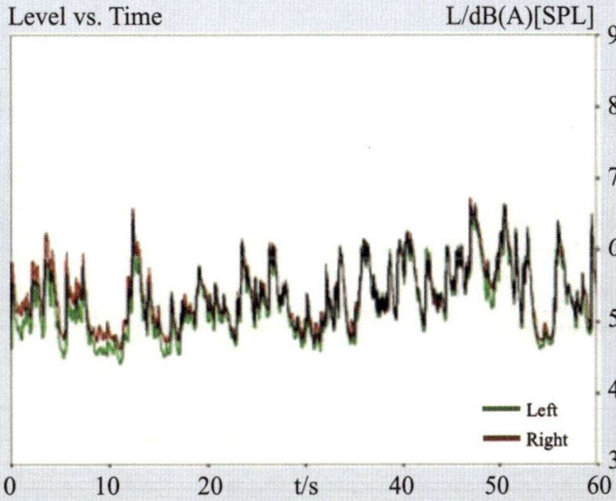
</td></tr>
</table>

工作日上午之声 1

工作日上午之声 2

工作日午间之声

工作日下午之声

交通繁忙路段

南澳新东路视景

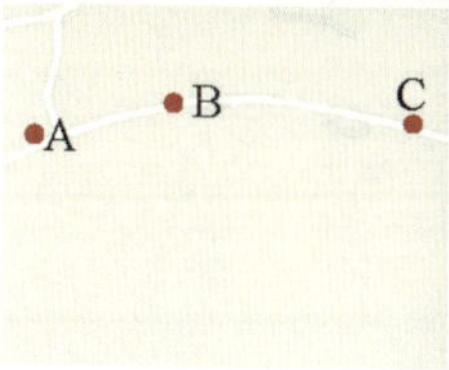

北纬 22° 32′
经 114° 31′

此处植物类型

蟛蜞菊

首冠藤

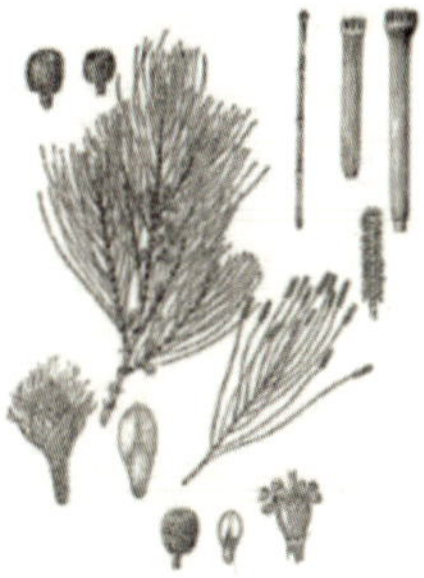

首冠藤

南澳新东路 A 处机械声景：该处位于东渔村东侧道路交叉口；休息日夜间时段主要有蝉鸣蛙叫、汽车声等声音；绿树成荫道路处，休息日夜间呈现出汽车呼啸而过中掺杂着些许鸟鸣蝉叫的声景。

周边环境存在的动物有蝉、鸟、蛙。

休息日声音的声学特征：该处环境声级为 50 ～ 80 dB(A)，声音随时间呈现剧烈的抖动变化；此处以中频声音为主，中频声抖动明显；在中、高频处左右耳听觉有一定差异，反映出声音具有一定方向性。

休息日夜间之声			
声音时长	1 min	FFT	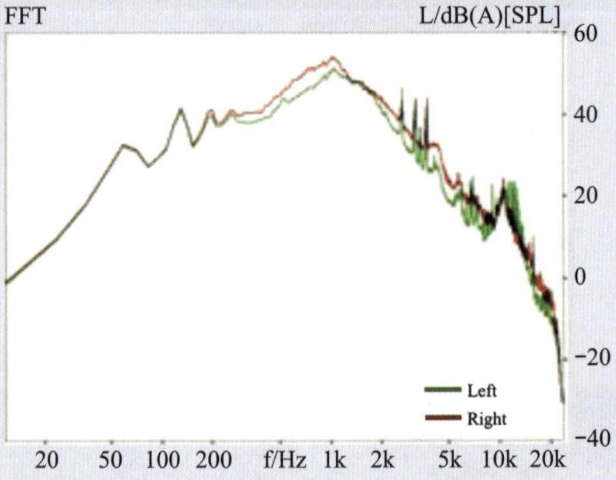
*L*eq	68.7 dB(A)		
可听见的声音： ________ ________ ________ ________ ________ ________			
		Level vs. Time	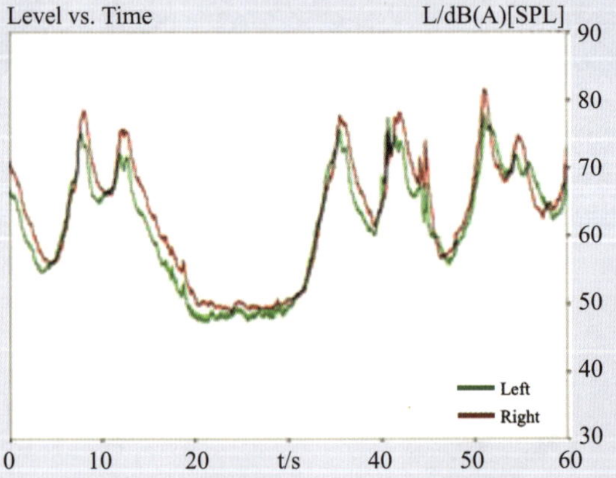

工作日上午之声　　工作日夜间之声 1　　工作日夜间之声 2

休息日上午之声　　休息日傍晚之声

大鹏新区机械声景特征

大鹏新区是深圳市民休闲度假的主要地区。区内山峦叠嶂、海水连天。从本章收集的大鹏新区机械声音频片段可知，该区域的机械声音并不明显，得益于大鹏新区生态环境较好，开发强度不高。因此，大鹏新区的声环境都会掺杂着自然声，拥有的机械声较少。区内动物以鸟、蝉为主。

由于大鹏保留了大片自然生态环境，机械声源较少。由机械声为主形成的环境声级一般不高，通常为汽车行驶声。只有在码头施工处、交通声较多的路口等地方才会偶尔出现 75 dB(A) 以上的声音。而在海岸边以及人活动较多区域的环境声级则为 50 dB(A) 左右。自然声主要声音为虫鸣鸟叫声以及山涧蛙鸣声，伴随着海浪声以及行驶的汽车声。在村落、城镇、旅游景点等人员活动较为密集的区域，夹杂着较多的人声、活动声等生活类声音。从时间变化来看，工作日声级为 50 ～ 60 dB(A)，休息日声级为 60 dB(A) 左右，休息日较工作日而言，声频谱抖动更剧烈，声级变化更明显；从四季来看，各个季节机械声变化不大，主要是由于区域内以自然声为主导，机械声一般会与自然声相伴出现，尤其是在春夏季节，自然声会稍多。

从本章包括的 12 个大鹏新区机械声景音频特征来看，码头施工、交通声机械声的方向性较为明显。体现在高、中、低频的声音都存在一定的方向性（左右耳感受到的声能不同），这些声音会给人一种处在噪声环境中的烦躁感。此外，大鹏海水声与沿岸的道路交通声形成了以中、低频率为主的声音，这类环境声音没有明显的方向性。

大鹏新区东渔村东山码头典型机械声景的声学特征

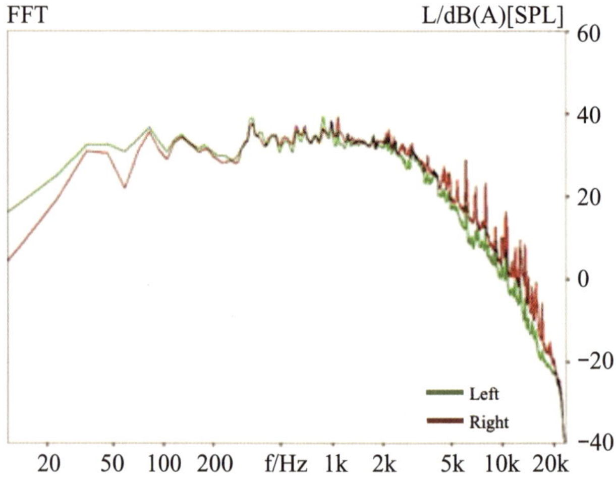

大鹏新区南澳新东路典型机械声景的声学特征

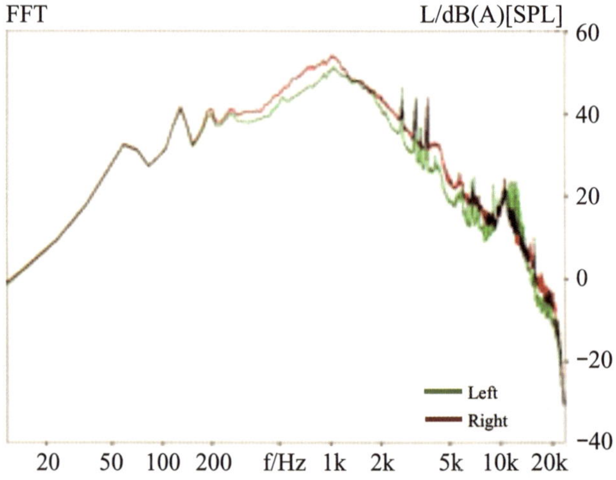

从以上图可以看出，所有频率声音的变化均较为剧烈，反映出施工机械声的特征。

大鹏新区东渔村冬季某周机械声景声级变化趋势

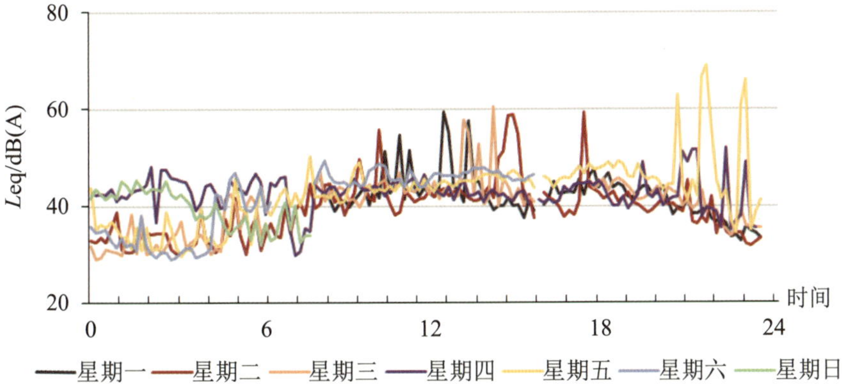

大鹏新区东渔村具有大鹏新区机械之声的典型特征。从上图展示的东渔村冬季机械声级变化来看，夜间略低，下午时间段不时有较高分贝的声音，反映出存在施工机械声，一周内没有一定的变化规律。

大鹏新区东渔村四季机械声景声级变化趋势

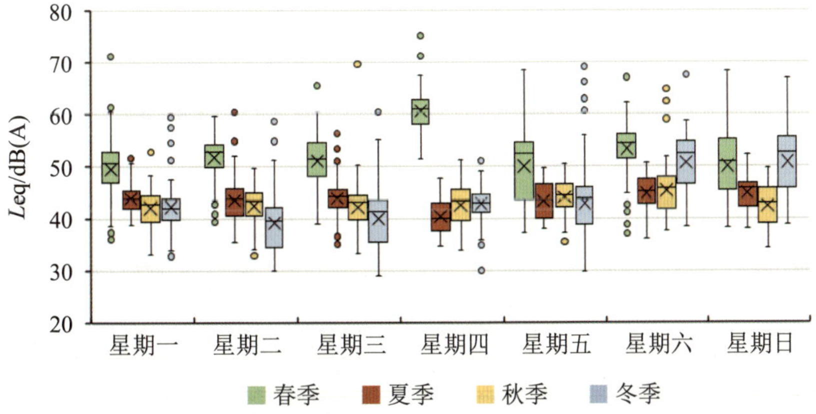

从大鹏新区东渔村四季机械声级的变化来看，春季相对其他季节较高，周四比其他时间更高，说明渔村进行机械性工作的特征。机械声级的变化与渔村的捕鱼劳作存在一定关联。

坪　山

深圳坪山区位于城市的东北部，北靠广东惠州市、东莞市，东临大亚湾与惠州市相望，西接深圳龙华区、南连深圳罗湖区与盐田区，隔大鹏新区湾与香港新界相望。是深圳通往广东惠州、汕头、以及福建等地的必由之路。坪山区位于北纬 22° 35′ ～22° 49′ 、东经 114° 03′ ～114° 22′ ，地形呈东北高、西南低之势，属低山丘陵滨海地形。坪山区具有亚热带海洋性季风气候，气候宜人、四季温和、阳光充沛，年平均气温在 22.3 摄氏度，相对湿度在 80%，年平均降雨量为 1 933 毫米。坪山行政辖区面积为 388 平方千米，约占深圳城市总面积的 40% 以上，已建成区域为 200 多平方千米。坪山区下辖行政街道有 11 个，行政社区 111 个。

经过近些年的发展，坪山区形成了完善的交通网络，已成为深圳东北部的交通枢纽。其中，深汕高速、机荷高速等多条高速公路穿过坪山，广深铁路、平南铁路、京九铁路、平盐疏港铁路、厦深高铁、深铁 3 号线、5 号线、10 号线以及未来的 14 和 16 号线将穿境而过。区内主要有高新技术产业、先进制造业、传统优势产业、物流产业等，共有规模以上工业企业 1 600 多家，导致坪山区具有较多的生产声以及汽车声。坪山区机械之声篇共包括 24 个机械声源片段，反映了坪山较为明显的机械声景。

宾馆

江岭文化广场一视景

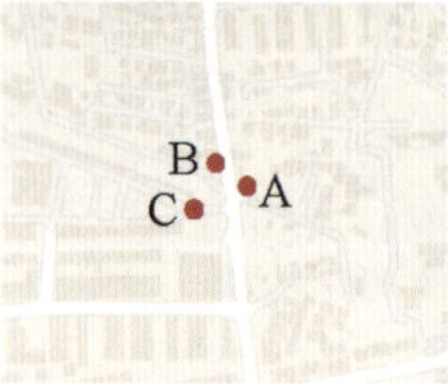

北纬 22° 41′
经 114° 21′

此处植物类型

樟树

江岭文化广场 A 处机械声景：该处位于江岭路；休息日上午时段以汽车声、生活声、鸟鸣等声音为主；车马如龙的街道处，休息日上午呈现出车辆呼啸而过，飘来丝丝生活声和鸟鸣的声景。

周边环境存在的动物有鸟等。

休息日声音的声学特征：该处环境声级为 60 ～ 70 dB(A)，声音能量随时间呈节奏性剧烈变化。此处以中、低频声音为主，声音的抖动性强；左右耳听觉有一定差异，反映出声音具有一定方向性。

休息日上午之声			
声音时长	5 min	FFT	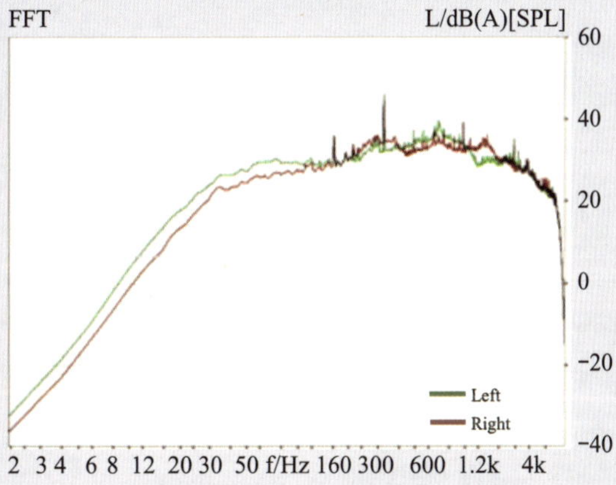
Leq	67.0 dB(A)		
可听见的声音： ________ ________ ________ ________ ________ ________		Level vs. Time	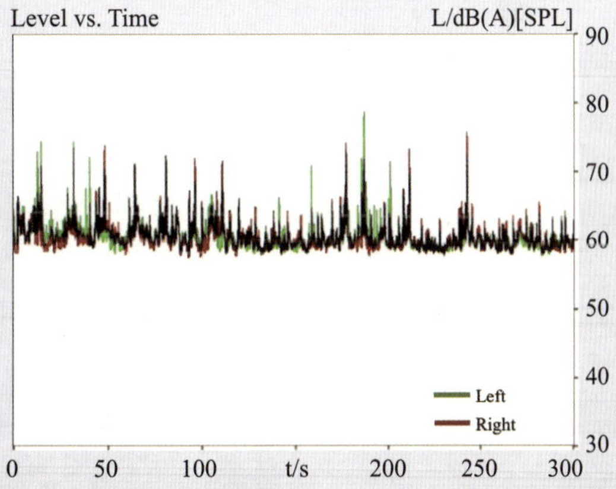

工作日上午之声 1　　工作日上午之声 2　　工作日下午之声

休息日上午之声

20

东纵路视景

北纬 22° 41′
经 114° 21′

此处植物类型

榕树

樟树

东纵路声景：东纵路位于坪山中学西侧；大部分时段以汽车声、说话声等声音为主；车马如龙的街道，呈现出车来车往，嘈杂之音不绝，掺杂些许说话声和鸟鸣的声景。

周边环境存在的动物有鸟等。

休息日声音的声学特征：该处环境声级为 50 ~ 80 dB(A) 变化，声音随时间呈现剧烈的抖动。此处以高频声音为主，高频声时而有抖动变化；左右耳听觉差异性不大，反映出声音方向性不强。

休息日清晨之声		
声音时长	5 min	FFT
Leq	70.6 dB(A)	
可听见的声音： ______ ______ ______ ______ ______ ______		Level vs. Time

FFT

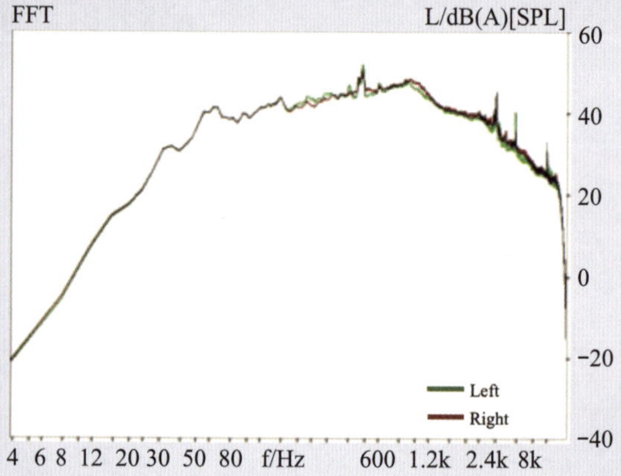

Level vs. Time

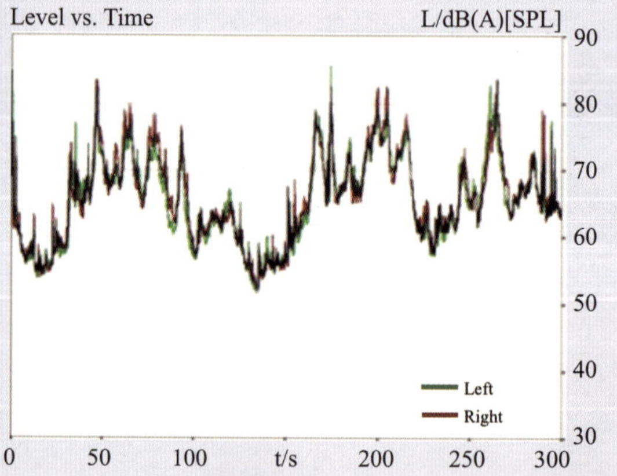

工作日上午之声 1　工作日上午之声 2　工作日下午之声

工作日傍晚之声　休息日清晨之声　休息日上午之声

休息日下午之声　休息日夜间之声

严禁抛物 禁止跨

比亚迪公寓视景

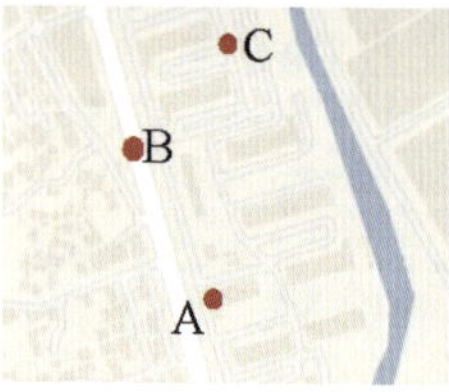

北纬 22° 40′
经 114° 21′

此处植物类型

樟树

比亚迪公寓机械声景：比亚迪公寓位于江岭路；此处为公寓道路旁，休息日午间时段以汽车声、生活声等声音为主；车辆繁多的道路边，呈现出车来车往，喧闹之声中飘来微微生活声和鸟鸣的声景。

周边环境存在的动物有鸟等。

工作日声音的声学特征：该处环境声级为 60 ～ 70 dB(A)，声音随时间呈现规律性的变化。此处以中、高频声音为主，声音抖动性较强；左右耳听觉存在一定的差异，反映出声音具有一定的方向性。

<table>
<tr><th colspan="4">休息日上午之声</th></tr>
<tr><td>声音时长</td><td>5 min</td><td rowspan="3">FFT</td><td rowspan="3">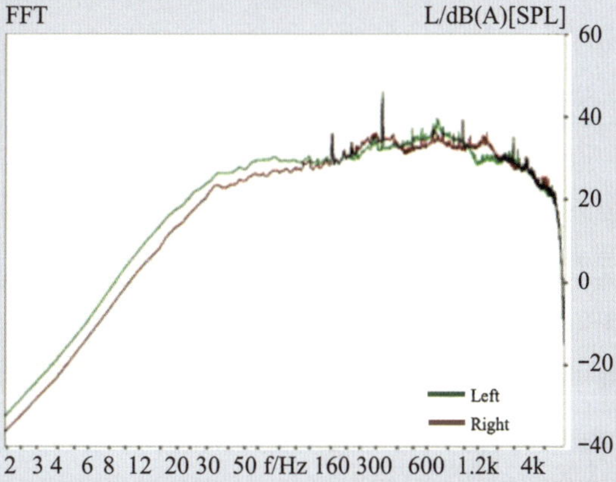
</td></tr>
<tr><td>Leq</td><td>61.6 dB(A)</td></tr>
<tr><td colspan="2">可听见的声音：
______
______
______
______
______
______</td></tr>
<tr><td colspan="2"></td><td>Level vs. Time</td><td>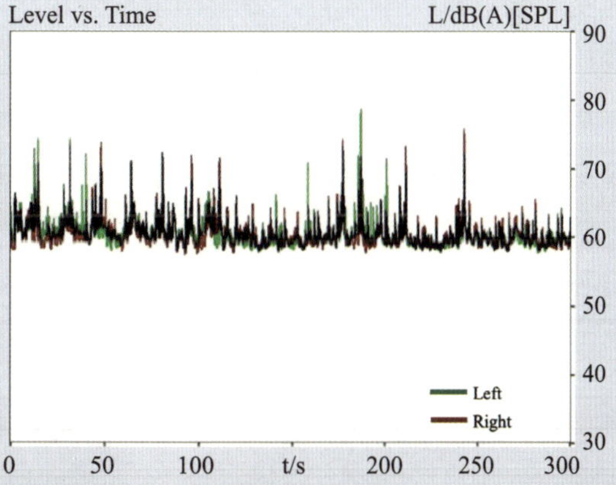
</td></tr>
</table>

工作日上午之声 1　工作日上午之声 2　工作日午间之声

工作日下午之声　休息日上午之声　休息日夜间之声

坪山区机械声景特征

坪山区是原深圳经济特区外的一个重要城镇。随着深圳二线关裁撤，坪山区并入深圳市。经过近些年快速发展，区内的城市功能逐渐完备，基础设施不断完善。目前，坪山区承接了大量从原市区（福田区、南山区）撤出的工业企业，成为深圳工业企业发展的重点区域。居民以从事生产活动为主，年轻人、农民工较多，还有较多在罗湖区、福田区、南山区工作，但在坪山区生活的居民具有一定的“卧城”特征。由此可见，坪山区城市交通声、施工机械声以及工厂的噪声十分显著，形成了该地区的主要声景。坪山区机械声主要为交通干道上的车水马龙、工厂旁的机械轰鸣以及城市化建设带来的此起彼伏的施工声。

由于坪山是深圳二线关裁撤后形成的新区，区域主要经济为高端制造业，由于处于城市建设阶段，导致环境中机械声源偏多，是深圳市噪声污染较为严重的区域。机械声为主的声级一般在 60 dB(A) 以上，道路施工附近可高达 80 dB(A) 左右。主要声音为行驶的汽车声及施工声，伴随着生活声以及工厂里机械运行的声音。在住区、商业区等人员活动较为密集的区域夹杂着较多的人声、活动声等生活类声音。从时间变化来看，工作日声级为 50 ～ 80 dB(A) 变化，休息日声级为 60 dB(A) 左右；工作日较休息日而言，声频谱抖动更剧烈，声级变化更明显；从四季来看，各个季节变化不大，主要是由于区域内常年存在生产性的活动，机械声较为普遍；但在春夏季节，自然声会稍多。

从本章包括的 24 个坪山地区机械声景音频特征来看，工业建成区、建设区以及交通网络带来的机械声较高，主要出现在城中交通要道以及工厂机械运作中，这些环境声存在一定的方向性（左右耳感受到的声能不同），它们会给人一种处在噪声环境中的烦躁感。此外，社会活动声与周围汽车声一起，形成了一类以中、低频率为主的环境声，而这类环境声没有明显的方向性。

坪山区东纵路典型机械声景的声学特征

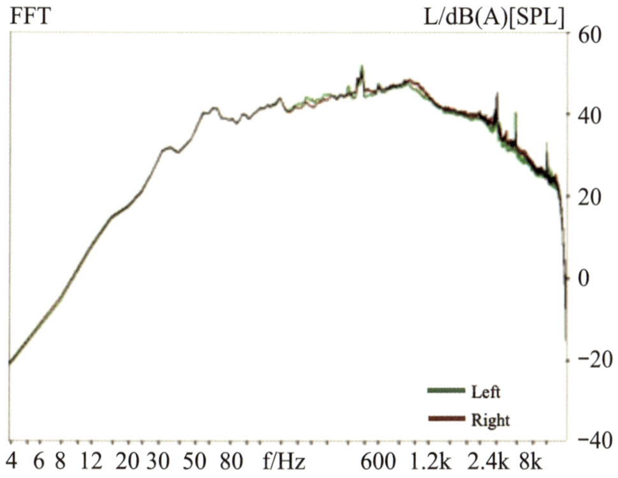

坪山区江岭文化广场典型机械声景的声学特征

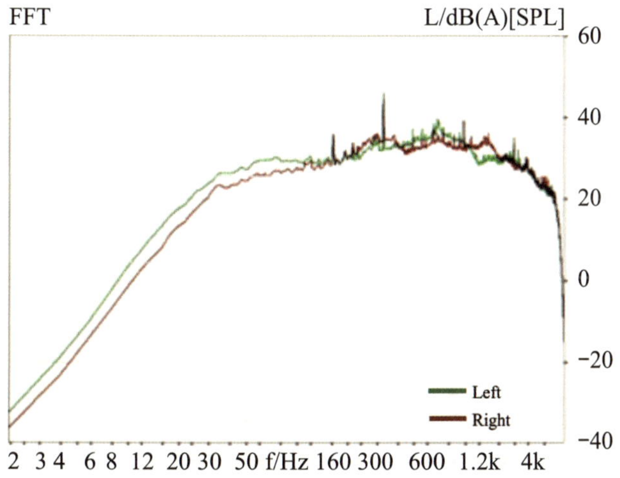

以上图表明，不同频率声音均存在较大抖动，反映出某些机械发出的轰鸣声。

坪山区江岭社区冬季某周机械声景声级变化趋势

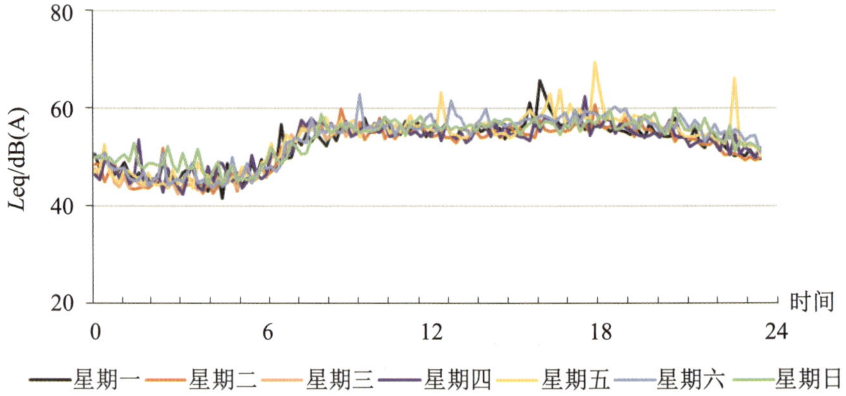

坪山区江岭社区具有坪山区机械之声的典型特征。从上图展示的江岭社区冬季某周机械声级变化来看，每天的声音变化情况相似，白天比夜间略高。

坪山区江岭社区四季机械声景声级变化趋势

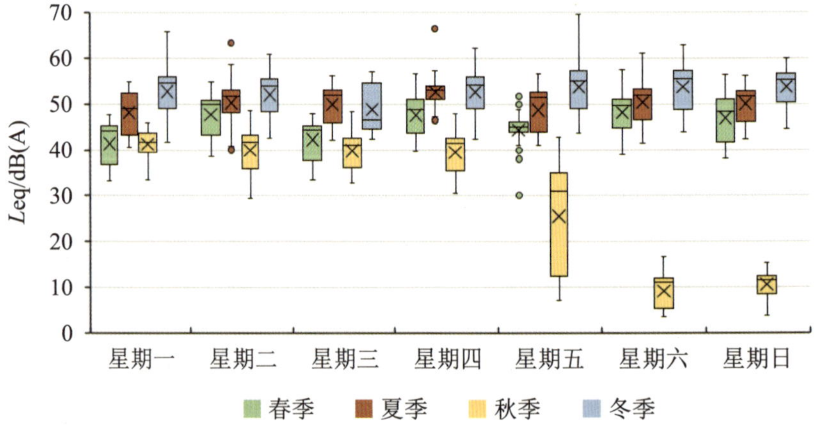

从坪山区江岭社区四季机械声级的变化来看，秋季声级最低，且周末日低于工作日；春季声级高于秋季，但低于其他两季，夏、冬季声级较为接近。反映出不同季节城市建设的特点。

罗 湖

罗湖区是深圳改革开放的起点，也是改革开放的前沿阵地，是20世纪80年代的城市中心。该区域位于城市的中东部。东面连接盐田区，西部比邻福田区，南面经罗湖桥与香港隔河相望。现在的罗湖区城市化程度高，已成为深圳多个中心城区之一。罗湖区位于东经114° 04′ ～114° 14′ 、北纬22° 31′ ～22° 37′ ，地貌呈现出东北高、西南低之势。区内多为丘陵山地和冲积小平原。罗湖区属亚热带海洋性气候，常年日照充足，雨水充沛。年平均气温在22摄氏度，日照时数为2 060小时，年降水量为1 948毫米。罗湖行政辖区面积为78.75平方千米，内设行政街道10个，行政社区83个。

作为深圳市改革开放的发源地，罗湖区已建成了完备的城市交通系统，区境内有横6纵11条主干道。目前，辖区内有3个口岸，其中包括我国最大的内陆口岸——罗湖口岸。此外，罗湖火车站是深圳市最早的火车站，现在每天都有超过100次列车进出。辖区内轨道交通发达，共有5条地铁线通过罗湖区。区域内金融机构众多，分布密集，主要产业为现代商贸服务业。区内机械声以汽车交通以及生活使用机械的噪声为主。罗湖区机械之声篇共包括20个机械声源片段，反映了密集城市中各种机械发出的喧闹声景。

保护自然

贝丽南路视景

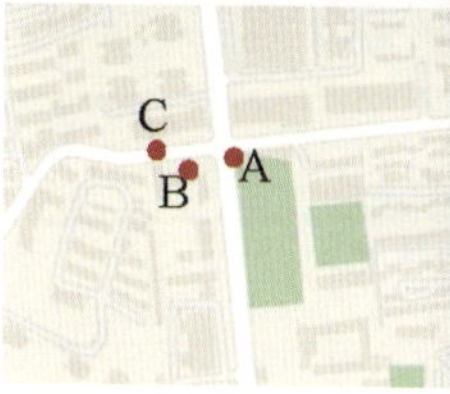

北纬 22° 34′
经 114° 7′

C

此处植物类型

琴叶榕

贝丽南路声景：贝丽南路位于深圳中学（初中部）西侧；大部分时段以汽车声、谈话声等声音为主；熙熙攘攘的街道，呈现出车来车往、时而飘来啾啾鸟鸣和谈话声的机械声景。

周边环境存在的动物有鸟等。

工作日声音的声学特征：该处环境声级为 60 ～ 70 dB(A)，声音随时间呈现节奏性的变化；此处以中、高频声音为主，中频声抖动明显；在中、低频处左右耳听觉有一定差异，反映出声音具有一定方向性。

<table>
<tr><th colspan="4">工作日上午之声</th></tr>
<tr><td>声音时长</td><td>5 min</td><td rowspan="3">FFT</td><td rowspan="3">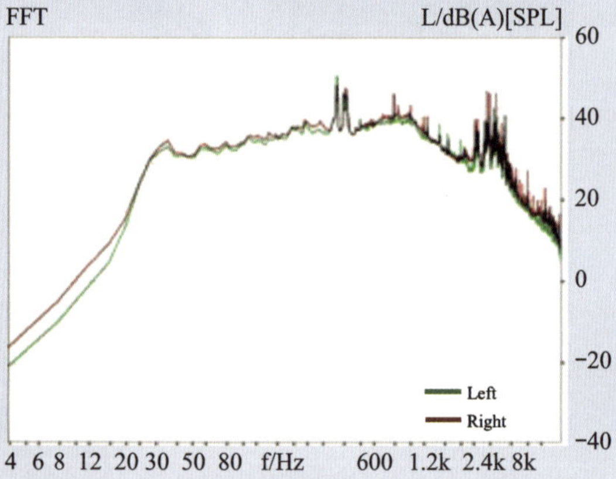
</td></tr>
<tr><td>Leq</td><td>64.5 dB(A)</td></tr>
<tr><td colspan="2" rowspan="2">可听见的声音：
____
____
____
____
____
____________</td></tr>
<tr><td>Level vs. Time</td><td>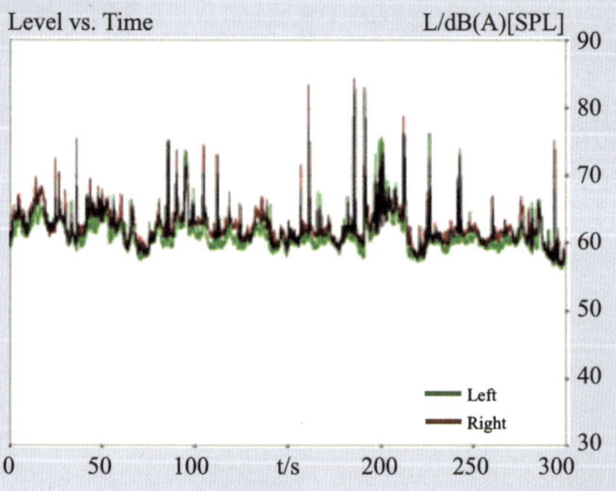
</td></tr>
</table>

工作日上午之声 1　工作日上午之声 2　工作日上午之声 3

工作日上午之声 4　休息日上午之声　休息日下午之声

外贸集团
城记大闸蟹专卖店
東門市場
東門市場

东门城东街视景

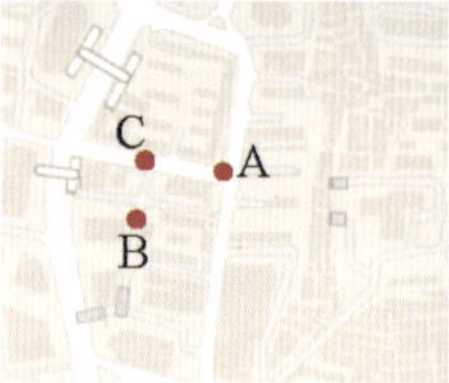

北纬 22° 34′
经 114° 7′

此处植物类型

琴叶榕

东门城东街声景：东门城东街位于城东小区；大部分时段以汽车声、谈话声等声音为主；车水马龙的街道，呈现出车来车往、掺杂些许谈话声和啾啾鸟鸣的机械声景。

周边环境存在的动物有鸟等。

休息日声音的声学特征：该处环境声级为 60 ～ 80 dB(A)，声音随时间呈现剧烈性的变化；此处低、中、高频声音并存，中、高频声抖动明显；左右耳听觉差异性不强，反映出声音的方向性并不明显。

休息日上午之声			
声音时长	5 min	FFT	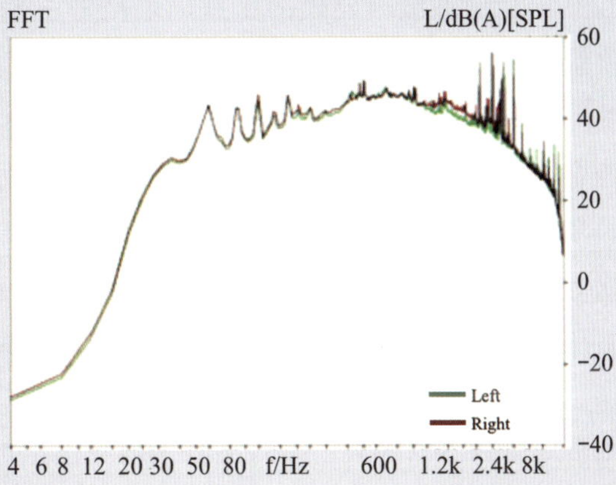
*L*eq	71.4 dB(A)		
可听见的声音： ______ ______ ______ ______ ______ ______		Level vs. Time	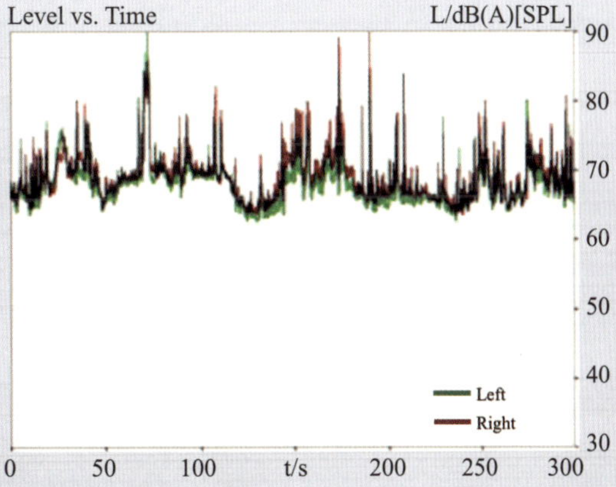

工作日夜间之声　休息日上午之声　休息日下午之声

休息日夜间之声

罗湖区机械声景特征

罗湖区是深圳经济特区的发源地之，也是主要的中心城区。经过 40 多年的发展，罗湖区域内的城市功能较为完备，基础设施也相对完善，境内有横 6 纵 11 条主干道。罗湖区域内建设强度高，中小企业居多，且以生产性的服务业为主。人口分布密集，其中在东门、桂园、南湖 3 个区域人口分布最为密集，从事商贸活动居多。由此可见，罗湖区城市交通声、施工机械声较为显著，以居民日常生活活动声叠合城市交通声为主要声景。罗湖区机械声主要为交通干道上的汽车行驶声，以及城市更新与建设带来的施工声。

罗湖是深圳最早建设的区域，也是最主要的商业区。道路网格密集、宽度较窄、交通等级不高，区内生活气息浓厚，机械声源不多。机械声为主的声级一般在 60 dB(A) 以上，在道路施工附近可高达 75 dB(A) 左右。主要声音为行驶的汽车声及施工声，伴随着商业活动声。在住区、商业区等人员活动较为密集的区域，夹杂着较多的人声、活动声等生活类声音。从时间变化来看，工作日声级为 60 ～ 70 dB(A) 变化，休息日声级为 70 dB(A) 左右；工作日较休息日而言，两者之间声频谱抖动变化不大；从四季来看，机械声在各个季节变化不大，常伴随着商业活动的喧闹声出现，而在春夏季时机械声还会夹杂着虫鸣鸟叫声等自然声出现。

从本章包括的 20 个罗湖区机械声景音频特征来看，主要是交通网络带来的机械声较高，且具有一定的方向性。主要体现在低频的声音中存在一定的方向性（左右耳感受到的声能不同），这些声音会给人一种处在噪声环境中的烦躁感。另外，商业及生活区域的社会活动声等生活声景是罗湖声景的一大特色，生活声景伴随着汽车声形成了以中、高频率为主的声音，此类声音的方向性较低；而自然声并不多，一般于公园绿地，或在其他场地的清晨等特殊的时间段存在部分鸟叫虫鸣声等，通常情况下，此类声音的方向性也较低。

罗湖区贝丽南路典型机械声景的声学特征

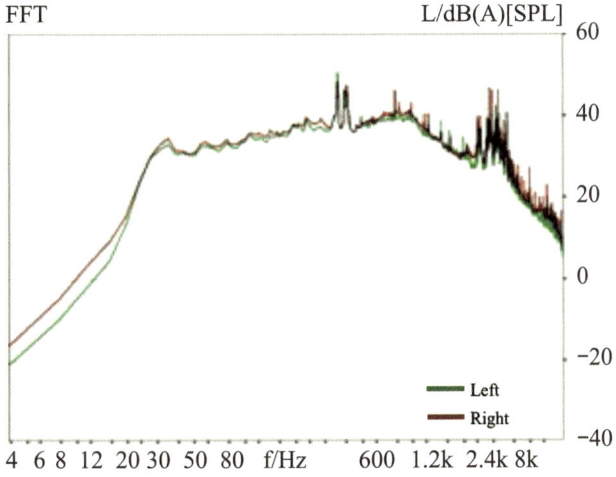

罗湖区东门城东街典型机械声景的声学特征

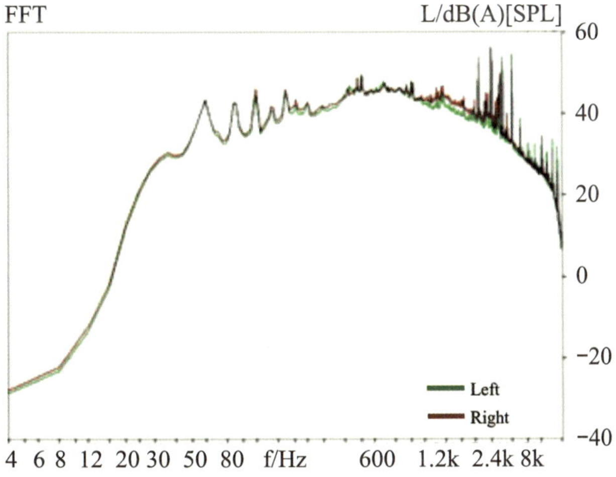

从以上图来看，高频部分声音有较剧烈抖动，反映出施工类机械的声音特征。

罗湖区田贝社区秋季某周机械声景声级变化趋势

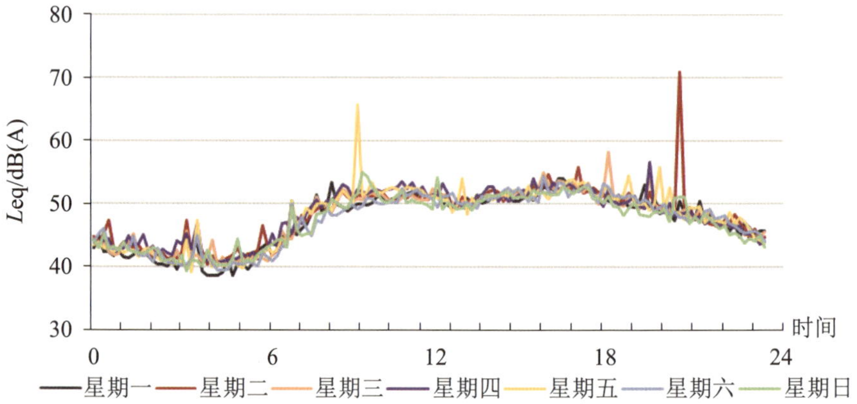

罗湖区田贝社区具有罗湖区机械之声的典型特征。从上图展示的田贝社区秋季某周机械声级的变化来看，每日声级没有太大不同。夜间较白天低，白天一般在 50 dB(A) 左右，夜间在 45 dB(A) 左右。白天局部时间有较高声音事件发生。

罗湖区田贝社区四季机械声景声级变化趋势

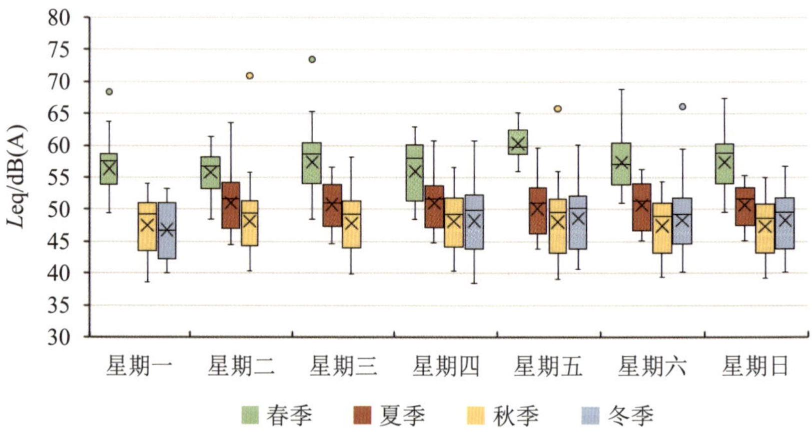

从罗湖田贝社区四季机械声级变化来看，春季声级值比夏、秋、冬季高，其他三个季节较为接近。

福　田

福田之名，一是源自宋代所题“湖山拥福，田地生辉”一词；二是由史书记载的南宋光宗三年（1192 年），上沙村始祖之子黄西开荒造田，形成格块形状，名曰“幅田”，谐音“福田”而得。福田区地处深圳城市中部，东部连接罗湖区，西部接壤南山区，南临深圳河与香港隔河相望，西南面海，北靠白眉石、大脑壳、黄竹园山脊。地理位置在北回归线以南，位于东经 113° 59′ ～ 114° 07′ 及北纬 22° 29′ ～ 22° 36′，自然地形以丘陵为主，分布在西北和北部地区，形成北高南低之势。区内水域面积约 62.6 平方千米，共 7 条河流，分属深圳湾水系和深圳河流域两个水系。福田区属亚热带海洋性气候，气候温和，阳光充沛。福田行政辖区面积 79 平方千米，内设行政街道 10 个，行政社区 95 个。

在深圳城市发展过程中，福田区是紧接罗湖开始发展的区域，目前已完成城市化建设。区内道路交通网络发达，道路交通网格密度较罗湖区稀疏，道路宽度较大，城市建设受现代都市主义影响大。区内有广深高速、深圳地铁中心枢纽、福田口岸、皇岗口岸等交通设施。深圳地铁 4 号线与香港地铁网络在福田口岸对接。福田区产业分布较为均匀，以第三产业为主，区内工业生产导致的噪声不明显。由于具有发达的交通网络，道路较为宽大，区内的主要机械声源为交通噪声。福田生活之声篇共包括 48 个声源片段，它们展现了以交通声为主的福田区声景。

商报东二路视景

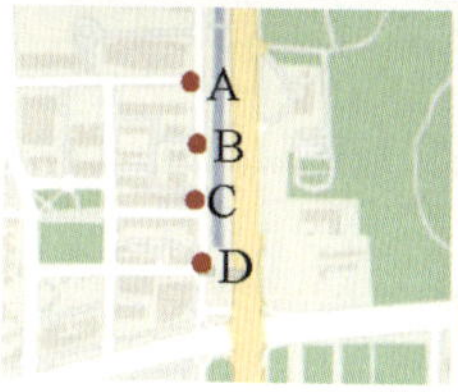

北纬 22° 32′
经 114° 2′

此处植物类型

黄樟

琴叶榕

商报东二路B处声景：商报东二路位于莲花山公园西面；大部分时段以交通声为主，夹杂着轻微鸟鸣蝉叫的声音；该处呈现出汽车来来往往，喧闹声不绝于耳，并夹杂着些许狗吠声、鸟叫声的机械声景。

周边环境存在的动物有鸟、蝉、狗等。

休息日声音的声学特征：该处环境声级为60～70 dB(A)变化，声音随时间呈现剧烈的抖动；此处以中低频声音为主，高频声时而有抖动变化；左右耳听觉差异性不大，反映出声音方向性不强。

<table>
<tr><th colspan="4">休息日下午之声</th></tr>
<tr><td>声音时长</td><td>5 min</td><td rowspan="3">FFT</td><td rowspan="3">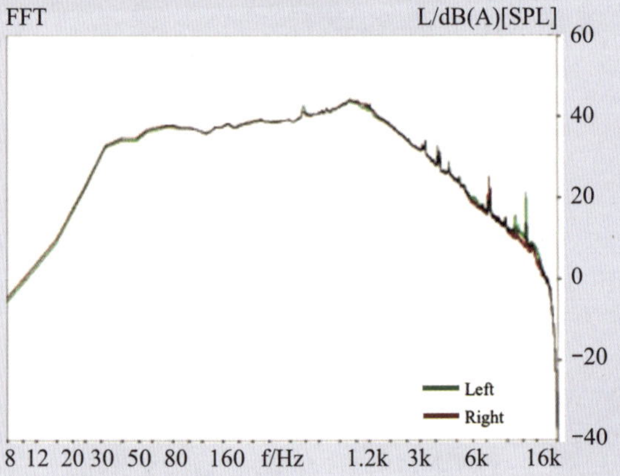
</td></tr>
<tr><td>Leq</td><td>63.1 dB(A)</td></tr>
<tr><td colspan="2">可听见的声音：</td></tr>
<tr><td colspan="2"></td><td>Level vs. Time</td><td>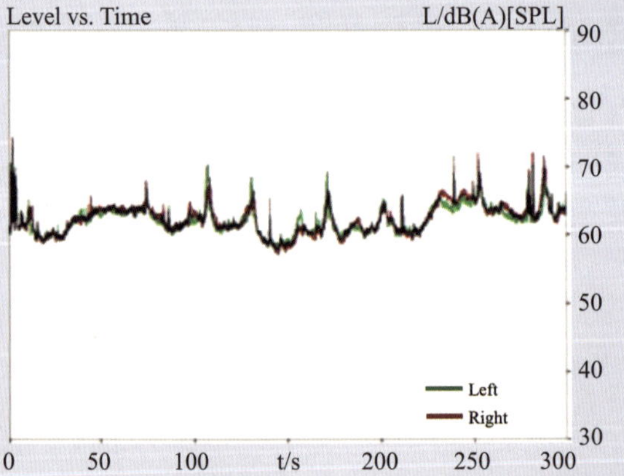
</td></tr>
</table>

工作日上午之声　工作日下午之声　休息日上午之声

休息日午间之声　休息日夜间之声

商报东二路 D 处声景：商报东二路位于莲花山公园西面；大部分时段以交通声为主，夹杂着轻微鸟鸣蝉叫的声音；该处呈现出高楼林立，汽车驶过的嘈杂声，夹杂着微弱鸟鸣声的机械声景。

周边环境存在的动物有鸟、蝉等。

休息日声音的声学特征：该处环境声级为 60 ～ 70 dB(A) 变化，最高可达 85 dB(A)，声音随时间呈现剧烈的抖动；此处高、中、低频声音均存在，高频声突起变化明显；整体而言，声音的方向性不强。

工作日清晨之声

声音时长	5 min
Leq	65.5 dB(A)

可听见的声音：

FFT

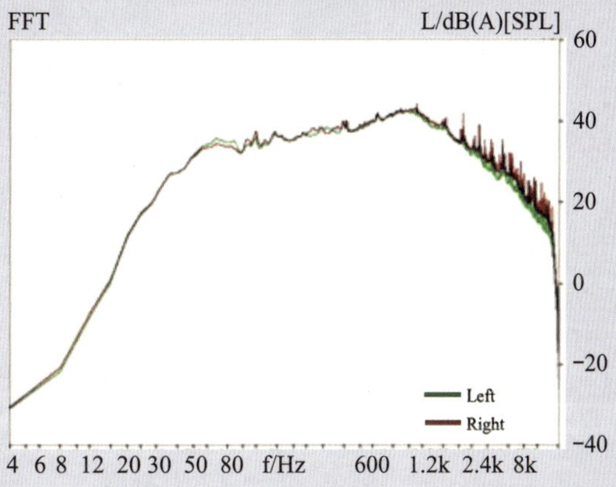

Level vs. Time

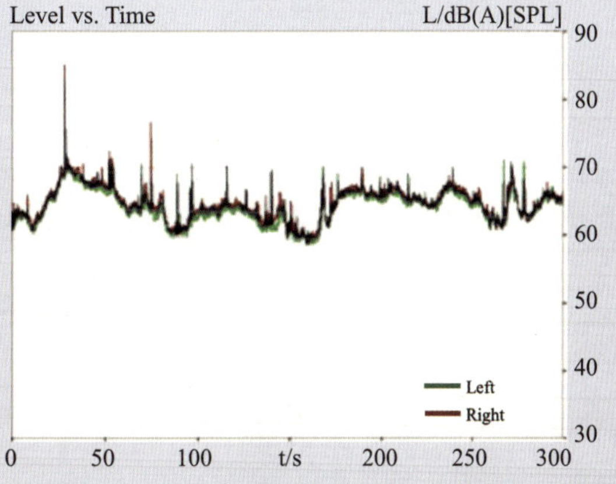

工作日上午之声　工作日下午之声 1　工作日下午之声 2

工作日下午之声 3　休息日上午之声　休息日下午之声

南益田路视景

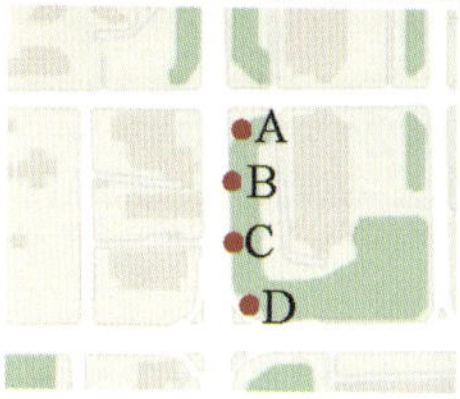

北纬 22° 32′
经 114° 3′

此处植物类型

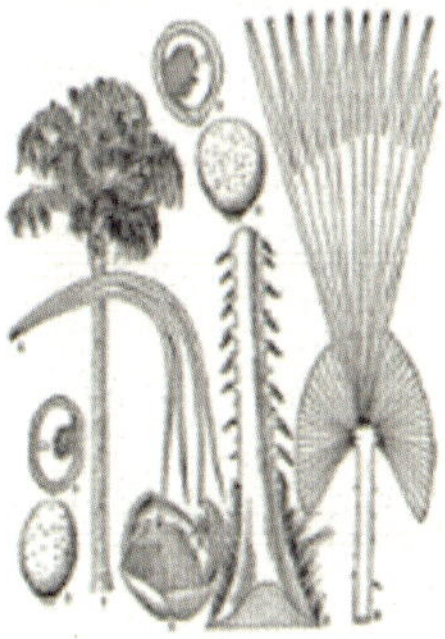

蒲葵

高山榕

琴叶榕

南益田路声景：南益田路位于福田区中轴线上；大部分时段以交通声为主，夹杂着人的交谈声和鸟鸣蝉叫声；该处呈现出汽车驶过，嘈杂声不绝于耳，并夹杂着轻微鸟鸣声的机械声景。

周边环境存在的动物有鸟等。

工作日声音的声学特征：该处环境声级为 65 ～ 75 dB(A) 浮动，声音随时间呈现剧烈的抖动；此处以中高频声音为主，高频声时而有抖动变化；整体而言，声音的方向性不强。

<table>
<tr><th colspan="4">工作日上午之声</th></tr>
<tr><td>声音时长</td><td>5 min</td><td rowspan="3">FFT</td><td rowspan="3">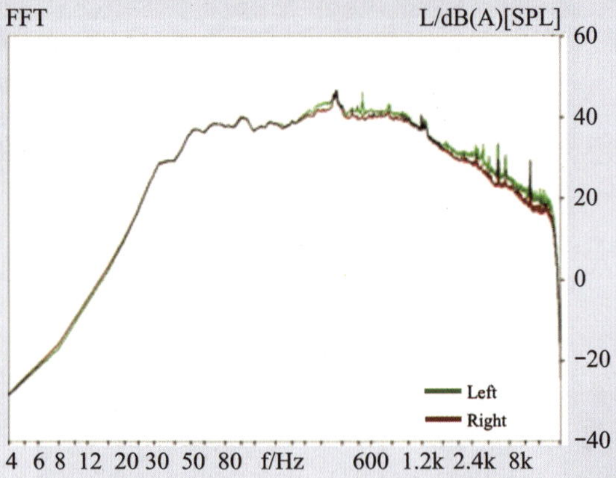
</td></tr>
<tr><td>Leq</td><td>64.6 dB(A)</td></tr>
<tr><td colspan="2">可听见的声音：
______
______
______
______
______
______</td></tr>
<tr><td colspan="2"></td><td>Level vs. Time</td><td>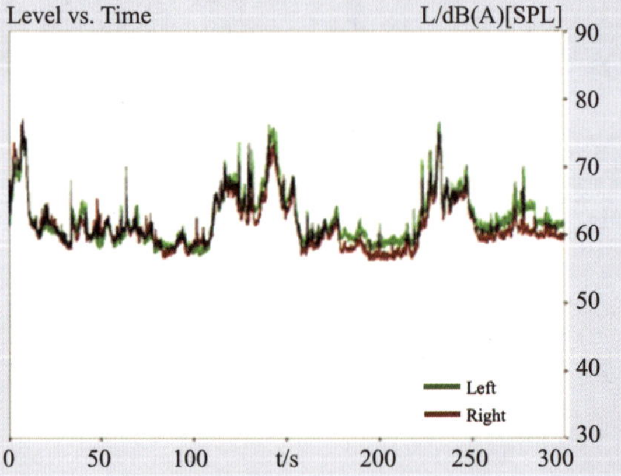
</td></tr>
</table>

工作日上午之声 1　　工作日上午之声 2　　工作日下午之声 1

工作日下午之声 2　　工作日下午之声 3

莲心路视景

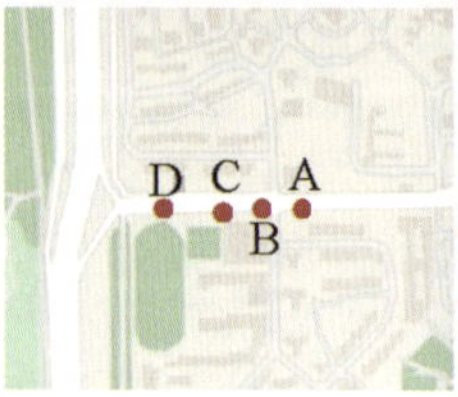

北纬 22° 33′
经 114° 4′

此处植物类型

高山榕

黄樟

莲心路声景：莲心路位于莲花山公园东侧；大部分时段以交通声为主；该处呈现出汽车喧闹声不绝于耳，夹杂着微微生活声和鸟鸣声的机械声景。

周边环境存在的动物有鸟、蝉等。

工作日声音的声学特征：该处环境声级为 60 ～ 80 dB(A) 变化，声音随时间呈现剧烈的抖动；此处以中低频声音为主，高频声时而有抖动变化；左右耳听觉差异性不大，反映出声音方向性不强。

休息日清晨之声			
声音时长	5 min	FFT	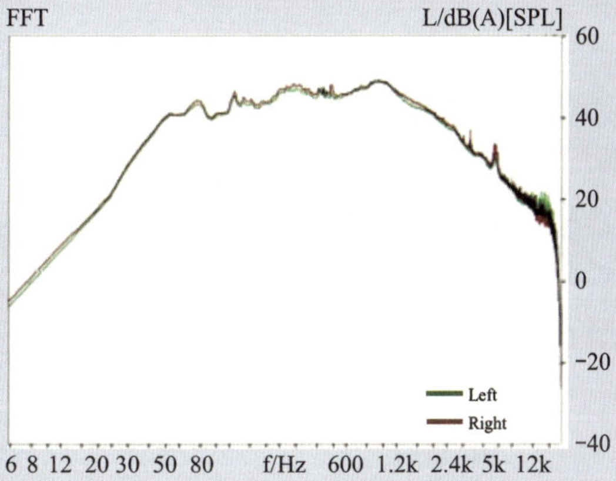
Leq	69.8 dB(A)		
可听见的声音： ______ ______ ______ ______ ______ ______			
		Level vs. Time	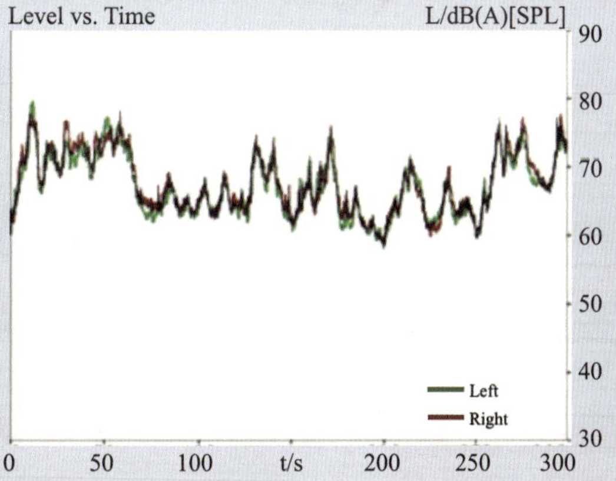

工作日下午之声 1　工作日下午之声 2　工作日下午之声 3

工作日夜间之声　休息日夜间之声

笋岗西路视景

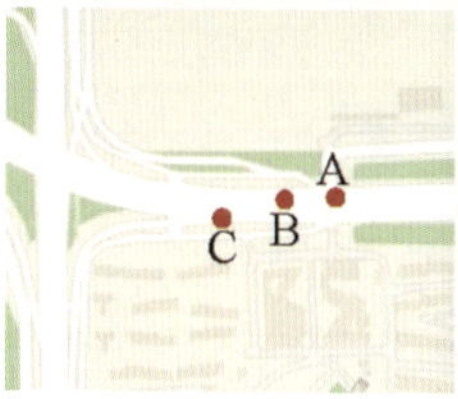

北纬 22° 33′
经 114° 4′

此处植物类型

高山榕

琴叶榕

笋岗西路 A 处声景：笋岗西路位于笔架山公园南侧；大部分时段以交通声为主；该处呈现出高楼林立，汽车驶过的嘈杂声，时而夹杂着鸟鸣虫叫的机械声景。

周边环境存在的动物有鸟、虫等。

工作日声音的声学特征：该处环境声级为 65 ～ 80 dB(A) 变化，声音随时间呈现剧烈的抖动；此处以中低声音为主，高频声时而有抖动变化；左右耳听觉差异性不大，反映出声音方向性不强。

工作日上午之声			
声音时长	5 min	FFT	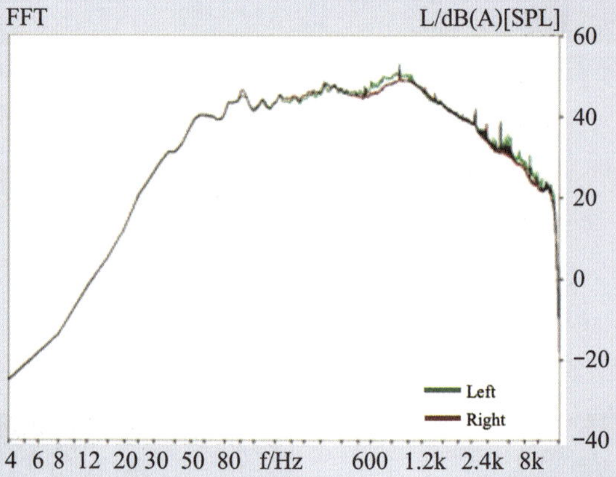
Leq	72.0 dB(A)		
可听见的声音： ______ ______ ______ ______ ______ ______		Level vs. Time	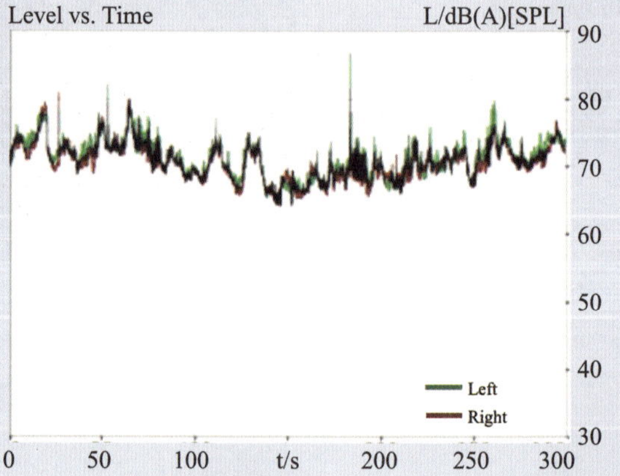

工作日上午之声　工作日午间之声　工作日下午之声

工作日夜间之声　休息日上午之声　休息日午间之声

休息日傍晚之声

笋岗西路 C 处声景：笋岗西路位于笔架山公园南侧；大部分时段以交通声为主；该处呈现出小区入口车辆不绝，吵闹之声不绝于耳，掺杂着微微鸟鸣虫叫的机械声景。

周边环境存在的动物有鸟，虫等。

工作日声音的声学特征：该处环境声级为 65 ～ 75 dB(A) 浮动，声音随时间呈现剧烈的抖动；此处以中低声音为主，高频声时而有抖动变化；左右耳听觉差异性不大，反映出声音方向性不强。

工作日上午之声			
声音时长	5 min	FFT	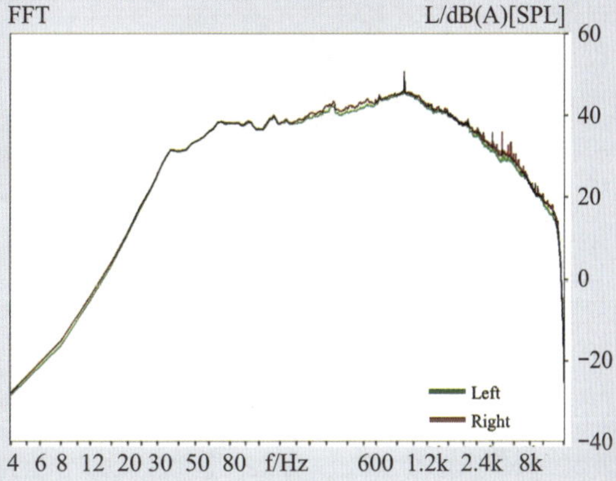
*L*eq	68.1 dB(A)		
可听见的声音：			
		Level vs. Time	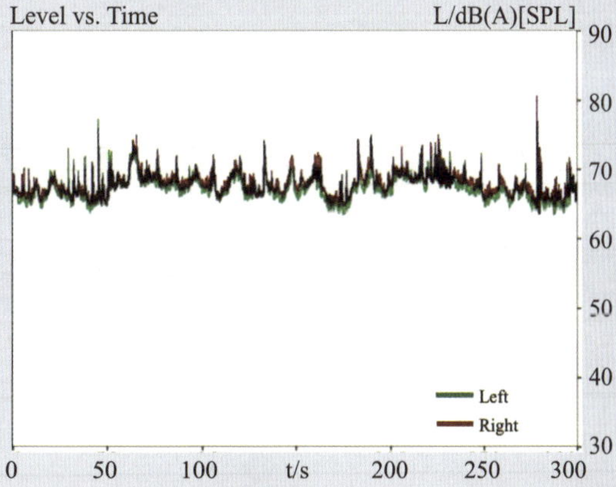

工作日午间之声　　工作日下午之声 1　　工作日下午之声 2

工作日傍晚之声 1　　工作日傍晚之声 2　　休息日上午之声

休息日午间之声　　休息日傍晚之声

莲心路视景

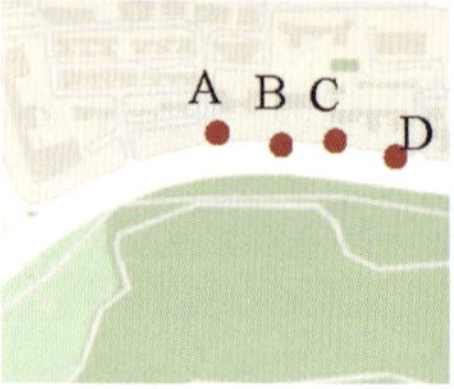

北纬 22° 33′
经 114° 3′

此处植物类型

高山榕

鹅掌柴

莲花路声景：莲花路位于莲花山公园北侧；大部分时段以交通声为主；该处呈现出汽车驶过、停靠，带来的嘈杂之声，并夹杂着微微的生活声和鸟叫声的机械声景。

周边环境存在的动物有鸟、蝉等。

工作日声音的声学特征：该处环境声级为 60 ～ 80 dB(A) 变化，最高可达 90 dB(A)，声音随时间呈现剧烈的抖动；此处高、中、低频声音均存在，高频声突起变化明显；整体而言，声音的方向性不强。

<table>
<tr><th colspan="4">工作日清晨之</th></tr>
<tr><td>声音时长</td><td>5 min</td><td rowspan="3">FFT</td><td rowspan="3">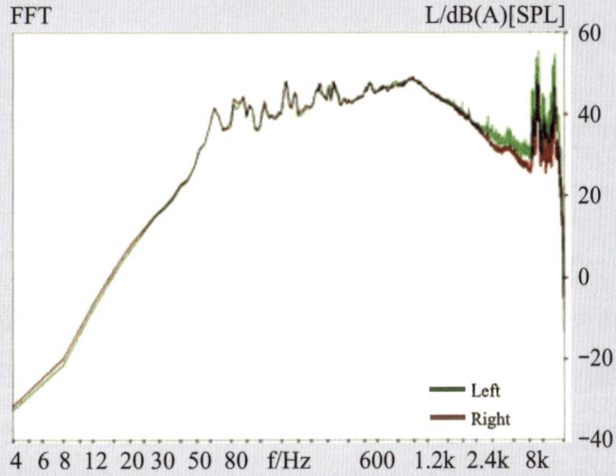
</td></tr>
<tr><td>Leq</td><td>73.3 dB(A)</td></tr>
<tr><td colspan="2">可听见的声音：
____
____
____
____
____
________</td></tr>
<tr><td colspan="2"></td><td>Level vs. Time</td><td>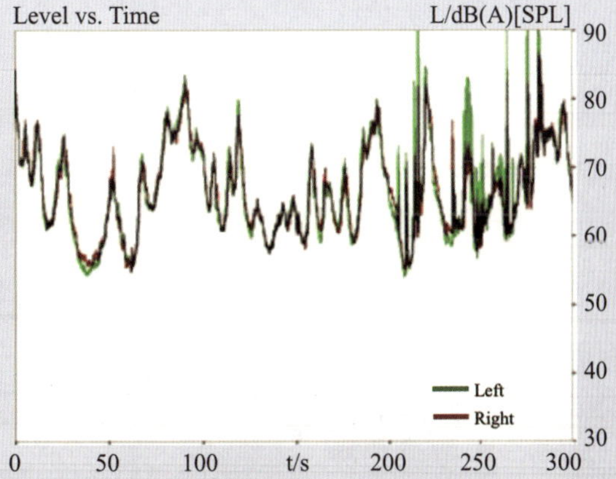
</td></tr>
</table>

工作日上午之声

工作日下午之声

休息日午间之声

休息日下午之声 1

休息日下午之声 2

福田区机械声景特征

福田区是深圳市中心城区，位于城市中部。区内城市化较强，建设强度较大，道路交通网络发达，道路交通网格密度比罗湖区稀疏，道路宽度较大，城市建设受现代都市主义影响大。区内有广深高速、深圳地铁中心枢纽、福田口岸、皇岗口岸等交通设施。深圳地铁 4 号线与香港地铁网络在福田口岸对接。福田区产业分布较为均匀，以第三产业为主，区内工业生产导致的噪声不明显。由于具有发达的交通网络，道路较为宽大，区内的主要机械声源为交通噪声。

福田区城市交通声、施工机械声以及工厂的噪声十分显著，这些噪声形成了该地区的主要声景，由此也导致了严重的噪声污染。该区的主要机械声音为行驶的汽车声，生活声，以及工厂里机械运行的声音。在住区、商业区等人员活动较为密集的区域，夹杂着较多的人声、活动声等生活类声音。从时间变化来看，工作日声级为 60 ～ 80 dB(A) 变化，休息日声级为 60 dB(A) 左右；工作日较休息日而言，声频谱抖动更剧烈，声级变化更明显；从四季来看，各个季节变化不大，主要是由于区域内常年存在生产性活动，机械声较为普遍；但在春夏季节，自然声会稍多。

从本章包括的 48 个福田地区机械声景音频特征来看，工业建成区、建设区以及交通网络带来的机械声较高，且具有一定的方向性。体现在高、中、低频的声音都存在一定的方向性（左右耳感受到的声能不同），这些声音会让人产生烦躁感。另外，商业及生活区域的社会活动声等生活声景观是福田区存在较多的一类声音，这类与其周边的汽车声一起，形成了以中、低频率为主的环境声，且该类环境声的方向性不明显。

福田区笋岗西路典型机械声景的声学特征

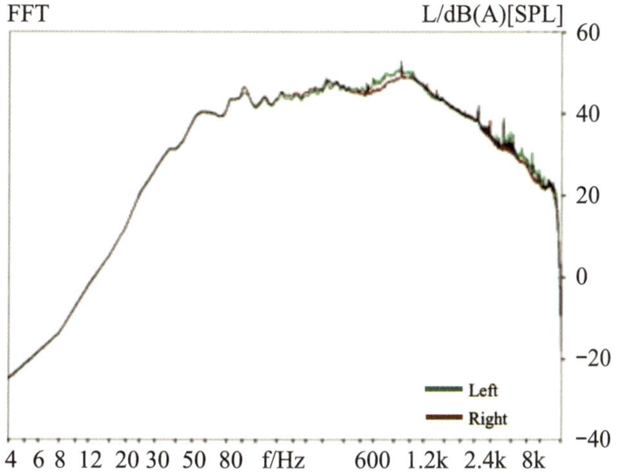

福田区笋岗西路典型机械声景的声学特征

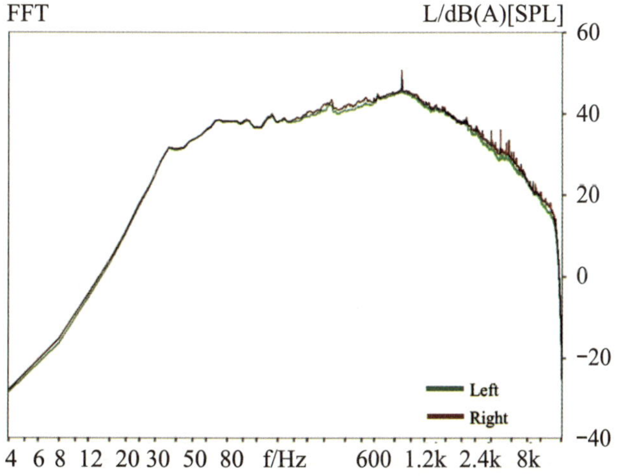

从以上图来看，高频部分声音有较剧烈抖动。

福田区莲花山水务局冬季某周机械声景声级变化趋势

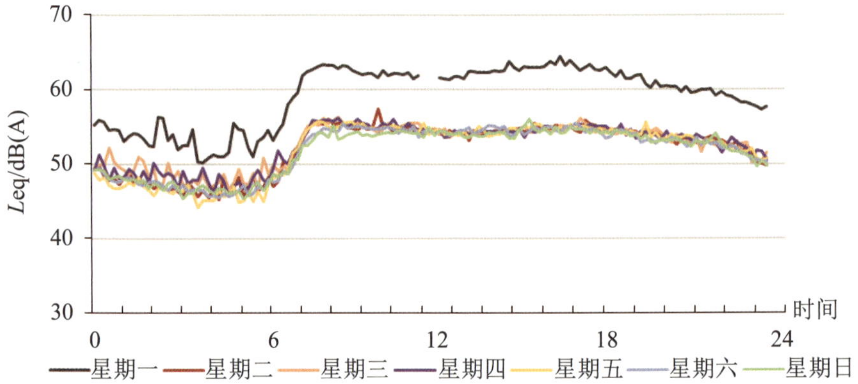

福田区莲花山水务局具有福田区机械之声的典型特征。从上图展示的莲花山水务局冬季某周机械声级变化来看，周一声级比其他日高近 5 dB(A)，可能是周一有建设活动。白天比夜间声级高。

福田区莲花山水务局四季机械声景声级变化趋势

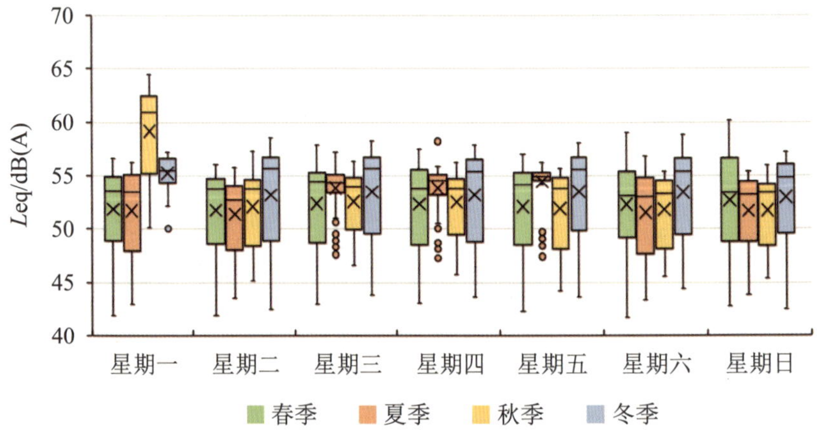

从福田莲花山水务局四季机械声级变化来看，四季声级变化不大，变化范围在 47 ～ 55 dB(A)；秋季周一与冬季周一声级较高，反映出具有一定的城市建设事件发生。

南　山

深圳南山地区在古代被称为南头，先秦时期属于百越，秦汉时期属于南海郡管辖。明朝洪武年间，在此地修筑所城。南山区位于深圳城市的中偏西部，东接福田区，西连宝安区，北靠阳台山与宝安区、龙华区接壤，南部经蛇口港、大铲岛和内伶仃岛与香港元朗遥相呼应，西南隔珠江口与珠海、澳门相望。南山区地处于北纬22°24′～22°39′、东经113°47′～114°01′，地势北高南低，区域内平地、台地、山丘相间，且由北向南逐级下降。南山区滨临南海，属于亚热带海洋性季风气候，阳光充沛。南山行政辖区土地面积约为188平方千米，海岸线长43.7公里，是除深圳大鹏新区区外，具有最长海岸线的一个行政区。南山区下属8个行政街道，101个行政社区。

南山区海、陆、空交通均较为发达。区内有通往广州、东莞等地的各类交通设施，以及各层级道路网格。南山区道路网格密度与道路宽度与福田相近，均受现代主义城市建设思潮的影响，道路交通噪声在高层级道路环境中较为突出。区内规划有两处客运枢纽，分别为前海客运枢纽站和东角头客运站。南山区具有发达的海、路、空交通流线。现代先进制造也发达，物流、仓储业突出。交通机械声十分明显。南山区机械之声篇共包括了21个声源片段。它们集中反映了南山快节奏的城市风貌，展现了南山以交通声为主的景观特征。

南海玫瑰园视景

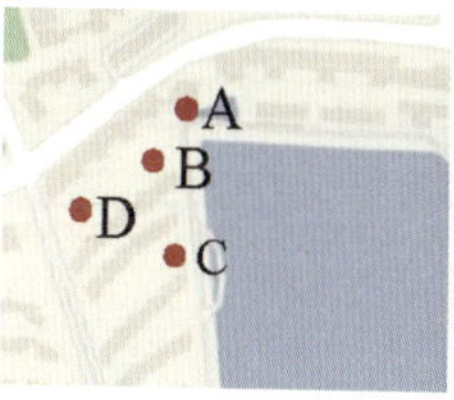

北纬 22° 39′
经 113° 55′

此处植物类型

羊角藤

丁香

黄金叶

樱桃树

南海玫瑰园 A 处声景：南海玫瑰园位于南山区望海路；大部分时段以交通声为主，夹杂着人们的交谈声；呈现出一片嘈杂的施工工地上的机械声景象。

周边环境存在的动物有蝉等。

休息日声音的声学特征：该处环境声级为 80 ～ 100 dB(A) 剧烈浮动，且声音随时间呈现剧烈的抖动；此处以中频声为主，中频声突起变化明显；左右耳听觉差异性不大，反映出声音方向性不强。

休息日上午之声			
声音时长	5 min	FFT	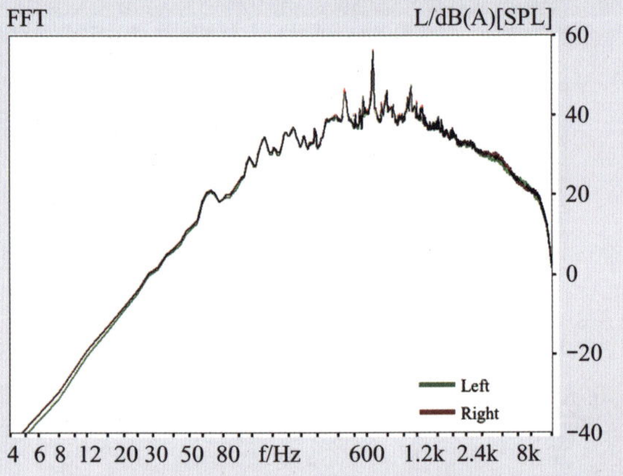
*L*eq	86.4 dB(A)		
可听见的声音： ______ ______ ______ ______ ______ ______			
		Level vs. Time	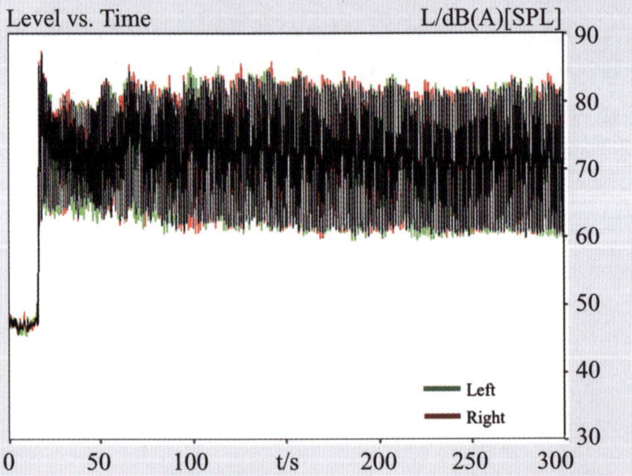

工作日上午之声 1　工作日上午之声 2　工作日下午之声

工作日夜间之声　休息日上午之声 1　休息日上午之声 2

前海路视景

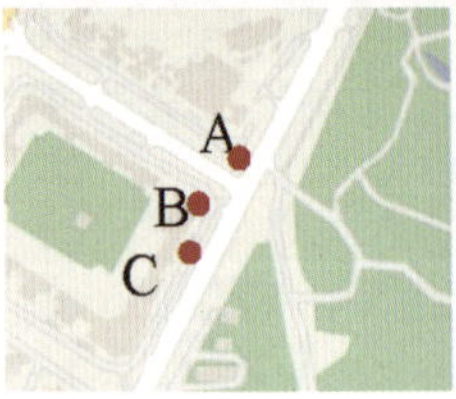

北纬 22° 30′
经 113° 53′

此处植物类型

榕树

樟树

软枝黄蝉

荔枝

前海路声景：前海路位于南山区西南面；大部分时段以交通声为主；呈现出嘈杂的汽车声，掺杂着微微鸟叫蝉鸣的机械声景。

周边环境存在的动物有鸟、蝉等。

休息日声音的声学特征：该处环境声级为 60 ～ 80 dB(A) 变化，最高可达 90 dB(A)，声音随时间呈现剧烈的抖动；此处高、中、低频声均存在，高、中频声有些许突起变化；整体而言，声音的方向性不强。

休息日上午之声			
声音时长	5 min	FFT	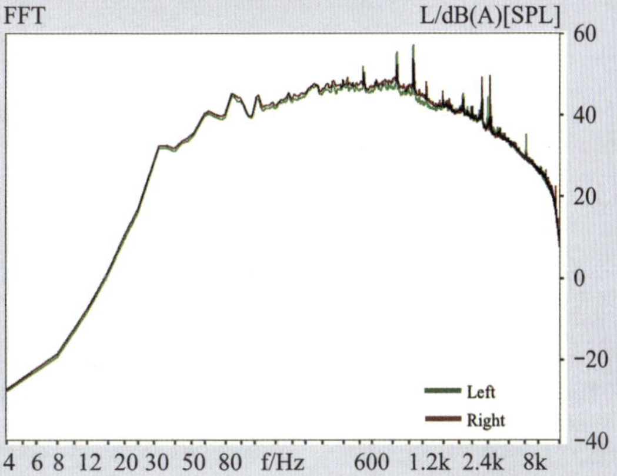
*L*eq	71.7 dB(A)		
可听见的声音： ______ ______ ______ ______ ______ ______		Level vs. Time	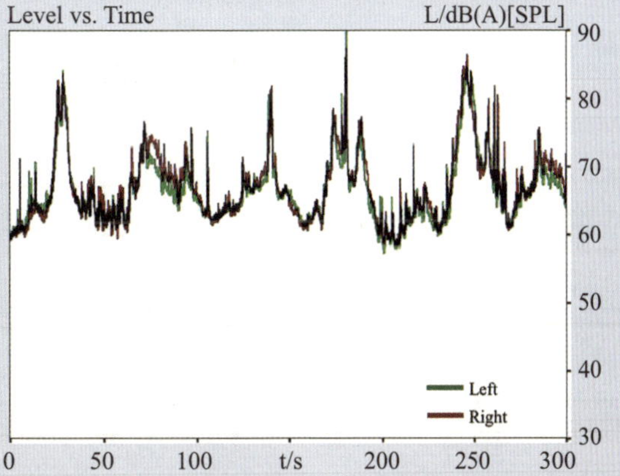

工作日上午之声 1

工作日上午之声 2

工作日下午之声

休息日上午之声

休息日夜间之声

当心落物

南海中学视景

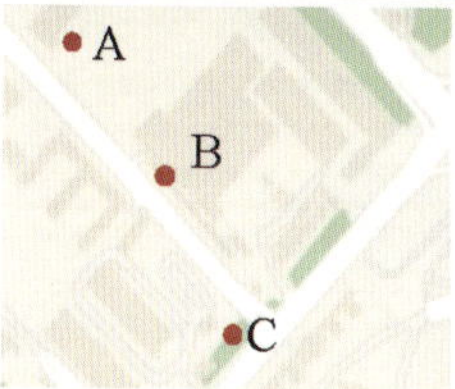

北纬 22° 30′
经 113° 54′

此处植物类型

棕榈

软枝黄蝉

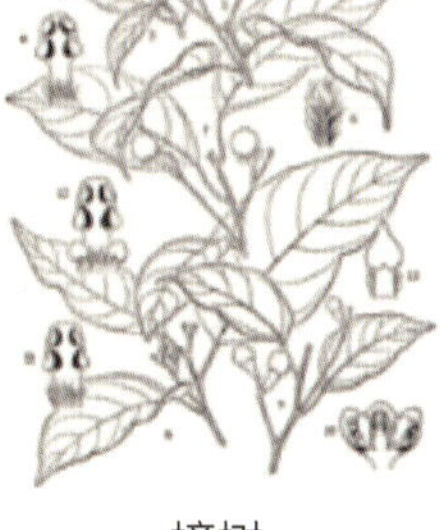

樟树

南海中学声景：南海中学位于月亮湾大道东面；大部分时段以交通声为主，夹杂着鸟鸣、蝉鸣声和人们的交谈声；呈现出施工声、汽车声的机械声景。

周边环境存在的动物有鸟、蝉等。

休息日声音的声学特征：该处环境声级为 60 ～ 70 dB(A) 变化，最高可达 90 dB(A)，声音随时间呈现剧烈的抖动；以中频声为主，高、中频声有些许突起变化；左右耳听觉差异性不大，反映出声音方向性不强。

<table>
<tr><th colspan="4">休息日清晨之声</th></tr>
<tr><td>声音时长</td><td>5 min</td><td rowspan="3">FFT</td><td rowspan="3">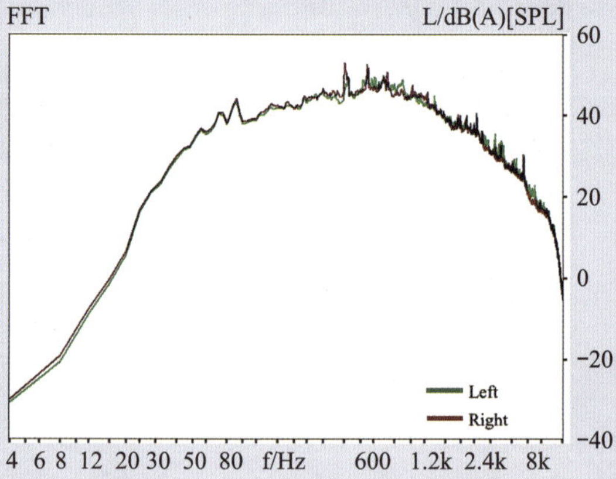
</td></tr>
<tr><td>Leq</td><td>70.0 dB(A)</td></tr>
<tr><td colspan="2">可听见的声音：
______
______
______
______
______
______</td></tr>
<tr><td colspan="2"></td><td>Level vs. Time</td><td>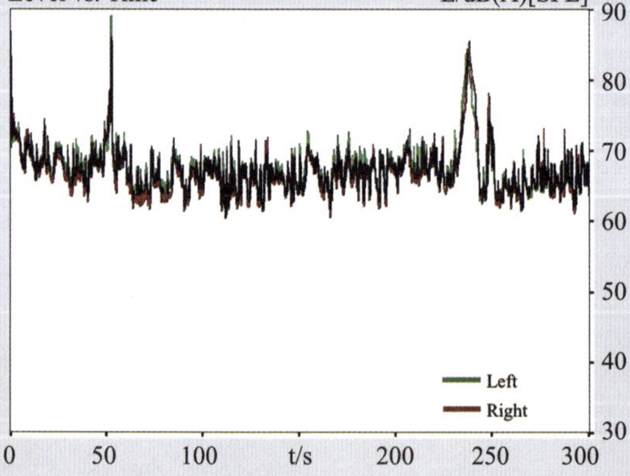
</td></tr>
</table>

工作日清晨之声　休息日夜间之声 1　休息日夜间之声 2

南山机械声景特征

南山区内交通发达，包括各层级道路网格，机场和码头。随着城市发展建设，区内城市化逐渐变强，建设强度增大，道路交通网络更为发达，区内有通往广州、东莞等地的各类交通设施，以及各层级道路网格。南山区道路网格密度与道路宽度与福田相近，均受现代主义城市建设思潮的影响，道路交通噪声在高层级道路环境中较为突出。区内规划有两处客运枢纽，分别为前海客运枢纽站和东角头客运站。南山区具有发达的海、路、空交通流线。现代先进制造也发达，物流、仓储业突出。交通机械声十分明显。

南山区拥有深圳最主要的科技产业以及物流经济，道路交通发达，城市现代化水平高，机械声源明显，环境声级普遍较大，在高、快速、港口码头等区域环境声超过了 80 dB(A)。主要声音为行驶的汽车声及施工声，伴随着生活声，以及工厂里机械运行的声音。在深圳湾，海上世界，科技园等人员活动较为密集的区域，夹杂着较多的人声、活动声等生活类声音。从时间变化来看，工作日声级为 60 ～ 80 dB(A) 变化，休息日声级为 60 dB(A) 左右；工作日较休息日而言，声频谱抖动更剧烈，声级变化更明显；从四季来看，各个季节变化不大，主要是由于区域内常年存在生产性的活动，机械声较为普遍；但在春夏季节，自然声会稍多。

从本书涵盖的 21 个南山地区机械声景音频特征来看，工业建成区、建设区以及交通网络带来的机械声较高，且具有一定的方向性。体现在高、中、低频的声音都存在一定的方向性（左右耳感受到的声能不同），这些环境声带给人一种身处各种机械声包裹的烦躁不安感。由物流以及城市提升活动带来的大型机械声，形成了南山区当前较为显著的机械声景，导致了较多的噪声投诉事件。

南山区前海路典型机械声景的声学特征

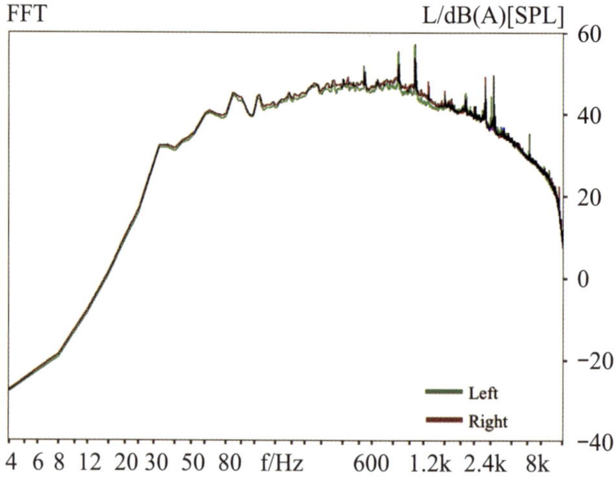

南山区南海玫瑰花园典型机械声景的声学特征

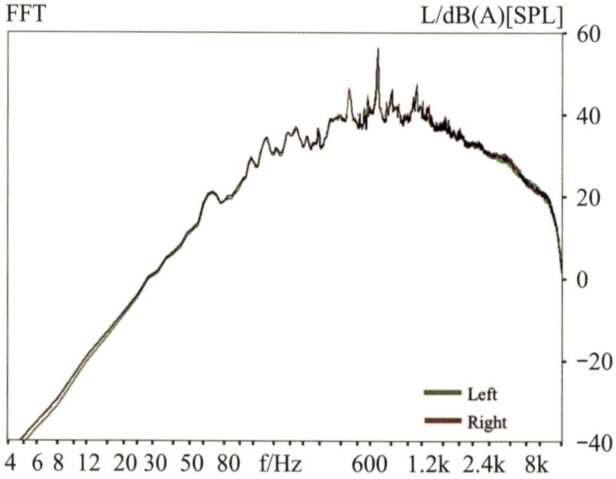

从以上图来看，中高频部分声音有较剧烈抖动，反映出轰鸣的机械声的特征。

南山区南海中学冬季某周机械声景声级变化趋势

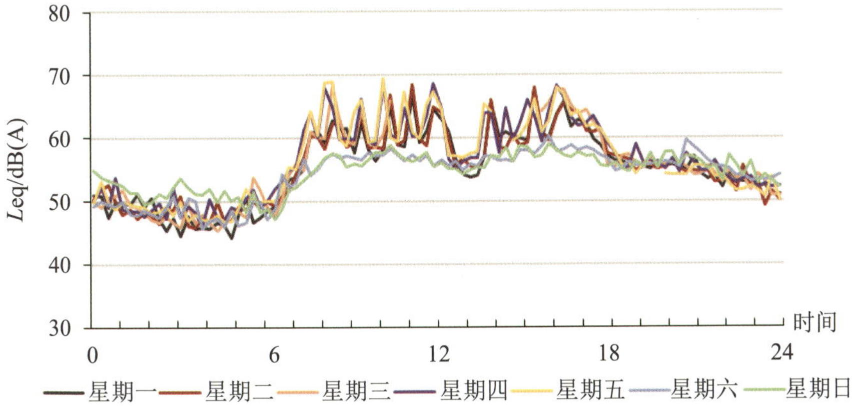

南山区南海中学具有南山区机械之声的典型特征。从上图展示的南海中学冬季某周机械声级变化来看，周末白天声级较工作日高，夜间较白大声级低，工作日白天声级一般在 60 dB(A) 以上，夜间声级为 50 dB(A) 左右。

南山区南海中学四季机械声景声级变化趋势

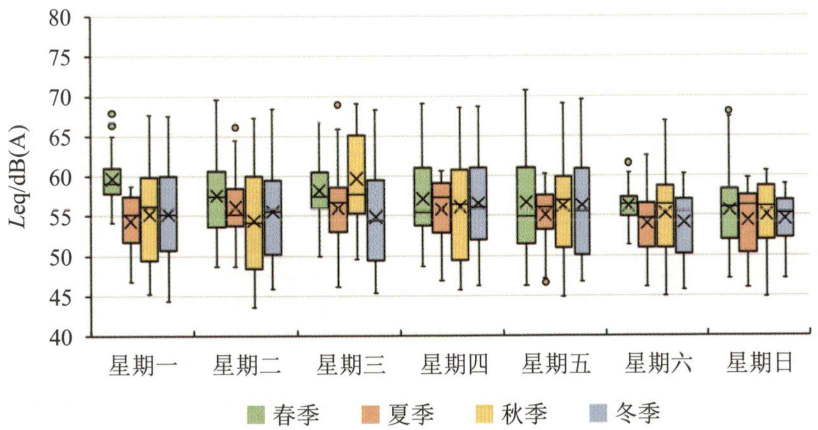

从南山区南海中学四季机械声级的变化来看，四季声级较为接近，没有太大不同，声级变化范围在 50 ～ 60 dB(A)。

宝 安

“宝安”为深圳地区改革开放前的名称，称为宝安县，改革开放后宝安撤县建区。宝安区地处深圳城市西部，以广府文化为主，区内名胜古迹较多、民族文化丰富。宝安区西临珠江口，东接龙华区与光明新区，南面与南山区相连，北部为东莞市。宝安区位于北纬 22° 30′ ～ 22° 52′ 、东经 113° 40′ ～ 113° 59′ 。区内地形较为复杂，主要地貌为低山、丘陵、台地和平原，属低山丘陵滨海地貌。宝安区背山面海，岗峦起伏，主要山脉属莲花山系，由阳台山、凤凰山等构成海岸屏障，最高海拔为阳台山山顶。宝安行政辖区面积 397 平方千米，海岸线长 50 公里，海域面积 220 平方公里。宝安区下属 10 个行政街道，124 个行政社区。

宝安区内有深圳国际机场、大铲湾港、107 国道、宝安大道等重大交通基础设施，有广深、机荷、沿江、南光、龙大等高速公路，地铁 1、5、11 号线。地铁 6、12、13、20 号线以及穗莞深城际线、港深机场快轨、机场东空铁综合枢纽、深中通道等重大交通基础设施正在建设，海陆空立体交通网络已初步形成。宝安区内高端制造产业较多，区内工业生产及物流业发达，给城市贡献了较多的机械声。宝安区机械之声篇共包括 54 个声源片段。这些声源片段记录了以机械声为主的宝安城市声景。

河滨南路视景

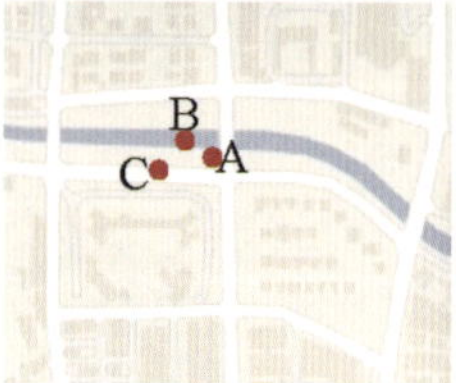

北纬 22° 40′
经 113° 56′

此处植物类型

车前草

大王椰子

河滨南路声景：河滨南路位于宝安区新桥市民广场东面；大部分时段以汽车声为主，夹杂着人们的交谈声；该处呈现出鸟鸣蛙叫、犬吠蝉鸣并夹杂着微微生活声的声景。

周边环境存在的动物有鸟等。

工作日声音的声学特征：该处环境声级为 60 ～ 80 dB(A) 剧烈波动，最高可达 84 dB(A) 左右；此处高、中、低频声均存在，高频声突起变化明显，声音的抖动性强；高频和低频存在一些方向性明显的声音，左右耳听觉有一定差异。

工作日清晨之声			
声音时长	5 min	FFT	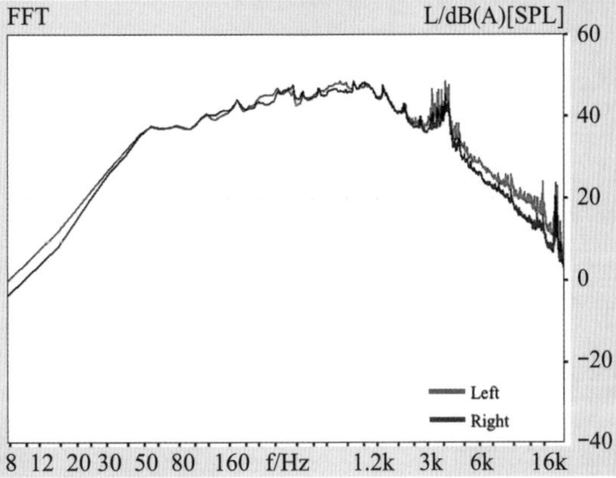
Leq	68.4 dB(A)		
可听见的声音： ______ ______ ______ ______ ______ ______			
		Level vs. Time	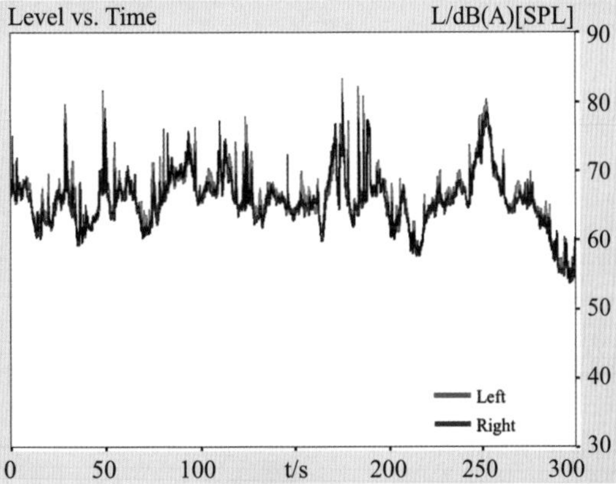

工作日上午之声 1　工作日上午之声 2　工作日下午之声 1

工作日下午之声 2　工作日夜间之声　休息日上午之声 1

休息日上午之声 2　休息日傍晚之声

石岩公学顺达路视景

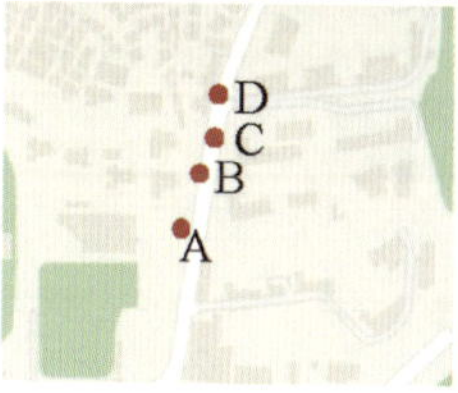

北纬 22° 40′
经 113° 56′

此处植物类型

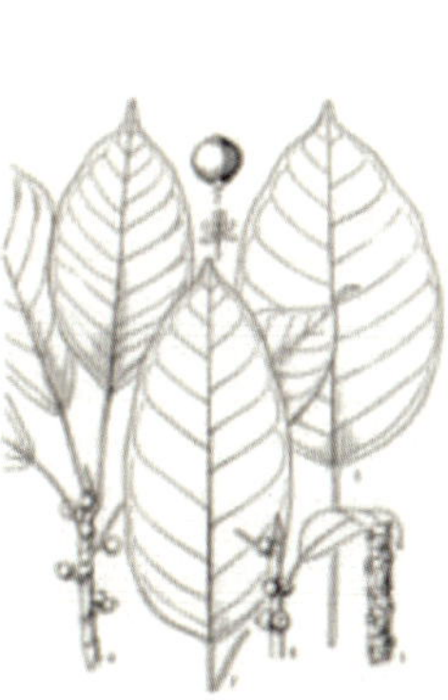

黄葛树

车前草

石岩公学顺达路声景：石岩公学顺达路位于阳台山森林公园西北面；大部分时段以汽车声为主，夹杂着鸟鸣声；该处呈现出汽车来来往往，纷乱嘈杂，时而夹杂微弱鸟鸣的机械声景。

周边环境存在的动物有鸟等。

工作日声音的声学特征：该处环境声级为 55 ～ 70 dB(A) 浮动，最高可达 90 dB(A)，声音随时间呈现规律性的变化；此处以中高频声音为主，声音抖动性较强；左右耳听觉存在一定的差异，反映出声音具有一定的方向性。

<table>
<tr><th colspan="4">工作日上午之声</th></tr>
<tr><td>声音时长</td><td>5 min</td><td rowspan="3">FFT</td><td rowspan="3">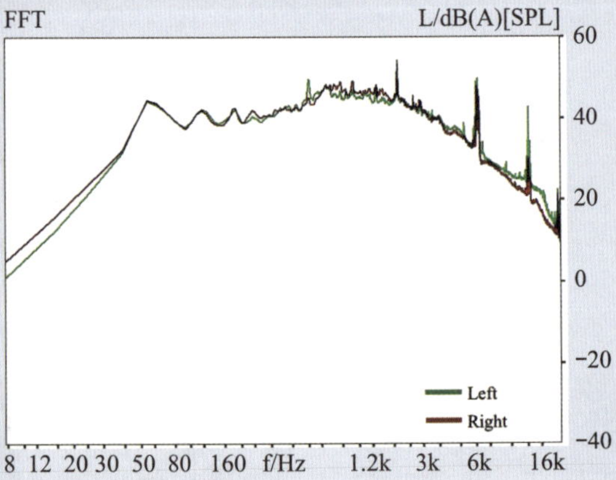
</td></tr>
<tr><td>Leq</td><td>59.4 dB(A)</td></tr>
<tr><td colspan="2">可听见的声音：
______
______
______
______
______
______</td></tr>
<tr><td colspan="2"></td><td>Level vs. Time</td><td>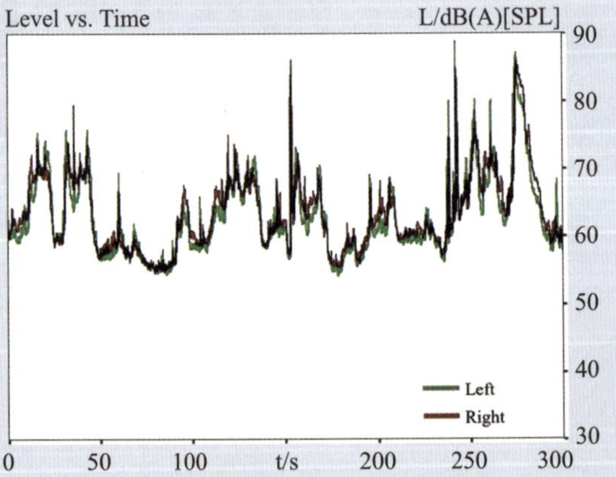
</td></tr>
</table>

工作日上午之声 1　　工作日上午之声 2　　工作日傍晚之声

休息日清晨之声　　休息日上午之声　　休息日傍晚之声

阳台山东侧工业园视景

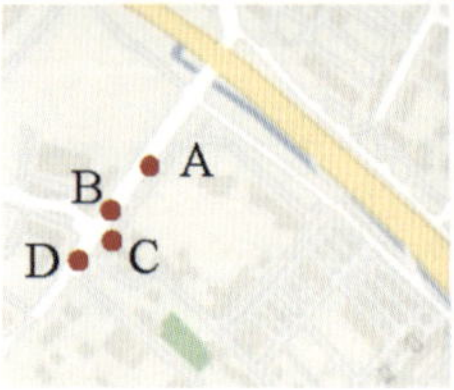

北纬 22° 40′
经 113° 39′

此处植物类型

高山榕

阳台山东侧工业园 A 处声景：阳台山东侧工业园位于阳台山森林公园东南面；大部分时段以汽车声和施工声为主；该处呈现出汽车声与施工声不绝于耳，并夹杂着脚步声的机械声景。

周边环境存在的动物有鸟、蝉等。

工作日声音的声学特征：该处环境声级为 60 ～ 70 dB(A) 变化，最高可达 80 dB(A)；此处以中高频声音为主，高频声时而有抖动变化；中高频的声音具有一定的方向性。

工作日上午之声			
声音时长	5 min	FFT	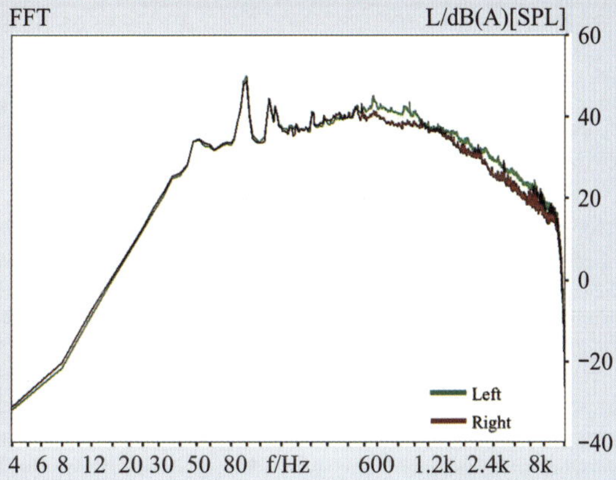
*L*eq	64.5 dB(A)		
可听见的声音： ______ ______ ______ ______ ______ ______			
		Level vs. Time	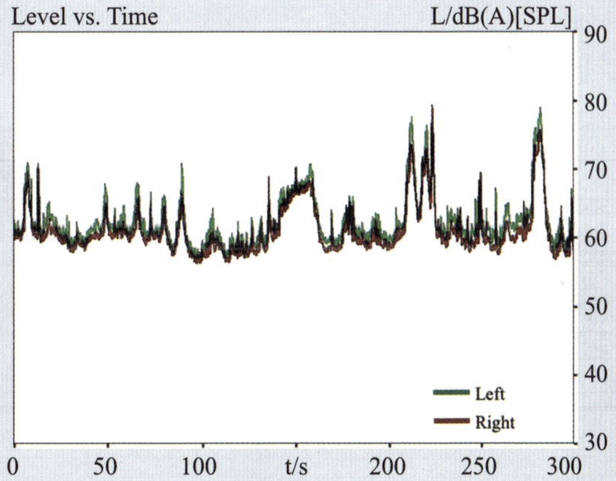

工作日清晨之声　工作日上午之声 1　工作日上午之声 2

工作日午间之声　工作日下午之声 1　工作日下午之声 2

休息日上午之声 1　休息日上午之声 2　休息日上午之声 3

阳台山东侧工业园B处声景：阳台山东侧工业园位于阳台山森林公园东南面；大部分时段以汽车声和施工声为主；该处呈现出汽车声与施工声声声不绝，并夹杂着轻微鸟叫声的机械声景。

周边环境存在的动物有鸟等。

工作日声音的声学特征：环境声级为 60 ～ 85 dB(A) 变化，声音随时间呈现剧烈的抖动；高、中、低频声均存在，高频声突起变化明显，；左右耳听觉差异性不大，反映出声音方向性不强。

工作日下午之声			
声音时长	5 min	FFT	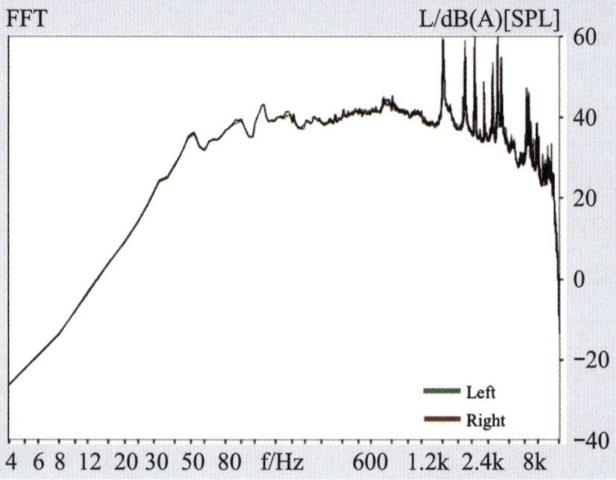
*L*eq	73.0 dB(A)		
可听见的声音： ______ ______ ______ ______ ______ ______			
		Level vs. Time	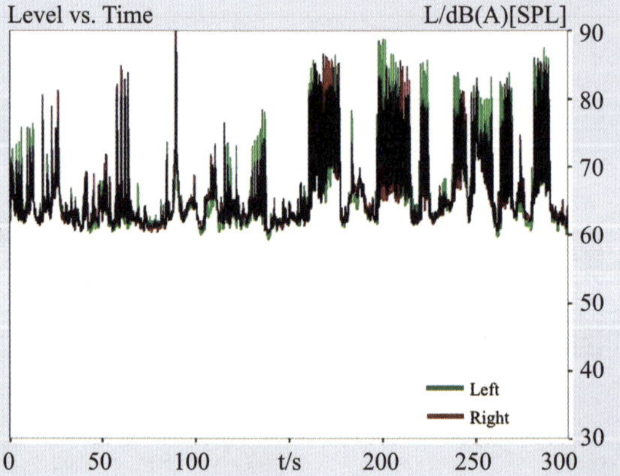

工作日上午之声 1　　工作日上午之声 2　　工作日上午之声 3

工作日下午之声　　工作日傍晚之声 1　　工作日傍晚之声 2

休息日下午之声

阳台山工业园视景

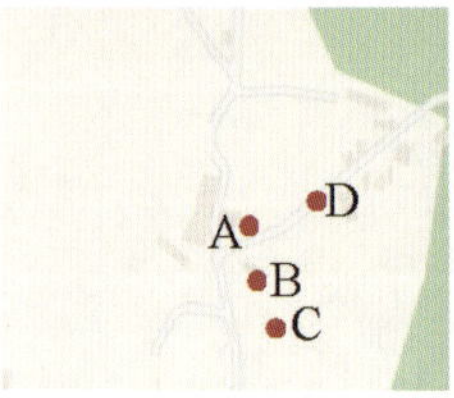

北纬 22° 40′
经 113° 59′

此处植物类型

车前草

黄樟

阳台山工业园内 C 处声景：阳台山工业园位于阳台山森林公园西面；大部分时段以汽车声为主；该处呈现出汽车声与生活声、雨声交织在一起的丰富的机械声景。

周边环境存在的动物有鸟、蝉、蛙等。

工作日声音的声学特征：环境声级为 45 ～ 70 dB(A) 波动明显，最高可达 85 dB(A)，且随时间变化明显；以中低频声音为主，且中高频声音抖动较为剧烈；左右耳有听觉时差，反映出声音具有一定的方向性。

工作日清晨之声			
声音时长	5 min	FFT	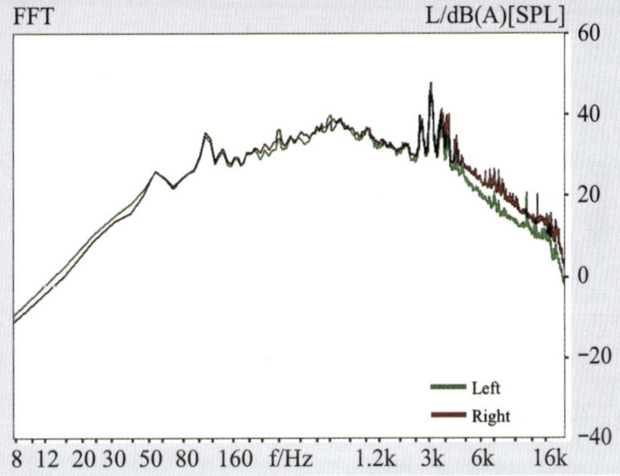
*L*eq	60.8 dB(A)		
可听见的声音：			
		Level vs. Time	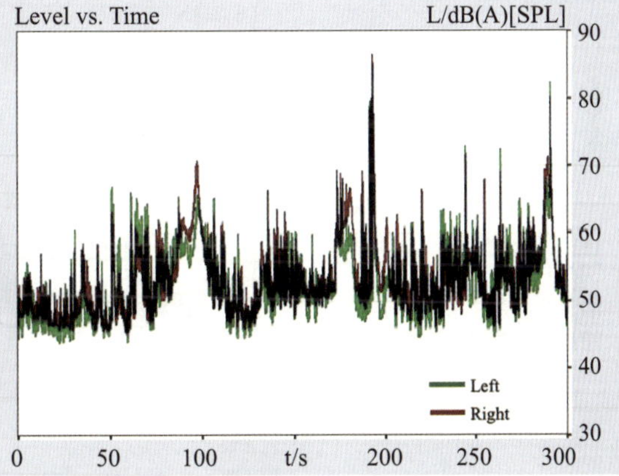

工作日上午之声　　工作日午间之声　　工作日下午之声

工作日傍晚之声　　休息日清晨之声　　休息日上午之声

休息日下午之声 1　　休息日下午之声 2　　休息日傍晚之声

阳台山西工业园内 D 处声景：阳台山工业园位于阳台山森林公园西面；大部分时段以汽车声为主；该处呈现出轰隆隆的汽车声与鸟鸣声、雨声交融混合的机械声景。

周边环境存在的动物有鸟、蝉等。

工作日声音的声学特征：该处环境声级为 45 ～ 60 dB(A) 波动，最高可达 85 dB(A)，且随时间变化明显；以中低频声音为主；左右耳有听觉时差，反映出声音具有一定的方向性。

工作日清晨之声

声音时长	5 min
Leq	65.7 dB(A)
可听见的声音：	

FFT

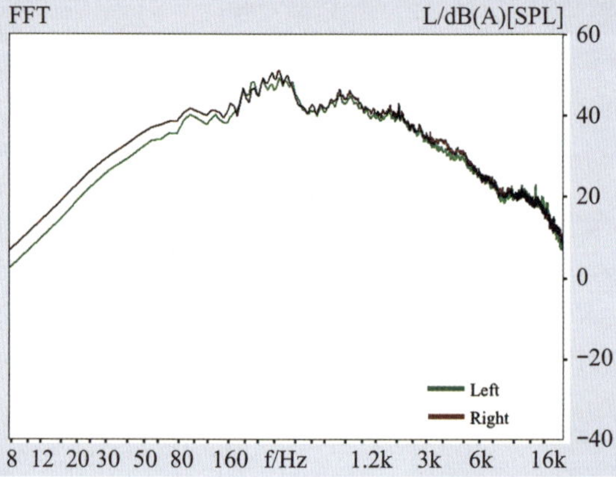

Level vs. Time

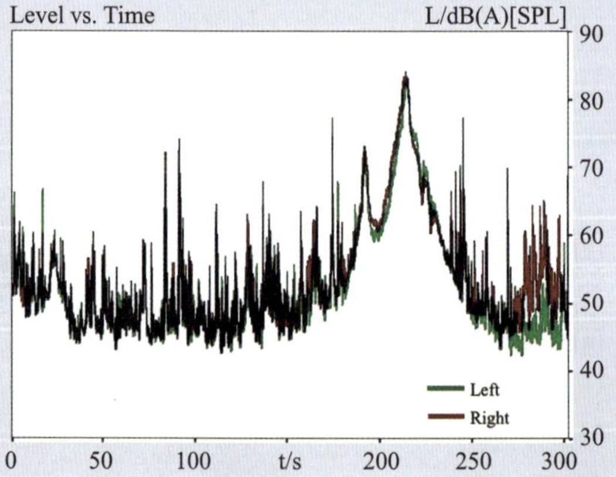

工作日上午之声	工作日午间之声	工作日下午之声
工作日傍晚之声	休息日清晨之声	休息日上午之声
休息日下午之声 1	休息日下午之声 2	休息日傍晚之声

宝安区机械声景特征

宝安区内有深圳国际机场、大铲湾港、107 国道、宝安大道等重要交通基础设施，区内工业生产及物流业发达，这给宝安区带来了较多的汽车声和施工声。宝安区城市交通声、施工机械声、以及工厂的噪声十分显著，形成了该地区的主要声景。宝安区机械声主要为交通干道上的车水马龙、工厂旁的机械轰鸣以及城市化建设带来的此起彼伏的施工声。

随着深圳经济不断向西扩张，宝安区机械声源越来越多，机械声景逐渐成为该区域一种明显的声景，从而导致一定的噪声投诉事件。宝安区以机械声为主的环境声级一般在 60 dB(A) 以上，在道路施工附近可高达 80 dB(A) 左右。主要声音为行驶的汽车声及施工声，伴随着生活声以及工厂里机械运行的声音。在宝安中心、欢乐港湾等人员活动较为密集的区域，夹杂着较多的人声、活动声等生活类声音。从时间变化来看，工作日声级为 60 ～ 70 dB(A) 变化，休息日声级为 50 ～ 60 dB(A) 左右；工作日较休息日而言，声频谱抖动更剧烈，声级变化更明显；从四季来看，各个季节变化不大，主要是由于区域内常年存在生产性的活动，机械声较为普遍。

从本章包括的 54 个宝安地区机械声景音频特征来看，工业建成区、建设区以及交通网络带来的机械声较高，且具有一定的方向性。体现在高、中、低频的声音都存在一定的方向性（左右耳感受到的声能不同）。由于宝安区地理位置及发展目标与南山区相近，机械声景也呈现出被各种大型机械声包裹的烦躁不安感。但随着建设活动的完成，这些机械声景或将逐渐消失，取而代之的将是以各类交通声为主的声景。

宝安区河滨南路典型机械声景的声学特征

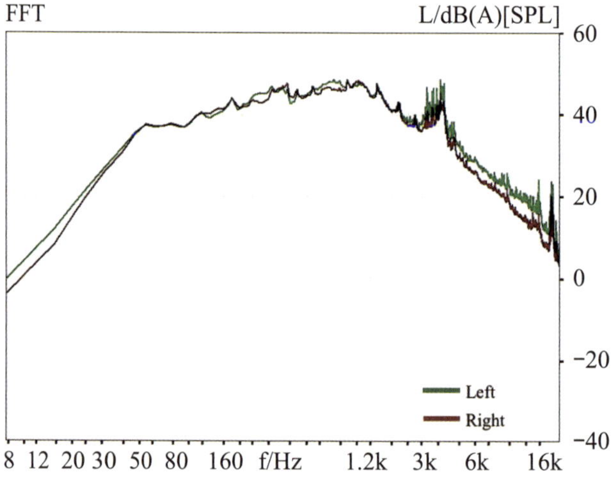

宝安区阳台山东侧工业园典型机械声景的声学特征

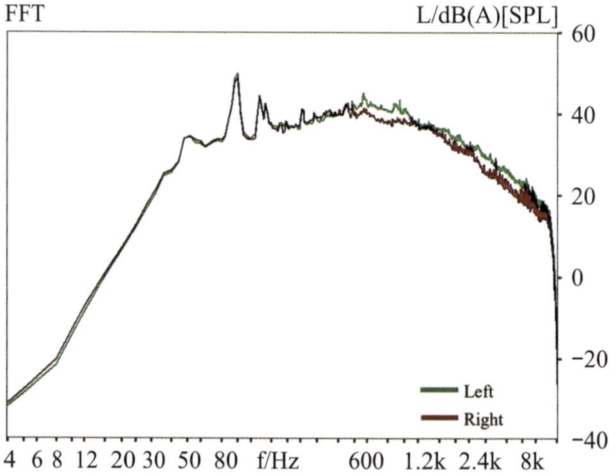

从以上图来看，所有频率的声音均有抖动特征，中高频率的声音尤为明显，表明存在较为轰鸣的机械声。

宝安区石岩公学冬季某周机械景声级变化趋势

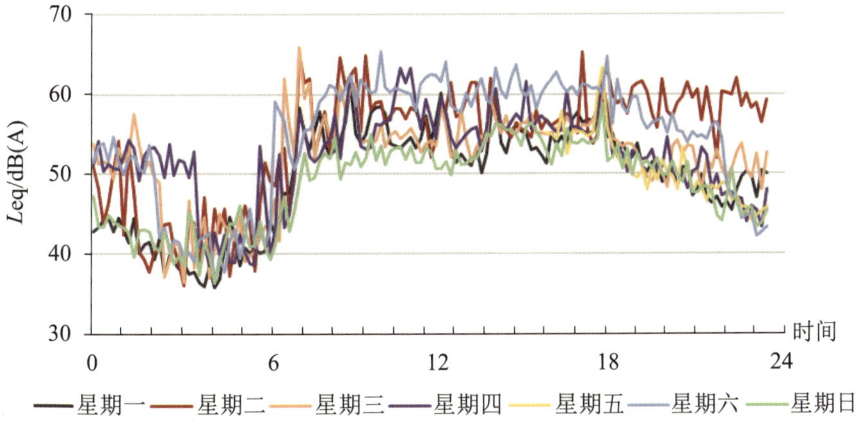

宝安区石岩公学具有宝山区机械之声的典型特征。从上图展示的石岩公学冬季某周机械声级的变化来看，周末声级比工作日高，夜间声级比白天高，夜间声级为 40 ～ 50 dB(A)，白天声级为 50 ～ 60 dB(A)。

宝安区石岩公学四季机械声景声级变化趋势

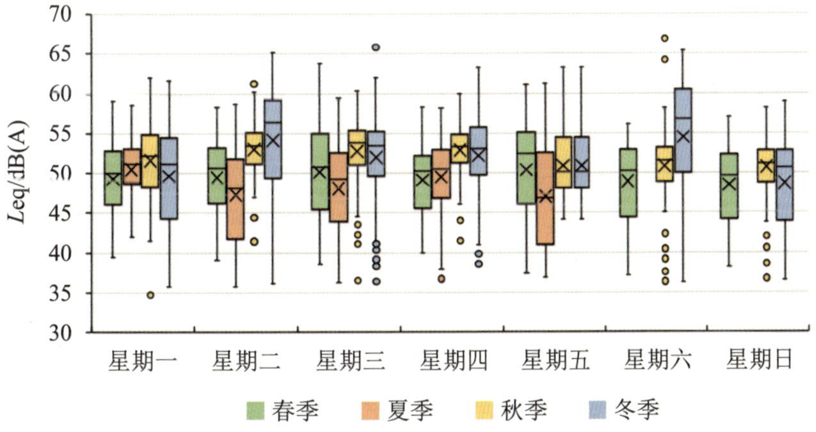

从宝安区石岩公学四季机械声级的变化来看，四季之间没有太大差别，主要声级为 45 ～ 55 dB(A)，少部分时段高达 60 dB(A)。

深圳市四季温和、阳光充沛，交通网络发达，已基本构成海、陆、空交通网络。机械声景以交通声为主，施工及生活机械声在某些地方显著，不同区域存在较为不同的机械声景。原特区二线关外的工厂企业的机械声也较明显。机械声景的环境声级一般在 60 dB(A) 左右，但在一定城市环境下，也可高达 80 dB(A) 以上。

大鹏新区位于深圳市东南部，地貌以滨海低山、丘陵为主，三面临海、一面环山。其城市化程度不高，但作为深圳市自然生态环境最好之地，旅游业发达，交通设施完备。目前坪葵路、坪西路贯穿区域南北，惠深沿海高速衔接西东，形成了以道路交通声为主的机械声景。得益于良好的生态环境，大鹏新区机械声景中掺杂较多自然声，环境声级一般在 50 dB(A) 左右。休息日的声级比工作日高，通常可达 60 dB(A) 以上。坪山区位于深圳市东北部。北靠惠州、东莞，隔海与香港新界相眺，是通往广东惠州、汕头、以及福建等的必由之路。近年来，坪山区形成了完善交通网络，成为深圳东北部交通枢纽。区内产业发达，规模以上工业企业达 1 600 多家，导致坪山区机械声景较为显著。机械声景中的环境声级一般在 60 dB(A) 以上，在某些情况下，以机械声为主的声景，其声压级可高达 80 dB(A) 左右。罗湖区位于深圳市中东部，与香港隔河相望。经过几十年发展，罗湖区已建成发达城市交通系统，辖区内轨道交通发达，罗湖火车站每天有超过 100 次列车进出。共有 5 条地铁线通过罗湖区，机械声景明显。由于街道较为狭窄，社会生活丰富，总体呈现出车水马龙的热闹景象。机械声景中的声级为 60 dB(A) 以上，休息日较高，可达 75 dB(A) 以上。福田区位于深圳市中部，东接罗湖、西临南山，与香港隔河相望。已构建了高等级且完整的城市交通网络，呈现大开大合的城市结构特征。福田区内道路宽大、立体交通发达，交通噪声明显，但密度不高。由于具有发达的交通网络，道路较为宽大，区内的主要机械声源为交通噪声。福田区机械声景中的声级一般在 60 dB(A) 左右，最高可达 80 dB(A)。休息日较工作日声级低。南山位于深圳中西部，与香港隔海相望，与珠海、澳门隔江相邻。地势北高南低，海岸线较长。高科技制造与港口为区内主要产业。城市化程度较高，正在形成海、陆、空立体化交通网络。南山区城市道路较为宽阔，交通网络密度适中。机械声景以城市交通为主，呈现出与福田区机械声景相似特征。其声级一般在 60 dB(A) 以上，最高可达 80 dB(A)。工作日比休息日高。宝安区位于深圳市西部，北接广东东莞。随着深圳扩容，宝安区与坪山区开启了快速城市化步伐。区内有机场、港口、轨道、快速路等重大交通设施，正在形成海、陆、空立体交叉网络。城市机械声景越来越明显。主要为交通干道上的车水马龙、工厂旁的机械轰鸣以及城市化建设带来的此起彼伏的施工声。声级一般在 60 dB(A) 以上，最高可达 80 dB(A)。

人声鼎沸 闹闹哄哄

畅叫扬疾 锅碗瓢盆交响曲

生活之声

叁

III•Voice of Life

大　鹏

大鹏新区是深圳别称“鹏城”的由来，位于深圳市东南部。大鹏新区三面临海、一面环山；东临大亚湾、西抱大鹏新区湾，东北面连接深圳盐田区、坪山新区，与香港新界隔海相望。其地理位置位于东经 114° 22′ ～ 114° 36′ 、北纬 22° 26′ ～ 22° 40′ ，区内山多平地少，地形较为复杂。其自然地貌以滨海低山、丘陵为主，山海之间零星分布着宽谷小平原。大鹏新区属亚热带海洋性季风气候，四季温和，阳光充足。大鹏新区行政辖区面积为 600 平方千米，辖区内共有 25 个行政社区。大鹏新区陆域面积为 295 平方千米，海域面积为 305 平方千米，海岸线长为 295 公里，约占深圳市总海岸线长的 1/2。该区域是深圳最早有古人类活动的地方之一，在明清时期，是中国南部重要的海防要塞，闻名遐迩的“大鹏新区所城”就在大鹏新区内。

2009 年深圳市政府完成了大鹏新区半岛保护和开发计划，奠定了大鹏新区作为生态旅游地和深圳后花园的地位。截至 2019 年年底，大鹏新区常住人口 15 万多，形成了以建设为龙头、旅游经济为主的城市景象。区内人群的主要活动为休闲旅游，大部分为外来人员，区内除葵涌、大鹏新区、南澳街道中心区外，其他地方的固定居住人群的活动以海上渔业为主，存在着较为普遍的渔村“农家乐”生活景象，形成了寄情山水之间、以休闲娱乐为主的大鹏新区生活声音。大鹏新区生活之声篇共包括 11 个生活声源片段。它们展示了大鹏新区与深圳其他区域不同的生活声景。

东山码头视景

A

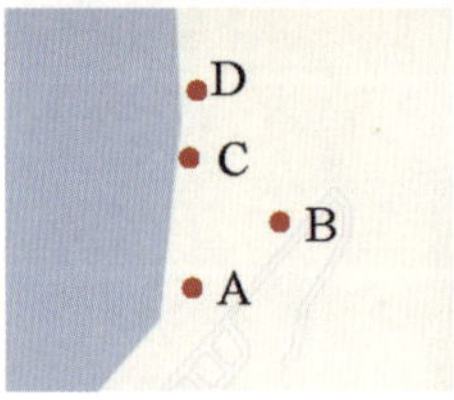

北纬 22° 33′
经 114° 31′

B

C

D

此处植物类型

蟛蜞菊

首冠藤

首冠藤

东山码头生活声景：东山码头位于东渔村；存在施工作业的工作日上午以施工声、讲话声等声音为主，而不存在施工作业时工作日上午时段主要有讲话声等声音；码头边，工作日上午呈现出谈话声声不绝于耳，夹杂些许鸟叫声和汽车声的声景。

周边环境可见动物有鸟、蝉、狗等。

工作日声音的声学特征：该处环境声级为 50 ～ 80 dB(A)，声音随时间呈剧烈的的抖动变化。此处以中频声为主，中、高频声时而有抖动变化；左右耳听觉有一定差异，反映出声音具有一定方向性。

工作日上午之声			
声音时长	1 min	FFT	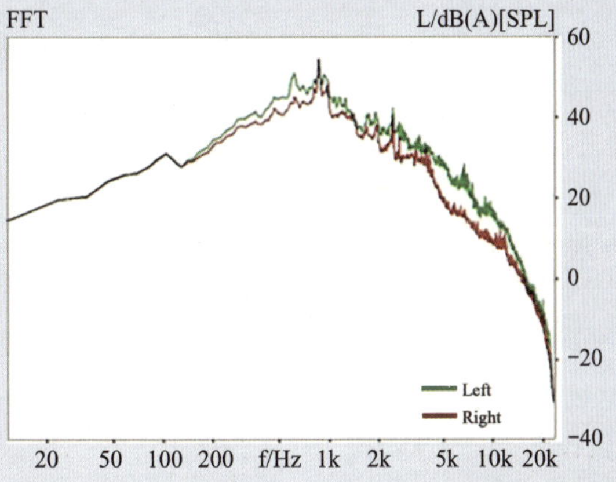
*L*eq	64.6 dB(A)		
可听见的声音： ________ ________ ________ ________ ________ ________		Level vs. Time	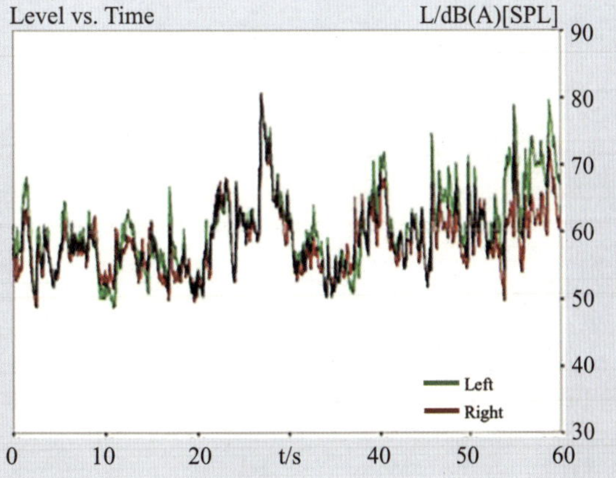

工作日上午之声　　工作日夜间之声　　休息日上午之声

休息日下午之声

七娘山入口二视景

北纬 22° 31′
经 114° 32′

此处植物类型

鬼针草

五节芒

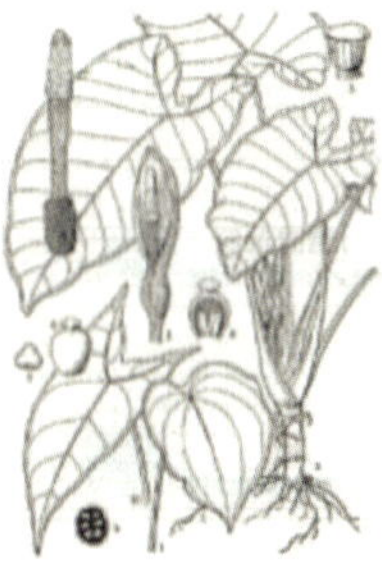

海芋

朱蕉

花叶艳山姜

七娘山入口 B 处生活声景：该处位于大鹏新区国家地质公园；工作日清晨时段以鸟鸣、虫叫、流水声等声音为主，而休息日下午时段以活动声、鸟鸣、虫叫等声音为主；绿树掩映下，休息日下午呈现出人声鼎沸，掺杂着蝉鸣鸟叫声的声景。

周边环境主要有蝶、鸟、蝉、蟋蟀等动物。

休息日声音的声学特征：该处环境声级为 60 ～ 80 dB(A)，声音随时间呈规律性的变化。此处以中、高频声为主，高频声时而有抖动变化；左右耳听觉有差异性较小，反映出声音的方向性不强。

<table>
<tr><th colspan="4">工作日上午之声</th></tr>
<tr><td>声音时长</td><td>5 min</td><td rowspan="3">FFT</td><td rowspan="3">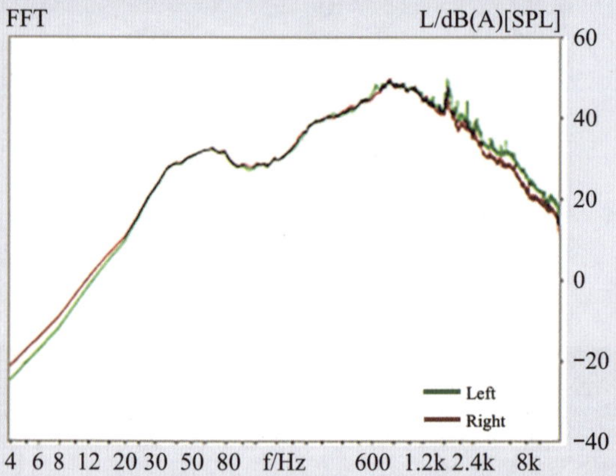
</td></tr>
<tr><td>Leq</td><td>70.6 dB(A)</td></tr>
<tr><td colspan="2">可听见的声音：
______
______
______
______
______
______</td></tr>
<tr><td colspan="2"></td><td>Level vs. Time</td><td>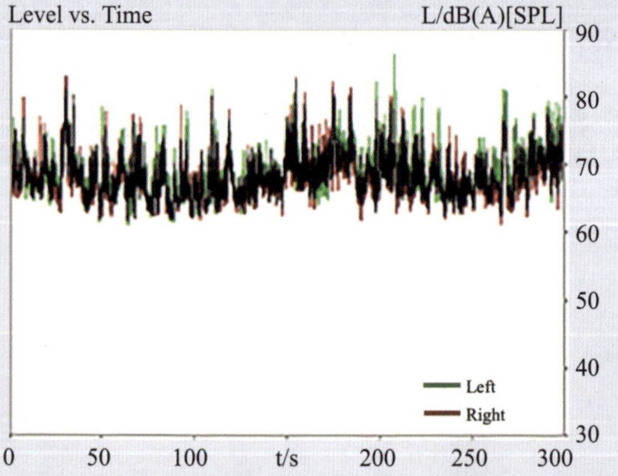
</td></tr>
</table>

工作日午间之声 1

工作日午间之声 2

休息日清晨之声

休息日上午之声

大鹏新区生活声景特征

大鹏新区是深圳市民休闲度假的主要场所。区内山峦叠嶂、海水连天。尽管深圳市在快速地发展，建成环境不断地扩大，但大鹏新区依然保持了较高的自然环境占比。与深圳市其他各区相比，大鹏新区的工业生产型的企业并不多，更多的是旅游服务业企业。大鹏新区的人口数量相对较少，在节假日时段，其他区域的人口会大量涌入该区进行各类旅游休闲活动。由此可见，大鹏新区的主要声景为蝉鸣、蛙叫、鸟吟的自然声以及阵阵的海浪声。此外，为旅游开发而建设的公路上不时传来行驶的汽车声。而生活声则散落在其间的渔村和乡镇，呈现出渔家生活的喧闹景象；从本章收集的大鹏新区生活声片段可以感受到，该区域是在繁华都市生活的深圳人放松的绝佳场所。

大鹏生活声声源主要出现在散落其中的渔村、小镇上，以及游客来此嬉闹带来的声音。生活声景是该区域仅次于自然声景的一类声景。主要由生活声源形成的环境声级一般在 50 dB(A) 以上，海岸边以及人活动较多区域的环境声级可达 80 dB(A) 左右。主要声音为虫鸣鸟叫声以及山涧蛙鸣声伴随着海浪声，以及行驶的汽车声。在村落、城镇、旅游景点等人员活动较为密集的区域夹杂着较多的人声、活动声等生活类声音。从时间变化来看，工作日声级为 50 ～ 70 dB(A)，休息日声级 70 dB(A) 左右，工作日较休息日而言，声频谱抖动更剧烈，声级变化更明显；从四季来看，春夏季人们的活动比较频繁，来大鹏新区旅游的人也较多，生活声声级较高且声音的方向性不明显，秋冬季声级相对较低，各频率声音都较为平缓。

从本章包括的 11 个大鹏新区生活声景音频特征来看，生活声源以游客带来的活动声较为明显，体现在中、高频的声音存在较强的方向性（左右耳感受到的声能不同），这些声音给人一种身处城市烟火气中的感觉。虽然大多数情况下，大鹏自然声景明显，但在东渔村、杨梅坑等人群活动较多的地区，主要是社会活动声形成的声景并夹杂着汽车行驶的交通声。通常情况下，这类声音的方向性也较低。优越的旅游环境使得大鹏新区保持良好的生态环境，使得其生活声中都掺杂着一些鸟鸣虫叫声。

大鹏新区东渔村东山码头典型生活声景的声学特征

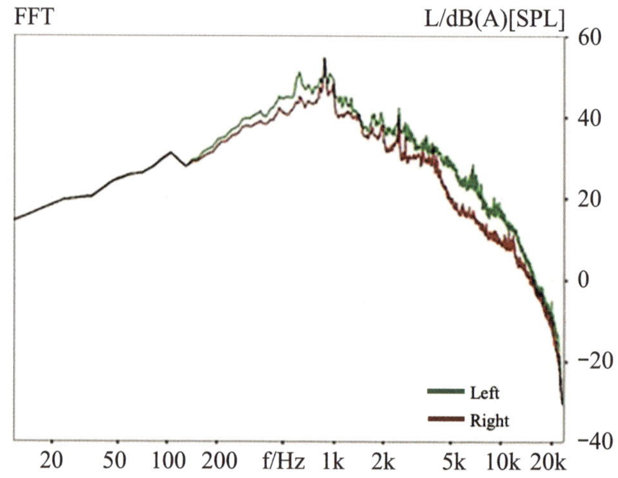

大鹏新区七娘山入口典型生活声景的声学特征

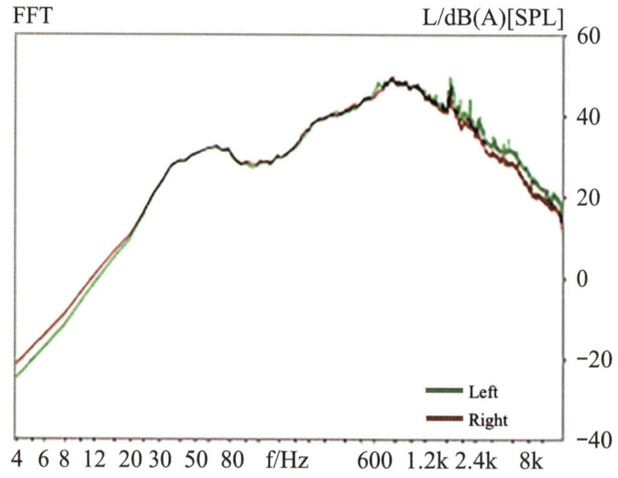

从上图可以看出，高频声抖动较明显，且声音方向性较强。体现了日常活动声特征。

大鹏新区东渔村秋季某周生活声景声级变化趋势

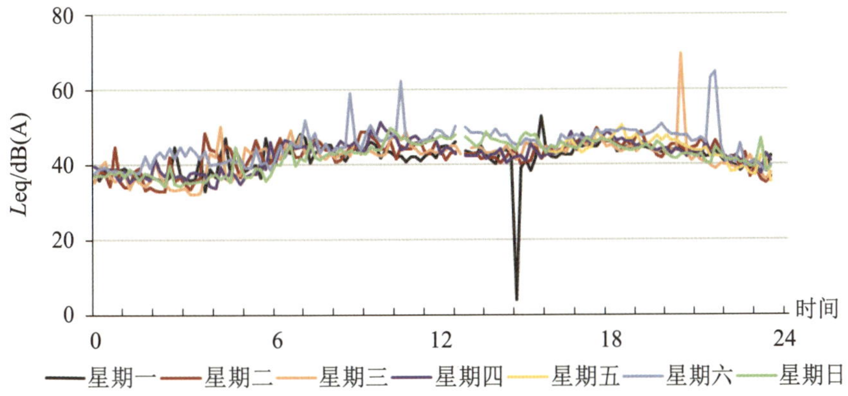

大鹏新区东渔村具有大鹏新区生活之声的典型特征。从上图展示的东渔村秋季某周生活声级变化可以看出，除周六外，周一至周日声级变化比较接近，在 40 dB(A) 左右，但周六有较多声音事件，体现出人们开展户外活动的声音特点。

大鹏新区东渔村四季生活声景声级变化趋势

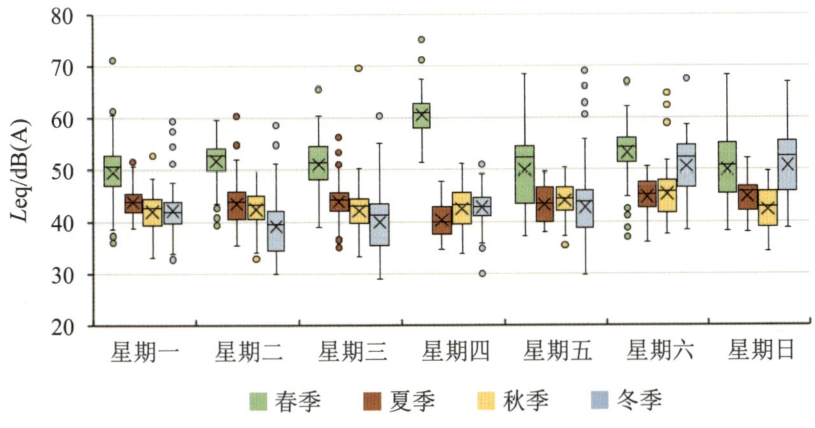

从大鹏新区东渔村四季生活声级变化可以看出，春季声级高于其他 3 个季节，表现出较为明显的春季户外活动特征。

坪　山

深圳坪山区位于城市的东北部。北靠广东惠州市、东莞市，东临大亚湾与惠州市相望，西接深圳龙华区、南连深圳罗湖区与盐田区，隔大鹏新区湾与香港新界相眺。是深圳通往广东惠州、汕头以及福建等地的必由之路。坪山区位于北纬 22° 35′ ～22° 49′ 、东经 114° 03′ ～114° 22′ ，地形呈东北高、西南低之势，属低山丘陵滨海地形。坪山区具有亚热带海洋性季风气候，气候宜人、四季温和、阳光充沛，年平均气温为 22.3 摄氏度，相对湿度为 80%，年平均降雨量为 1 933 毫米。坪山行政辖区面积为 388 平方千米，约占深圳市总面积的 40% 以上，已建成区域为 200 多平方千米。坪山区下辖行政街道有 11 个，行政社区 111 个。

坪山是客家人之乡，客家文化是“坪山的根”。在坪山，客家文化与广府文化、福建地区传来的“福老文化”、海外侨胞带来的西洋文化并存，留下了大量独具特色的历史建筑和文化习俗。2003 年坪山区正式成为深圳市政府管辖下的一个行政区。此后，随着多年发展，特别是 2010 年国务院正式将深圳特区扩容，坪山进入了一个飞速发展时期。截至 2019 年年末，全区常住人口为 250 万之上，主要生产性活动为工业制造及物流。随着区内城市化建设步伐不断加剧，坪山区建筑业增长迅猛，成为当下区内的主要生产性活动，而区内的城市生活声往往淹没在隆隆的机械声中。坪山区生活之声篇共包括 15 个声源片段。

禁止停车

江岭社区视景

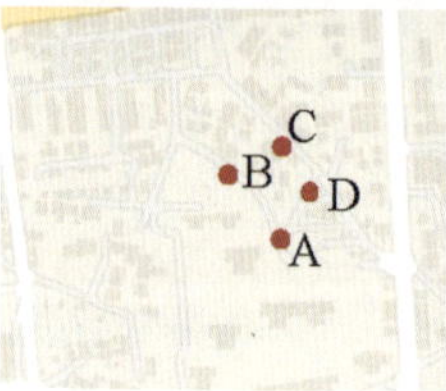

北纬 22° 41′
经 114° 21′

C

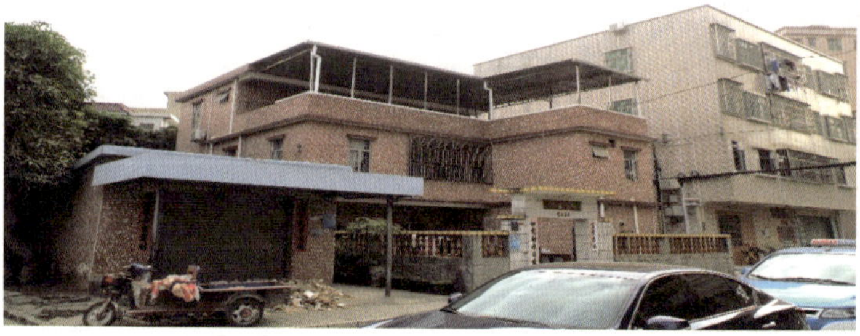

此处植物类型

樟树

江岭社区声景：江岭社区位于远香路；大部分时段以谈话声、音乐声、鸟鸣等声音为主；社区内呈现出谈话声飘扬，掺杂微微鸟鸣的生活声景。

周边环境存在的动物有鸟等。

休息日声音的声学特征：该处环境声级为 50 ～ 70 dB(A)，声音随时间呈不规则的变化。此处以中、高频声为主，中、高频声抖动性强；左右耳听觉差异性较小，反映出声音方向性不明显。

休息日夜间之声

声音时长	5 min
*L*eq	62.7 dB(A)

可听见的声音：

FFT

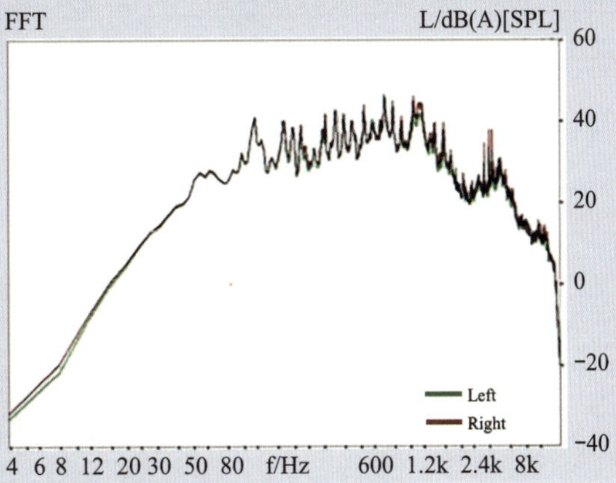

Level vs. Time

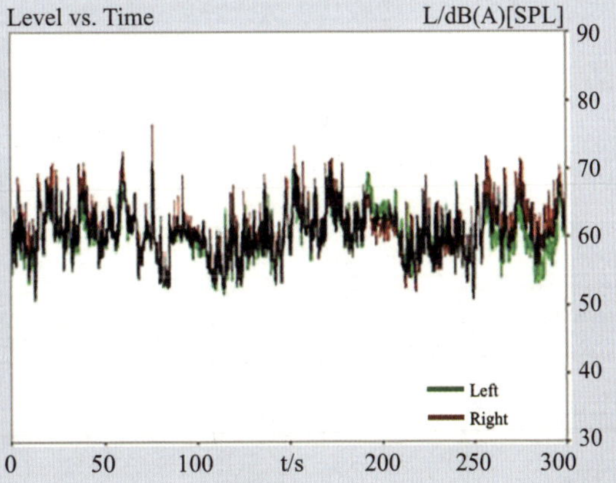

工作日清晨之声

工作日上午之声

工作日下午之声

工作日夜间之声 1

工作日夜间之声 2

休息日清晨之声

休息日上午之声

严禁抛物

比亚迪公寓视景

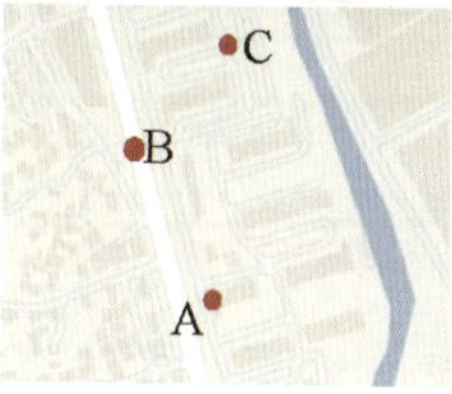

北纬 22° 40′
经 114° 21′

此处植物类型

樟树

比亚迪公寓生活声景：比亚迪公寓位于江岭路；公寓道路休息日午间时段以汽车声、生活声等声音为主，此处位于公寓广场，傍晚和夜间时段以活动声等声音为主；熙熙攘攘广场呈现出人声鼎沸，时而掺杂些许鸟鸣犬吠与汽车声的声景。

周边环境存在的动物有鸟、狗等。

休息日声音的声学特征：该处环境声级为 60 ~ 80 dB(A)，声音随时间呈不规则的变化。此处以高频声为主，高频声抖动性较强；左右耳听觉差异性较小，反映出声音方向性并不明显。

<table>
<tr><th colspan="4">休息日夜间之声</th></tr>
<tr><td>声音时长</td><td>5 min</td><td rowspan="3">FFT</td><td rowspan="3">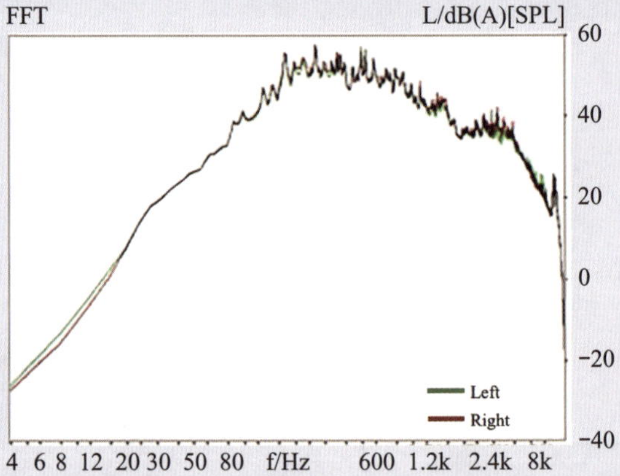
</td></tr>
<tr><td>Leq</td><td>73.4 dB(A)</td></tr>
<tr><td colspan="2" rowspan="2">可听见的声音：
______
______
______
______
______
______</td></tr>
<tr><td>Level vs. Time</td><td>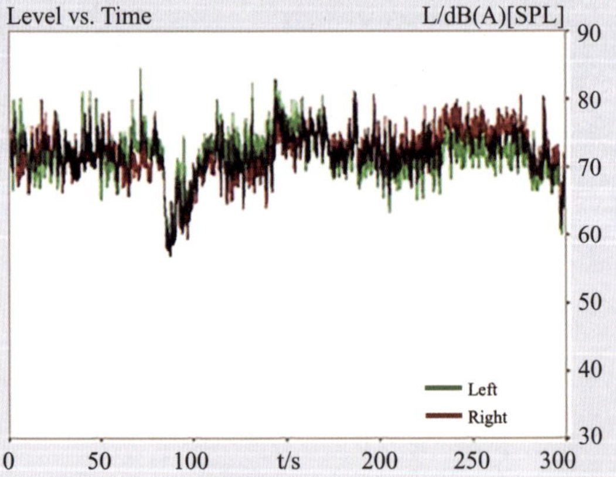
</td></tr>
</table>

工作日上午之声　　工作日傍晚之声　　工作日夜间之声

休息日上午之声　　休息日傍晚之声　　休息日夜间之声

坪山区生活声景特征

坪山区是原深圳经济特区外的一个重要城镇。随着深圳二线关裁撤，坪山区并入深圳市。经过近些年的快速建设发展，该区域内的城市功能逐渐完备，基础设施不断完善。目前，坪山区承接了大量从原市区（福田区、南山区）撤出的工业企业，成为深圳工业企业发展的重点区域。居民以从事生产活动为主，年轻人、农民工较多，还有较多人在罗湖区、福田区、南山区工作，但在坪山区生活的居民具有一定的“卧城”特征。由此可见，坪山区城市交通声、施工机械声以及工厂的噪声十分显著，形成了该地区的主要声景。坪山生活声主要为商业区的喧闹声、以及居民的社会活动声。

由于处在快速发展期，且随着大量人群在此购置房产，龙岗生活声日渐显著，是除机械声外，该区域存在的又一主要声源。随着地域的不同，生活声会有所区别，如靠近工业生产区的环境声级一般为 75 dB(A) 左右，商业中心及活动广场和公园等市民活动较多的区域，环境声级为 60 ～ 70 dB(A) 左右，主要为人们日常工作生活所产生的声音、孩童的嬉闹声、商铺宣传的广播声。在公园绿地周围生态环境良好，鸟鸣虫叫声的自然声较为明显。在城中村以及居住小区周围则以人们活动声和来往汽车交通声为主。从时间变化来看，工作日声级为 50 ～ 70 dB(A)，休息日声级为 70 dB(A) 左右，工作日人们的活动更频繁，声音频率及声级变化均较明显。从四季来看，春夏季人们的活动比较频繁，尤其是在早晨和夜晚，生活声声级较高，且声音的方向性不明显，而秋冬季生活声声级就相对偏低，各频率声音的抖动性较弱。

从本章包括的 15 个坪山地区生活声景音频特征来看，社会活动声的方向性不明显，这些声音给人一种生活在城市烟火气中的感觉。商业及生活区的活动声、生活声是龙岗的主要生活声景；另一方面，这些生活声往往混合着汽车声形成了一种以中、低频率为主的环境声，且不具有明显的方向性。

坪山区江岭社区典型生活声景的声学特征

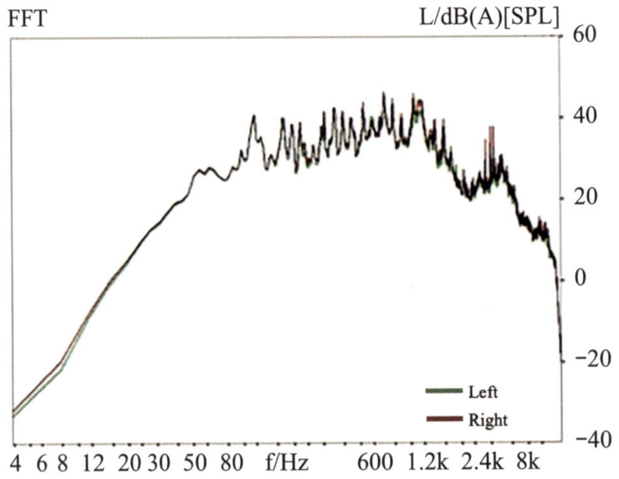

坪山区比亚迪公寓典型生活声景的声学特征

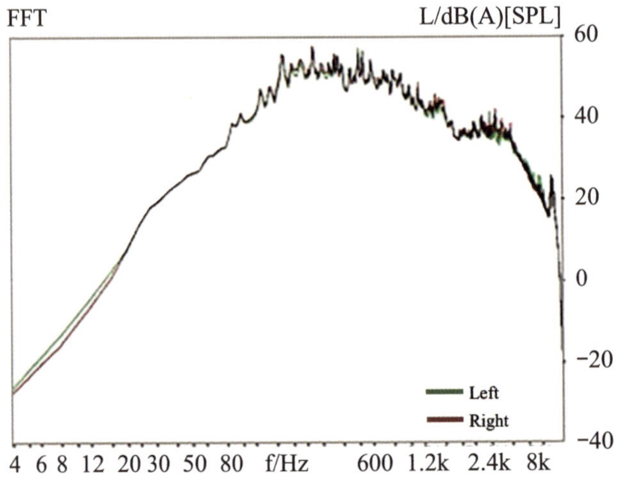

从上图可以看出，中高频声抖动较为明显，体现了自然声背景映衬下的生活声特征。

坪山区比亚迪公寓秋季某周生活声景声级变化趋势

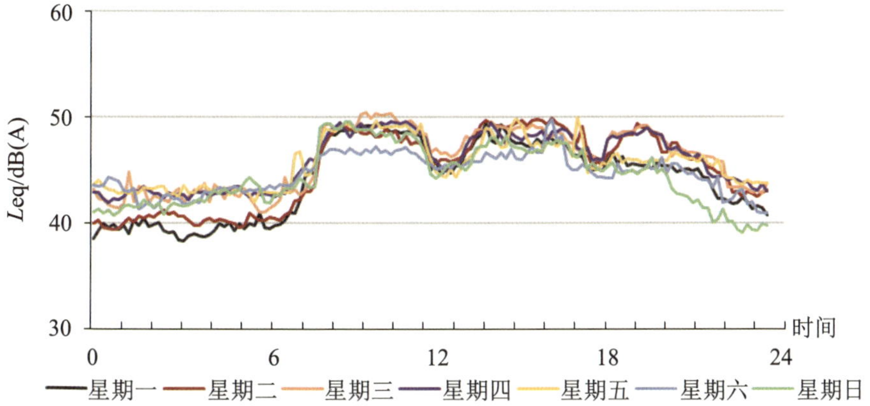

坪山区比亚迪公寓具有坪山区生活之声的典型特征。从上图展示的比亚迪公寓秋季某周生活声级变化可以看出，夜间声级较白天低 3 ～ 5 dB(A)。周一、周二夜间声级较低，周六白天声级偏低，周日晚间声级下降明显，体现出人们活动的声音特征。

坪山区比亚迪公寓四季生活声景声级变化趋势

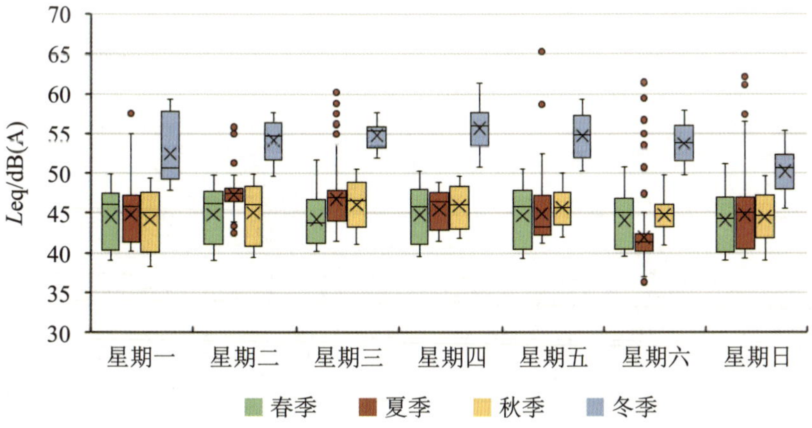

从坪山区比亚迪公寓四季生活声级变化可以看出，冬季声级明显高于其他三个季节，春、秋、冬季节声级为 40 ～ 50 dB(A)。

罗　湖

罗湖区是深圳改革开放的起点、也是改革开放的前沿阵地，是上世纪80年代的城市中心。该区域位于城市的中东部。东面连接盐田区，西部比邻福田区，南面经罗湖桥与香港隔河相望。现在的罗湖区城市化程度高，已成为深圳多个中心城区之一。罗湖区位于东经114°04′～114°14′、北纬22°31′～22°37′，地貌呈现出东北高、西南低之势。区内多为丘陵山地和冲积小平原。属亚热带海洋性气候，常年日照充足，雨水充沛。年平均气温为22摄氏度，日照时数为2 060小时，年降水量为1 948毫米。罗湖行政辖区面积为78.75平方千米，内设行政街道10个，行政社区83个。

深圳经济特区成立之前，罗湖区归属于宝安县管辖。1982年罗湖行政区正式设立，辖整个深圳经济特区。深圳经济特区成立以后，罗湖区人口不断增长，居民多为移民，至2018年年末，常住人口达到100多万。罗湖区人口密度高，其中东门街道、桂园和南湖为人口密度最高的三个街道。罗湖区是深圳金融聚集区，更是中国现代商贸发展的重要起源地之一。经过几十年的发展，罗湖区已盛满了高密度城市环境下的都市生活声，形成了区域中的主要声环境。罗湖区生活之声篇共包括49个生活声源片段，反映了罗湖市井生活的点点滴滴。

天龙商业城视景

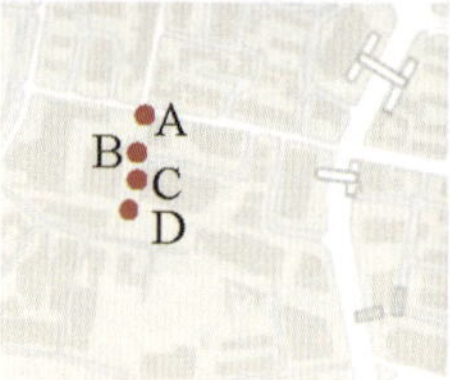

北纬 22° 32′
经 114° 6′

此处植物类型

软枝黄婵

天龙商业城声景：天龙商业城位于东门步行街；大部分时段以活动声等声音为主；熙熙攘攘的街道，呈现出人来人往，商业活动声不绝于耳，偶尔传来些许汽车声的声景。

周边环境无存在的野生动物等。

休息日声音的声学特征：该处环境声级为 65 ～ 80 dB(A)，声音随时间呈现规律性的变化。此处以中、高频声音为主，高频声抖动性较强；左右耳听觉存在一定的差异，反映出声音具有一定的方向性。

休息日上午之声			
声音时长	5 min	FFT	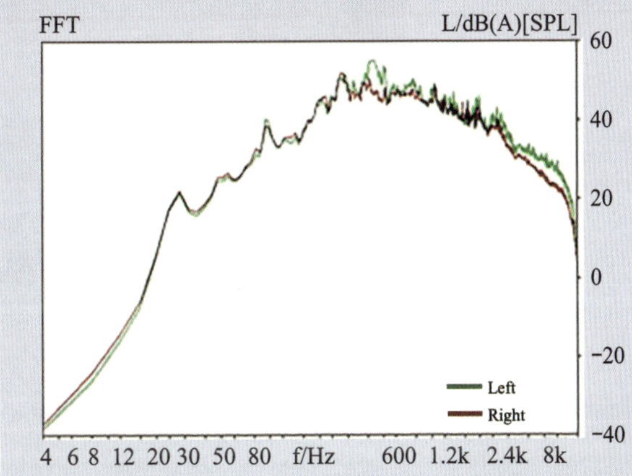
*L*eq	71.5 dB(A)		
可听见的声音： ______ ______ ______ ______ ______ ______			
		Level vs. Time	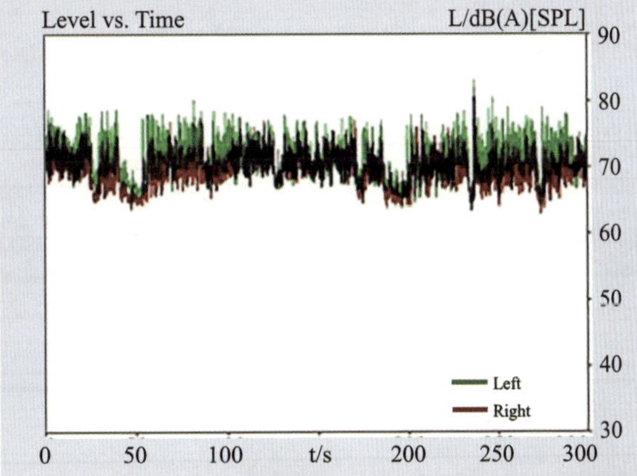

工作日上午之声　　工作日下午之声　　工作日傍晚之声

休息日清晨之声　　休息日上午之声 1　　休息日上午之声 2

休息日傍晚之声

东门步行街视景

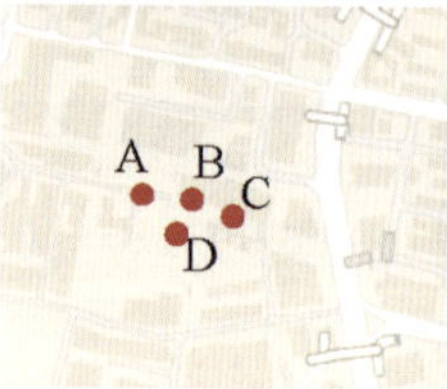

北纬 22° 32′
经 114° 6′

此处植物类型

软枝黄婵

小叶榕

香樟

东门步行街声景：东门步行街位于东门内；大部分时段以商业活动声为主；熙熙攘攘的街道，呈现出行人谈话声声不绝，掺杂着微微鸟鸣的生活声景。

周边环境存在的动物有鸟等。

休息日声音的声学特征：该处环境声级为 60 ～ 70 dB(A)，声音随时间呈现不规则的变化。此处以中频声音为主，声音的抖动性较弱；左右耳听觉差异性较小，反映出声音的方向性并不明显。

休息日上午之声			
声音时长	5 min	FFT	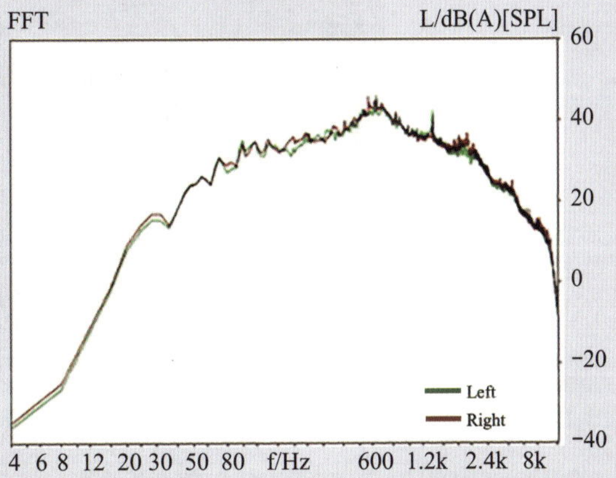
*L*eq	63.6 dB(A)		
可听见的声音： ______ ______ ______ ______ ______ ______			
		Level vs. Time	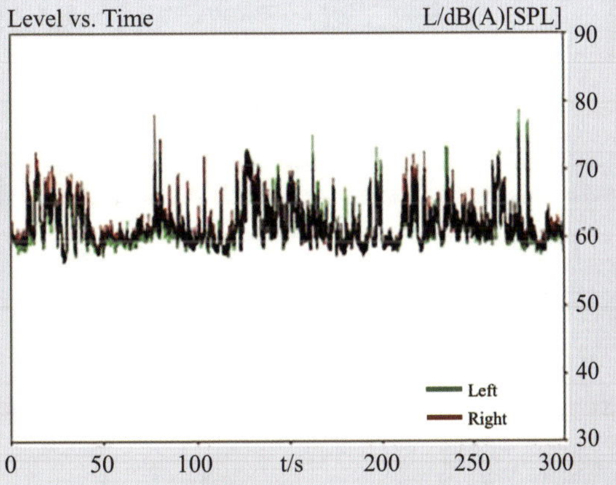

工作日下午之声　　工作日傍晚之声　　休息日下午之声

休息日傍晚之声

东门解放路视景

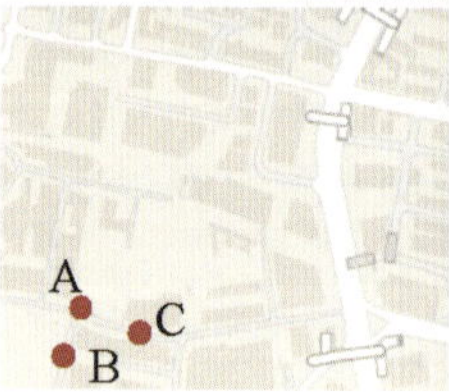

北纬 22° 32′
经 114° 3′

此处植物类型

桂花树

大王椰子

东门解放路声景：东门解放路位于东门步行街内；大部分时段以商业活动声等声音为主；人来人往的街道，呈现出行人谈话声和脚步声不绝如缕的生活声景。

周边环境存在的动物有鸟等。

工作日声音的声学特征：该处环境声级为 70 ～ 80 dB(A)，声音随时间呈现节奏性的变化。此处以高频声音为主，声音的抖动性较弱；左右耳听觉差异性较小，反映出声音的方向性并不明显。

<table>
<tr><th colspan="4">工作日下午之声</th></tr>
<tr><td>声音时长</td><td>5 min</td><td rowspan="3">FFT</td><td rowspan="3">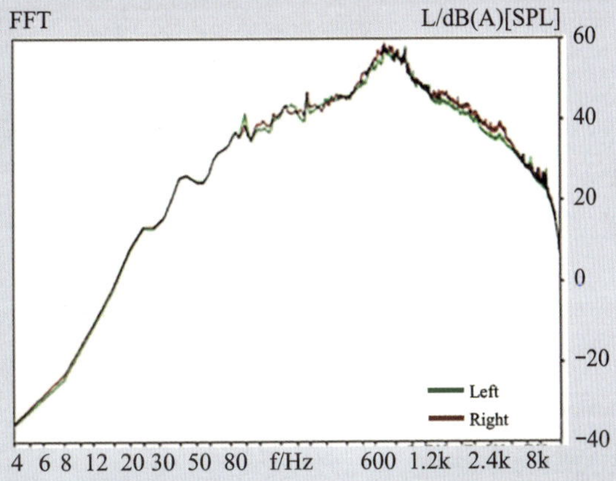
</td></tr>
<tr><td>Leq</td><td>76.0 dB(A)</td></tr>
<tr><td colspan="2">可听见的声音：
______
______
______
______
______
______</td></tr>
<tr><td colspan="2"></td><td>Level vs. Time</td><td>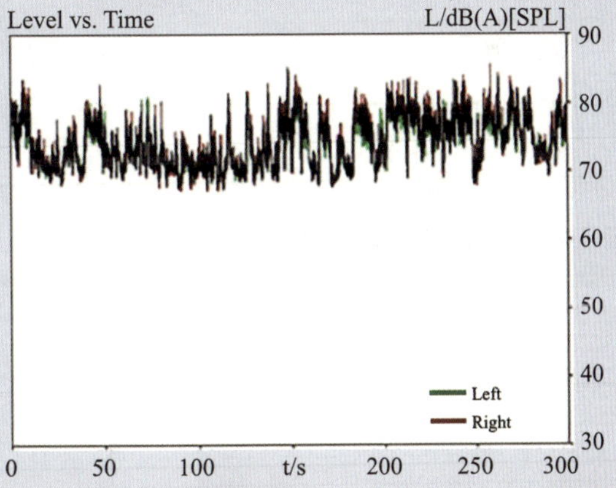
</td></tr>
</table>

工作日上午之声　　工作日午间之声　　工作日傍晚之声

休息日上午之声　　休息日午间之声　　休息日下午之声

休息日傍晚之声

洪湖公园二视景

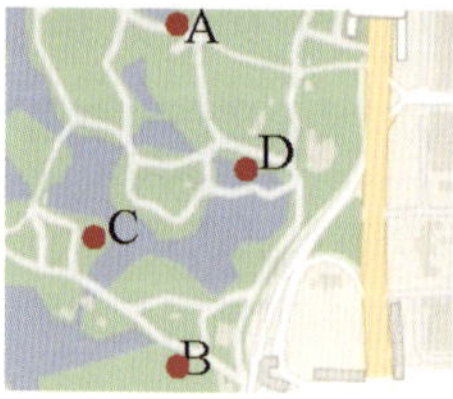

北纬 22° 33′
经 114° 6′

此处植物类型

高山榕

棕榈树

木棉

紫薇

莲花

洪湖公园 A 处生活声景：该处位于洪湖公园中心区域；工作日下午时段主要有鸟鸣、蝉叫、活动声等声音，休息日夜间时段主要有活动声、鸟鸣蝉叫等声音为主；荷塘处，休息日夜间呈现出人声鼎沸，夹杂着微微鸟鸣虫叫的声景。

周边环境存在的动物有鸟、虫等。

休息日声音的声学特征：该处环境声级为 60 ～ 80 dB(A)，声音随时间呈现规律性的变化。此处以中、高频声音为主，声音的抖动性较弱；高频声的左右耳听觉有一定的差异性，反映出声音具有一定的方向性。

休息日夜间之声

声音时长	5 min
*L*eq	67.2 dB(A)

可听见的声音：

______

______

______

______

______

______

FFT

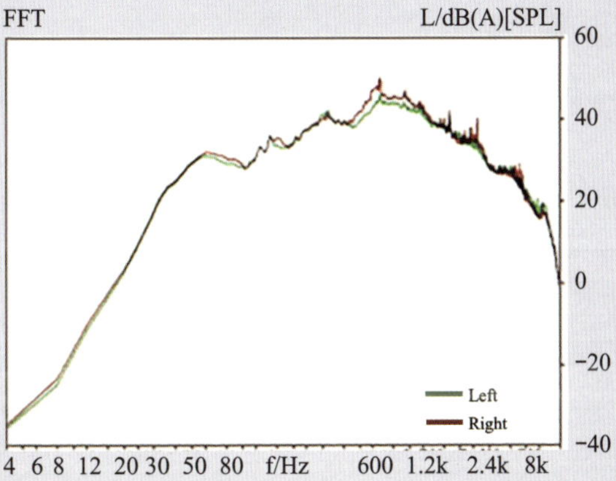

Level vs. Time

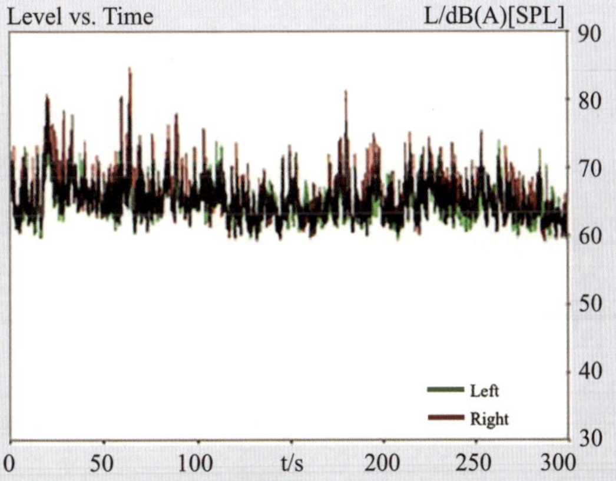

工作日上午之声　工作日午间之声　休息日上午之声 1

休息日上午之声 2　休息日午间之声

洪湖公园 B 处生活声景：该处位于洪湖公园南侧，靠近马路；休息日午间时段主要以活动声、鸟鸣蝉叫声音为主；优美湖畔边，休息日午间呈现出游人谈笑风生，音乐声时起时落，偶尔传来些许鸟鸣蝉叫的生活声景。

周边环境存在的动物有鸟、蝉等。

工作日声音的声学特征：该处环境声级为 60 ～ 90 dB(A)，声音随时间呈现剧烈的变化。此处以高频声音为主，声音的抖动性强；高频声的左右耳听觉有一定的差异性，反映出声音具有一定的方向性。

<table>
<tr><th colspan="4">休息日下午之声</th></tr>
<tr><td>声音时长</td><td>5 min</td><td rowspan="3">FFT</td><td rowspan="3">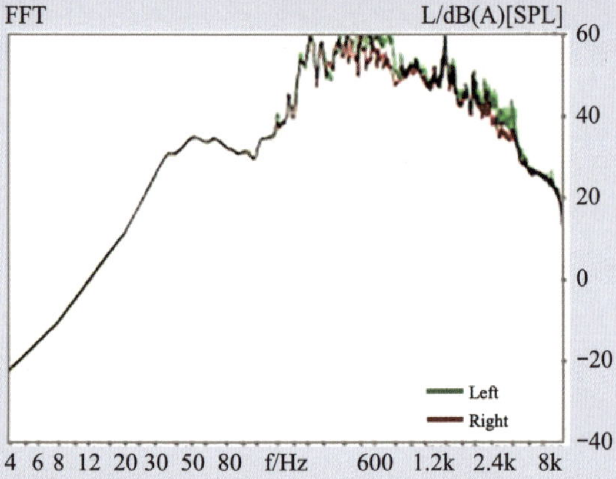
</td></tr>
<tr><td>Leq</td><td>80.3 dB(A)</td></tr>
<tr><td colspan="2">可听见的声音：
______
______
______
______
______
______</td></tr>
<tr><td colspan="2"></td><td>Level vs. Time</td><td>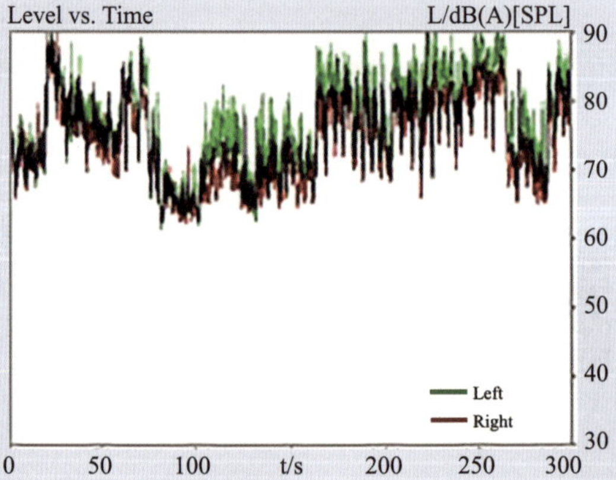
</td></tr>
</table>

工作日下午之声　休息日上午之声 1　休息日上午之声 2

休息日下午之声

洪湖公园 C 处生活声景：该处位于洪湖公园南侧；工作日夜间时段主要有鸟鸣、蝉叫、活动声等声音，休息日下午主要以活动声、鸟鸣虫叫等声音为主；亭台楼榭处，休息日下午呈现出谈话声为主旋律，掺杂着些许鸟鸣虫叫的声景。

周边环境存在的动物有鸟、虫、蜂等。

休息日声音的声学特征：该处环境声级为 55 ～ 80 dB(A)，声音随时间呈现不规则的变化。此处以中、高频声音为主，声音的抖动性较弱；左右耳听觉差异性较小，反映出声音的方向性并不明显。

休息日午间之声			
声音时长	5 min	FFT	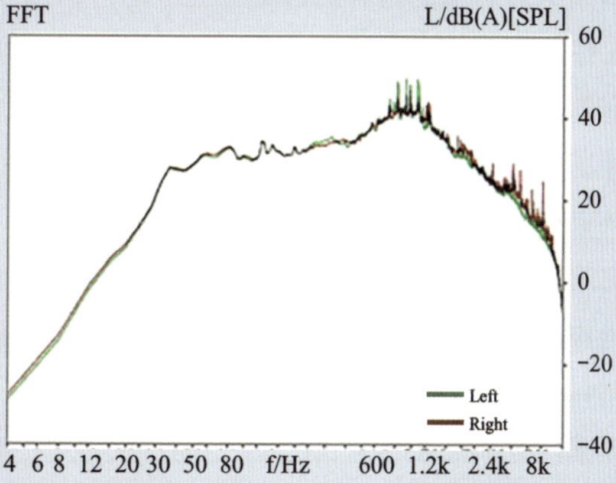
*L*eq	64.2 dB(A)		
可听见的声音： ________ ________ ________ ________ ________ ________			
		Level vs. Time	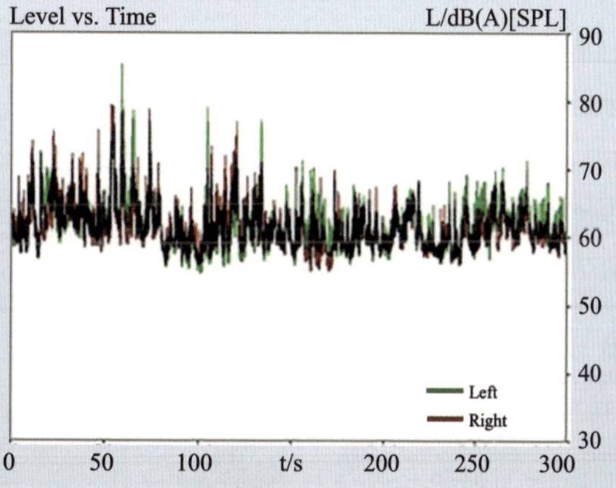

休息日上午之声 1　　休息日上午之声 2　　休息日上午之声 3

罗湖生活声景特征

罗湖区是深圳经济特区的发祥地之一，也是深圳市的中心城区之一。经过 40 多年的发展，罗湖区域内的城市功能较为完备，基础设施也相对完善，境内有横六纵 11 条主干道。罗湖区域内建设强度高，中小企业居多，且以生产性的服务业为主。人口分布密集，其中在东门、桂园、南湖人口的分布最为密集，居民从事商贸活动居多。由此可见，罗湖区城市交通声、施工机械声较为显著，以居民日常生活活动声叠合城市交通声为主要声景。罗湖区生活声主要为居民日常社会活动声，以及商业活动带来的喧闹声。

作为深圳现代都市的发源地，最早衔接香港的商业区，罗湖具有十分丰富的生活声源。其中，以生活声为主的环境声级一般在 50 dB(A) 以上，商业活动区则可达 75 dB(A) 左右。在住区、商业区等人员活动密集区域，夹杂着较多的人声以及活动声等生活类声音，并伴随着远处的交通声和偶尔出现的施工机械声。从时间变化来看，工作日声级为 60 ～ 70 dB(A)，休息日声级为 60 ～ 80 dB(A)；工作日较休息日而言，人们活动更为频繁，声频谱抖动更剧烈，声级变化更明显；从四季来看，春、夏季人们的活动比较频繁，尤其是在休息日时间，生活声声级较高，且声音的方向性不明显，而秋、冬季生活声声级就相对偏低，各频率声音的抖动性较弱。

从本章包括的 49 个罗湖地区生活声景音频特征来看，主要是商业活动带来的喧闹声，这些环境声方向性较强，体现在左右耳对高频声音的感受不同，它们给人一种处于城市烟火气息中的感觉。相较于自然声景与机械声景而言，由商业活动及社会生活构成的生活声景则是罗湖的主要特色，形成了一幅热闹的都市生活景象。

罗湖区天龙商业城典型生活声景的声学特征

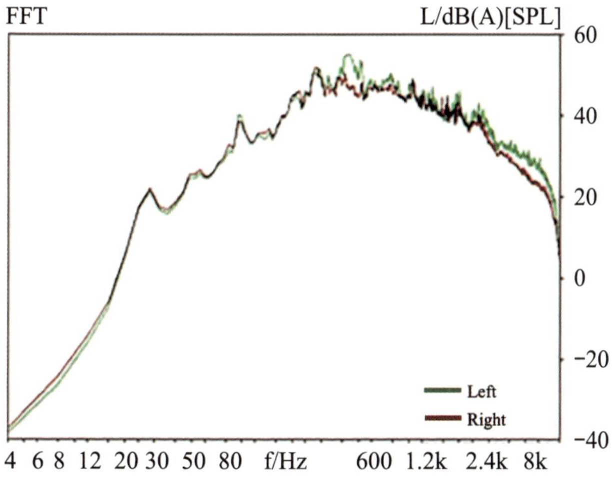

罗湖区东门解放路典型生活声景的声学特征

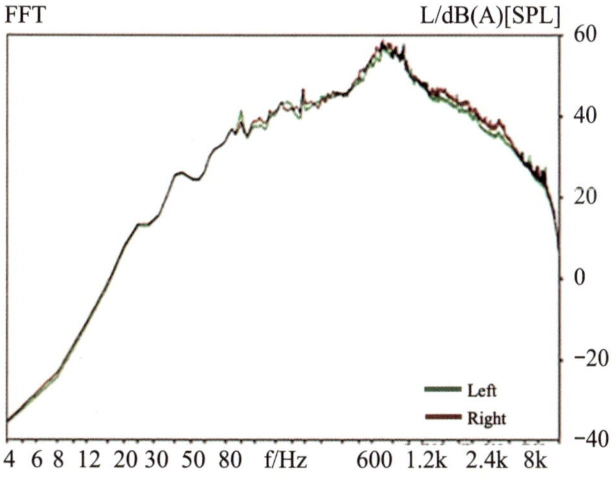

从上图可以看出，高、中、低频率的声音均有较明显抖动，体现了多种声音融合的特点。

罗湖区天龙商场春季某周生活声景声级变化趋势

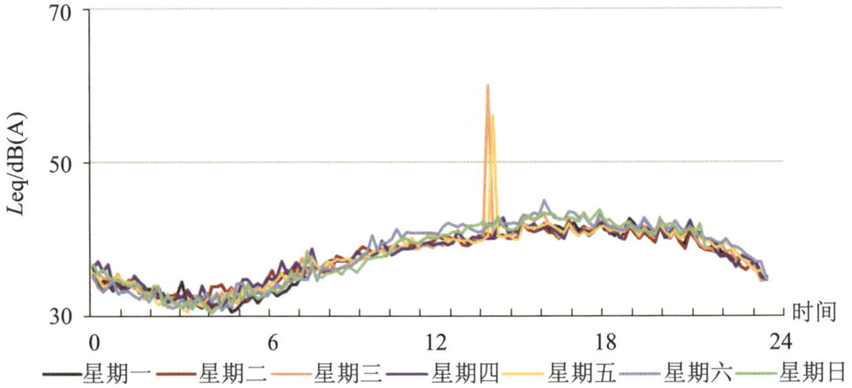

罗湖区天龙商场具有罗湖区生活之声的典型特征。从上图展示的天龙商场春季某周生活声级变化可以看出，声级为清晨时段较低，接近 30 dB(A)。每天声级变化没有太大不同。周三、周五在下午时间段出现了一个较高的声音事件，声级接近 60 dB(A)。

罗湖区天龙商场四季生活声景声级变化趋势

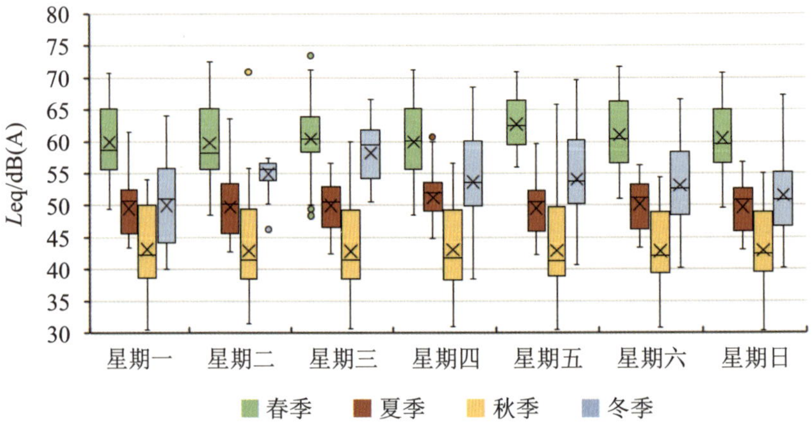

从罗湖区天龙商场四季生活声级变化可以看出，春季声级最高，其次为冬季，秋季声级最低，夏季较秋季略高。

福　田

福田之名，一是源自宋代所题“湖山拥福，田地生辉”一词；二是源自史书记载的南宋光宗三年（1192 年），上沙村始祖之子黄西开荒造田，将田地建造成格块形状，名曰“幅田”，谐音“福田”而得。福田区地处深圳城市中部，东部连接罗湖区，西部接壤南山区，南临深圳河与香港隔河相望，西南面海，北靠白眉石、大脑壳、黄竹园山脊。地理位置在北回归线以南，位于东经 113° 59′ ～ 114° 07′ 及北纬 22° 29′ ～ 22° 36′，自然地形以丘陵为主，分布在西北和北部地区，形成北高南低之势。区内水域总面积约为 62.6 平方千米，共 7 条河流，分属深圳湾水系和深圳河流域两个水系。属亚热带海洋性气候，气候温和，阳光充沛。福田行政辖区面积为 79 平方千米，内设行政街道 10 个，行政社区 95 个。

1980 年，福田与罗湖以及南山等区域一起被划为深圳经济特区。自此开启了南山区都市建设步伐。随着城市化进程发展，福田区建成了大量文化教育设施，城市人口不断增加，人口教育程度不断提升。截至 2018 年末，福田区常住人口为 160 多万，区内人口密度也在不断增加。福田区主要经济结构为第三产业，占全区 GDP 的 90% 以上，主要为现代服务产业。区内文体活动较多，特色节庆活动对区内生活影响较大。福田区生活之声篇共包括 32 个声源片段，反映了福田区鲜明的城市生活特质。

深圳音乐厅
SHENZHEN

深圳图书馆视景

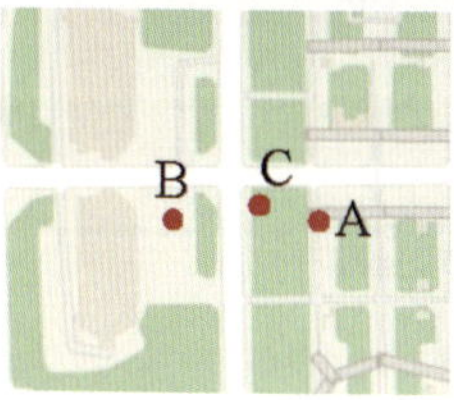

北纬 22° 32′
经 114° 3′

此处植物类型

黄樟

琴叶榕

深圳图书馆声景：深圳图书馆位于莲花山公园南；大部分时段以人的交谈声为主；该处呈现出人的交谈声，音乐声，夹杂着些许鸟鸣虫叫声的生活声景。

周边环境存在的动物有鸟、虫等。

休息日声音的声学特征：环境声级为 60 ～ 70 dB(A) 浮动，最高可达 78 dB(A)；中高频声音均较为明显，且声音抖动性较强，反映出城市生活声特有的声学特性，且左右耳听到的声音能量没有明显差别，声音方向性不明显。

休息日下午之声			
声音时长	5 min	FFT	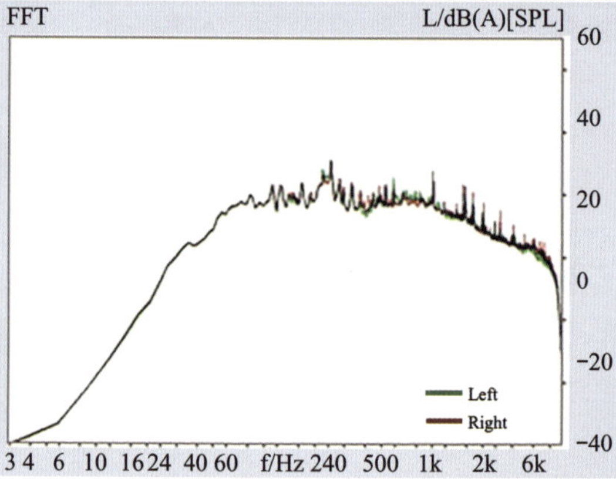
Leq	64.4 dB(A)		
可听见的声音： __________ __________ __________ __________ __________ __________			
		Level vs. Time	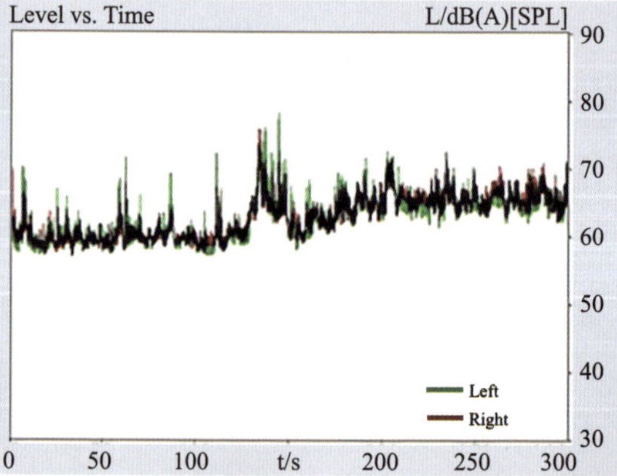

工作日上午之声　　工作日午间之声　　工作日下午之声 1

工作日下午之声 2　　休息日午间之声 1　　休息日午间之声 2

休息日下午之声

天健小学视景

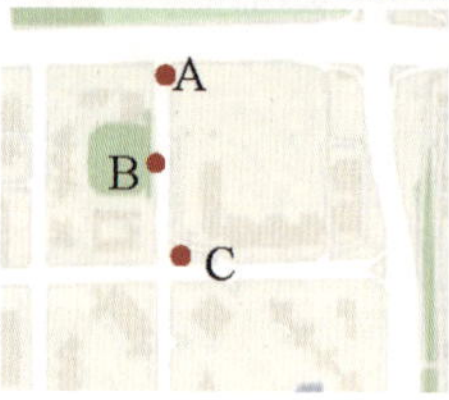

北纬 22° 32′
经 114° 3′

此处植物类型

蟛蜞菊

首冠藤

琴叶榕

天健小学声景：天健小学位于莲花山公园南面；大部分时段以人的交谈声为主，夹杂着轻微鸟叫声和交通声；该处呈现出学校的活动声热烈非凡，掺杂着微微的汽车声和鸟鸣声的生活声景。

周边环境存在的动物有鸟、蜂等。

休息日声音的声学特征：声级为 60 ～ 70 dB(A) 浮动，最高可达 78 dB(A)；高、中、低频声音均较为明显，声音抖动性较强，且左右耳听到的声音能量没有明显差别，声音没有明确方向性。

工作日傍晚之声			
声音时长	5 min	FFT	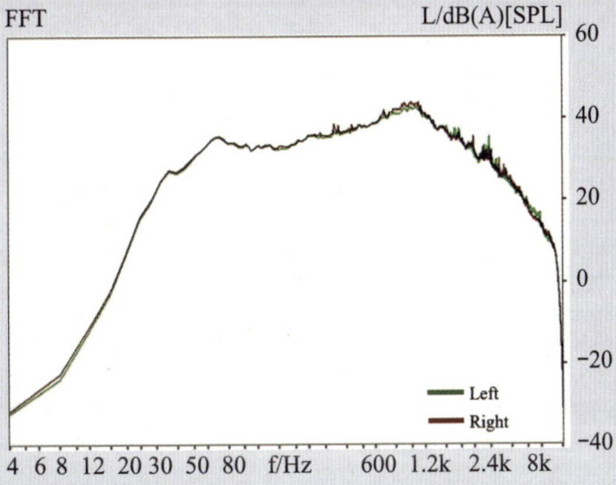
*L*eq	64.4 dB(A)		
可听见的声音： ______ ______ ______ ______ ______ ______		Level vs. Time	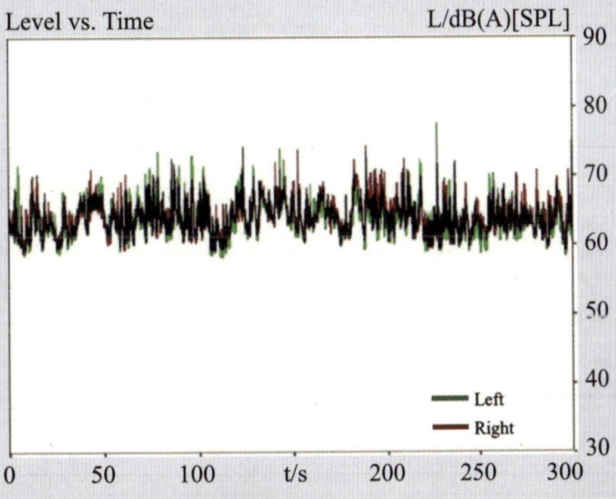

工作日清晨之声　　工作日上午之声　　工作日下午之声

工作日傍晚之声　　休息日下午之声 1　　休息日下午之声 2

休息日夜间之声

莲心路视景

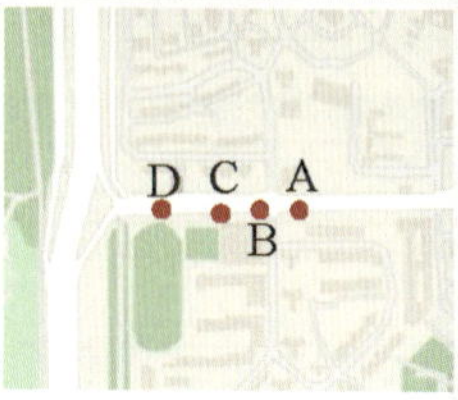

北纬 22° 33′
经 114° 4′

此处植物类型

高山榕

香樟

莲心路声景：莲心路位于莲花山公园东侧；休息日清晨以交通声为主，在工作日傍晚则以人们的谈话声夹杂着鸟鸣声为主；工作日傍晚呈现出树木郁郁葱葱，周边学校传来学生嬉戏玩闹之声，夹杂着微微鸟鸣的生活声景。

周边环境存在的动物有鸟、蝉等。

工作日声音的声学特征：声级为 60 ～ 70 dB(A) 浮动，最高可达 82 dB(A)；高、中、低频声均较为明显，声音抖动性较强，且左右耳听到的声音能量没有明显差别，声音时而有突起变化，没有明确方向性。

工作日傍晚之声

声音时长	5 min
Leq	65.9 dB(A)

可听见的声音：

______

______

______

______

______

______

FFT

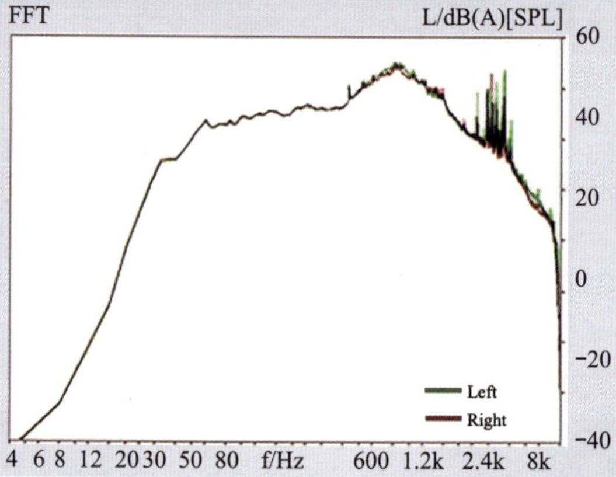

Level vs. Time

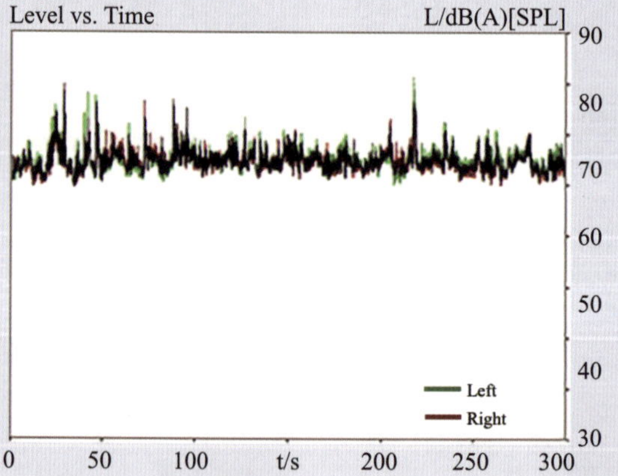

工作日清晨之声　　工作日上午之声 1　　工作日上午之声 2

工作日午间之声　　工作日下午之声　　工作日傍晚之声

休息日下午之声

莲花山公园南门视景

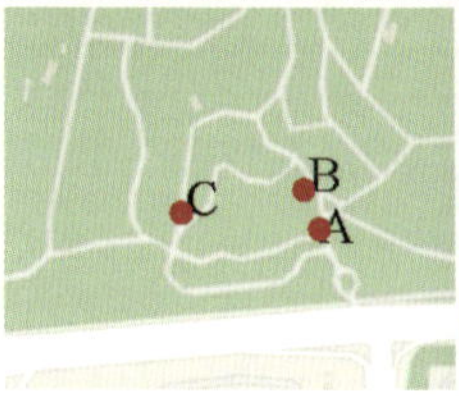

北纬 22° 33′
经 114° 3′

此处植物类型

黄樟

鹅掌柴

琴叶榕

莲花山公园南门声景：莲花山公园南门位于莲花山公园最南面；大部分时段以人的交谈声为主；该处呈现出人的交谈声，小朋友的嬉戏声与间或的鸟鸣声交融混合的生活声景。

周边环境存在的动物有鸟、蝉、蝶等。

工作日声音的声学特征：环境声级为 55 ～ 65 dB(A)；以中、低频声音为主，声音波动性明显，且左右耳有听觉时差，声音时而有突起变化；整体而言，声音没有明确方向性。

工作日上午之声

声音时长	5 min
*L*eq	58.0 dB(A)

可听见的声音：

FFT

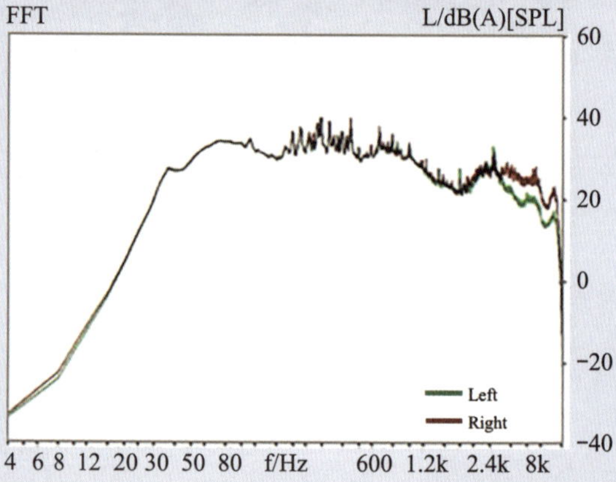

Level vs. Time

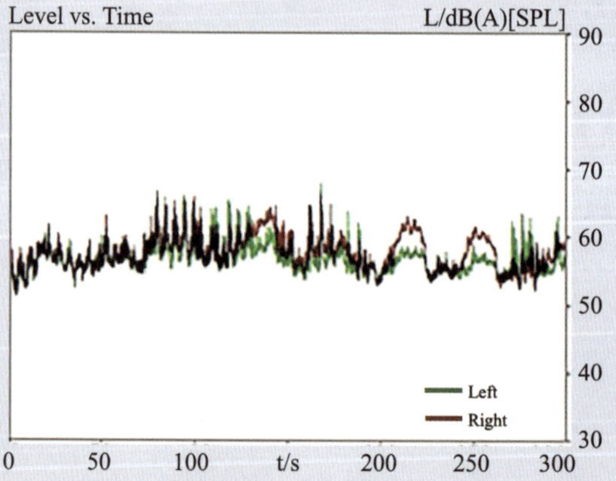

工作日下午之声

工作日傍晚之声

休息日上午之声

休息日傍晚之声

休息日夜间之声

福田生活声景特征

福田区是深圳市的行政中心城区以及商务区。福田区建成了大量文化教育设施、商业娱乐设施。主要产业为社会服务业，工业企业较少。自 20 世纪 90 年代以来，城市人口不断增加，到本世纪 2010 年左右，人口达到平衡。该区域建设初期就确定了生态发展理念，因此区域内的城市生态环境较好，公园众多，有莲花山公园、荔枝公园、中心公园、笔架山公园、皇岗公园、香蜜公园等。福田区以市民日常活动叠合城市交通声为主要声景，期间夹杂着些许鸟鸣虫叫的自然声，特别在每年的 4—10 月。该区域的生活声源主要为人们娱乐活动的声音，以及不时出现的日常生活的喧闹声。

福田是深圳城市由东向西扩展的第一个区域，也是当前深圳政府所在地。与罗湖相似的是，福田亦有着丰富的生活声源。生活声景是福田较为显著的一类声景。然而，在福田的不同区域，生活声也大相径庭。在图书馆、博物馆等公共建筑前广场人群活动较多的地方，主要由生活声构成的环境声级为 60 ～ 70 dB(A)，最高可达 80 dB(A)。主要声音为人们日常工作生活所产生的声音、孩童的嬉闹声、商铺宣传的广播声以及虫鸣鸟叫声和行驶的汽车声。在公园绿地周围生态环境良好，鸟鸣虫叫声的自然声较为明显，而城中村，居住小区周围则是以人类的活动声和来往车辆的交通声为主。从时间变化来看，工作日声级为 50 ～ 60 dB(A)，休息日声级为 60 ～ 70 dB(A) 左右，休息日较工作日而言，人们活动更为频繁，声频谱抖动更剧烈，声级变化更明显；从四季来看，春夏季人们的活动比较频繁，尤其是在早晨和夜晚，生活声声级较高，且声音的方向性不明显，而秋冬季生活声声级就相对偏低，各频率声音的抖动性较弱。

从本章包括的 32 个福田地区生活声景音频特征来看，人们的活动声方向性不明显，这些声音带来一种城市烟火气。福田的商业活动声不如罗湖喧闹，也缺少市井生活声。而社区的生活声、高楼下街巷的人流声、叠加汽车声形成了福田生活声景，成为了福田区主要的声景特色。这样的声景一般具有覆盖高、中、低各个频率段的声学特征，且声音的波动性明显，左右耳有听觉时差，但声音的方向性并不明显。

福田区深圳图书馆典型生活声景的声学特征

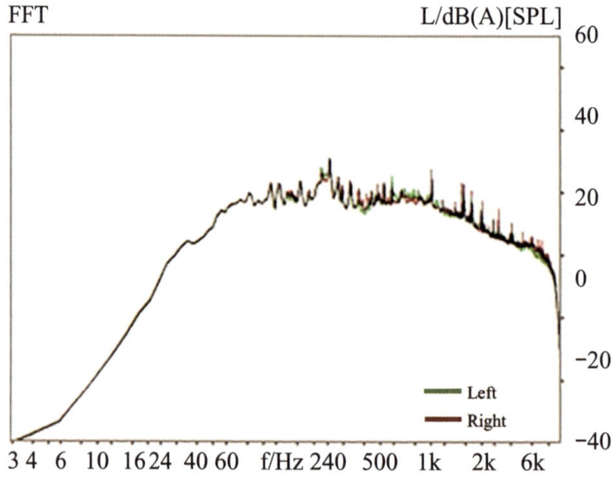

福田区莲心路典型生活声景的声学特征

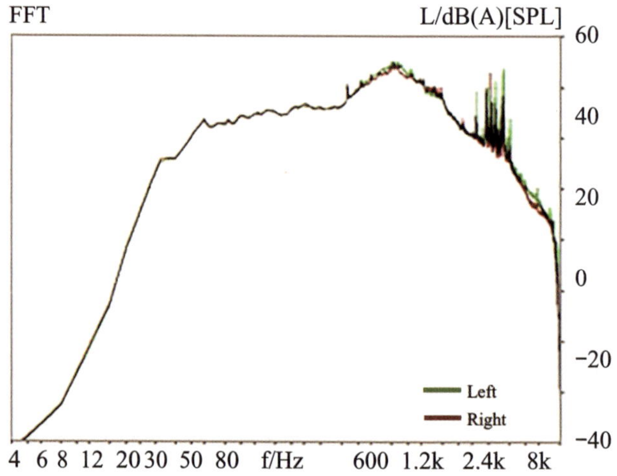

从上述图可以看出，中高频声音具有一定抖动性，体现了城市生活声的多样性。

福田区莲花中学秋季某周生活声景声级变化趋势

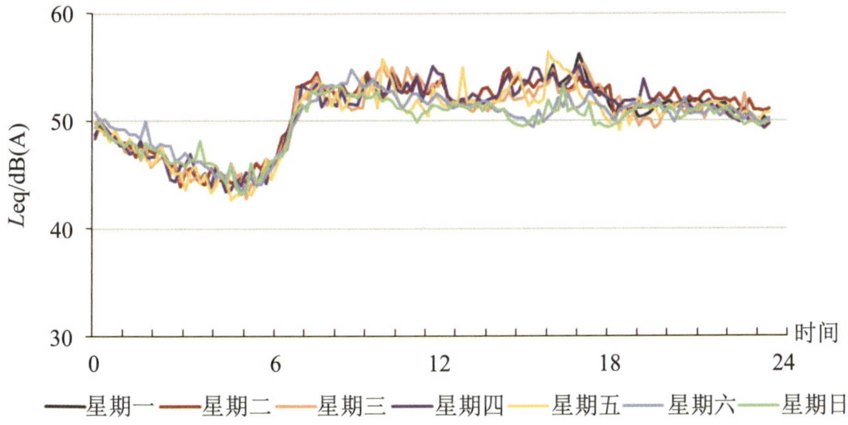

福田区莲花中学具有福田区生活之声的典型特征。从上图展示的莲花中学秋季某周的生活声级变化可以看出，白天声级高于夜间。随着夜晚降临，声级逐渐下降，并从清晨5时开始出现直线上升。总体而言，休息日白天声级略低于工作日，夜间声级微高于工作日。

福田区莲花中学四季生活声景声级变化趋势

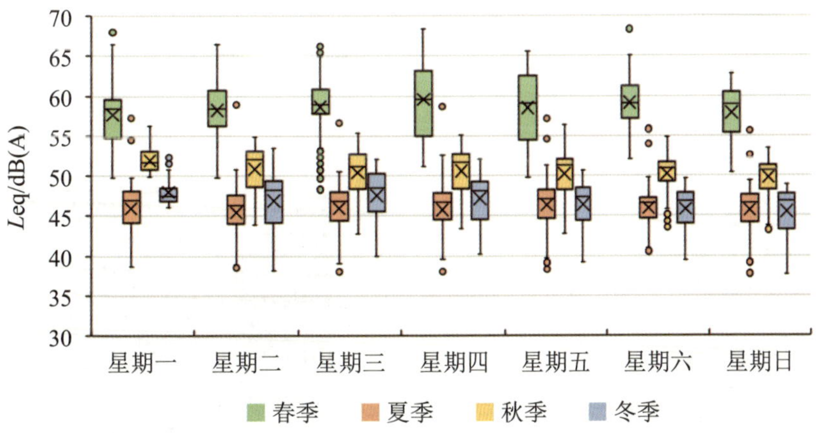

从福田区莲花中学四季生活声级变化可以看出，春季声级高于其他三个季节，秋季和冬季的声较低，秋季声级低于春季且高于秋冬季。

南　山

深圳南山地区在古时称为南头。先秦时期属于百越，秦汉时期属于南海郡管辖。明朝洪武年间，在此地修筑所城。南山区位于深圳城市的中偏西部，东接福田区，西连宝安区，北靠阳台山与宝安区、龙华区接壤，南部经蛇口港、大铲岛和内伶仃岛与香港元朗遥相呼应，西南隔珠江口与珠海、澳门相望。南山地处于北纬 22° 24′ ～ 22° 39′ 、东经 113° 47′ ～ 114° 01′ ，地势北高南低，区域内平地、台地、山丘相间，且由北向南逐级下降。南山区滨临南海，属亚热带海洋性季风气候，阳光充沛。南山行政辖区土地面积约为 188 平方千米，海岸线长 43.7 公里，是除深圳大鹏新区区外，具有最长海岸线的一个行政区。南山区下属 8 个行政街道，101 个行政社区。

1980 年深圳成立经济特区之时，南头区成为深圳市属六区之一。1990 年，经国务院批准，撤销南头区，组建南山区人民政府。南山区原住民少，外来人口增长迅速。截至 2018 年年末，南山区常住人口近 150 万。自深圳建立经济特区以来，南山区存在大量第二产业，以高科技和物流港口为发展重点；目前，产业转型迅速，第三产业占比越来越高，桃源街道形成了高等教育聚集地。区内生产型活动呈下降趋势，文体类活动日益增多。南山区生活之声篇共包括了 33 个声源片段，呈现出了一种丰富多元的现代化都市生活声景。

南海玫瑰园视景

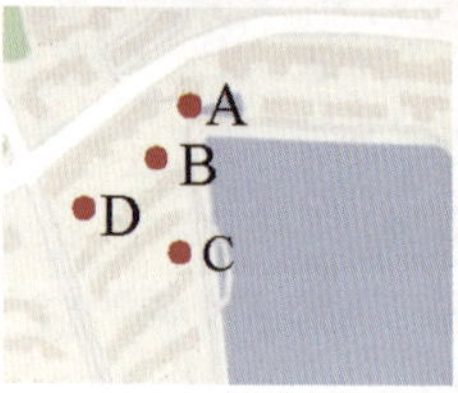

北纬 22° 29′
东经 113° 55′

此处植物类型

羊角藤

丁香

黄金叶

樱桃树

南海玫瑰园声景：南海玫瑰园位于南山区望海路；休息日上午以交通声为主，休息日下午则以人们的交谈声为主；休息日下午呈现出谈话声，时而掺杂着些许交通声的生活声景。

周边环境存在的动物有蝉等。

休息日声音的声学特征：环境声级为 60 dB(A) 左右，最高可达 70 dB(A)；中低频声音均较为明显，且声音抖动性较强，反映出城市生活声特有的声学特性，且左右耳听到的声音能量没有明显差别，声音方向性不明显。

休息日下午之声			
声音时长	5 min	FFT	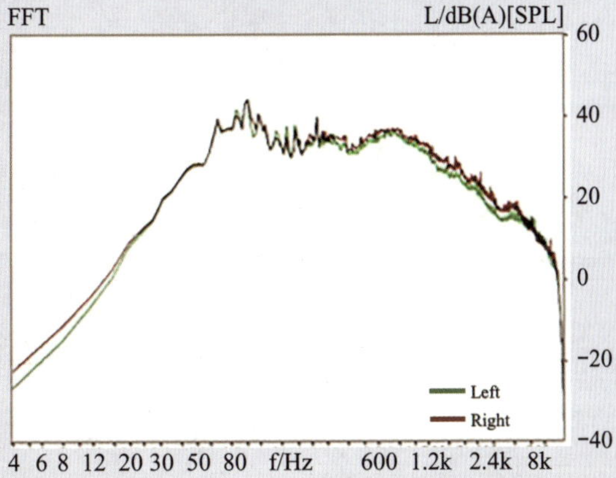
*L*eq	58.8 dB(A)		
可听见的声音： __________ __________ __________ __________ __________ __________			
		Level vs. Time	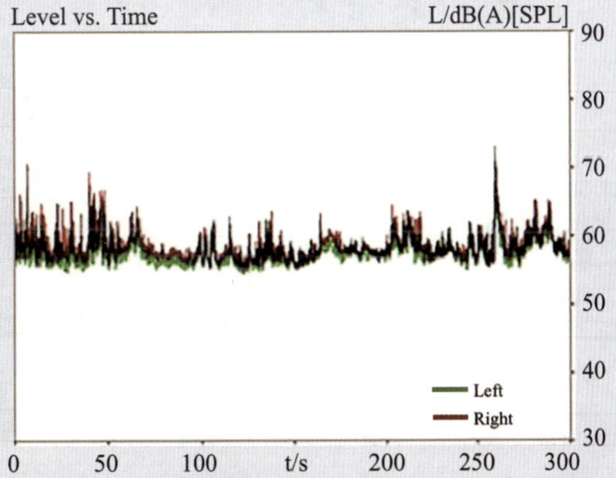

工作日上午之声　　工作日下午之声　　工作日傍晚之声

工作日夜间之声　　休息日傍晚之声

小南山公园观山道视景

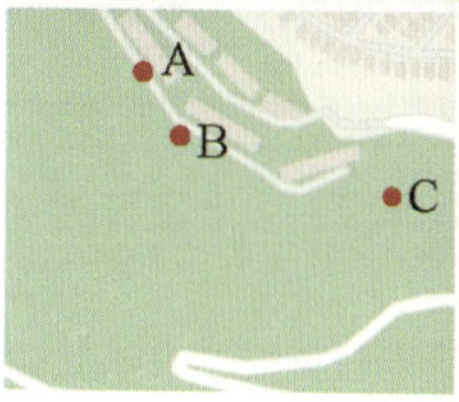

北纬 22° 29′
经 113° 52′

此处植物类型

紫薇树

车前草

棕榈

小南山公园观山道声景：观山道位于小南山公园内；大部分时段以人们的交谈声为主；该处呈现出周边树木茂密，游人谈笑风生，掺杂着些许鸟鸣蝉叫的生活声景。

周边环境存在的动物有鸟、蝉、蝶等。

休息日声音的声学特征：环境声级为 50 ～ 70 dB(A) 剧烈浮动，最高可达 80 dB(A)；中频声音均较为明显，且声音抖动性较强，反映出城市生活声特有的声学特性；声音的方向性不明显。

休息日上午之声

声音时长	5 min
*L*eq	62.7 dB(A)

可听见的声音：

______

______

______

______

______

______

FFT

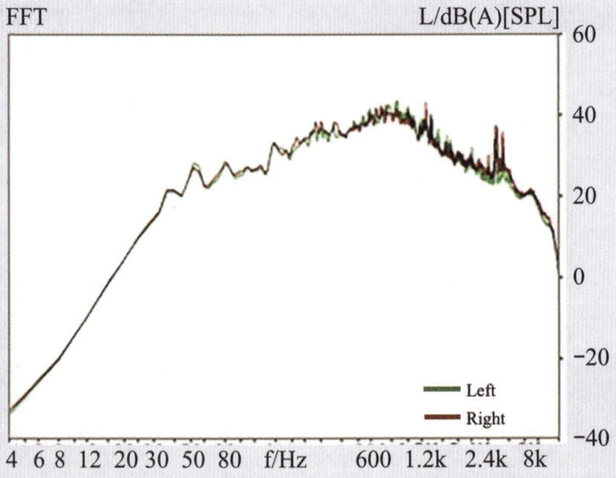

Level vs. Time

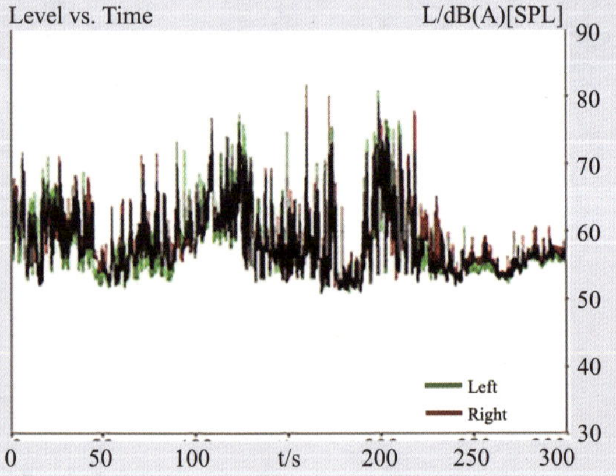

工作日下午之声　工作日夜间之声　休息日上午之声

休息日下午之声　休息日夜间之声 1　休息日夜间之声 2

四号甲板
Harry's

海上世界视景

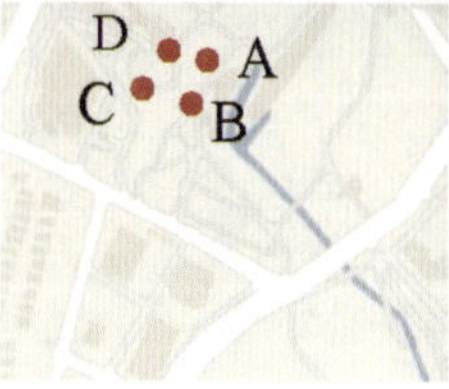

北纬 22° 29′
经 114° 54′

此处植物类型

棕榈

黄金叶

海上世界声景：海上世界位于南山区南面；大部分时段以人们的交谈声为主；该处呈现出一片商业广场，人来人往，谈话声不绝，夹杂着些许汽车声的生活声景。

周边环境存在的动物有蝉等。

工作日声音的声学特征：环境声级为 60 ～ 70 dB(A) 浮动，最高可达 80 dB(A)；中低频声音均较为明显，且左右耳听到的声音能量没有明显差别；低频声存在较强方向性，中高频声音方向性不明显。

工作日上午之声

声音时长	5 min
*L*eq	61.2 dB(A)

可听见的声音：

______

______

______

______

______

______

FFT

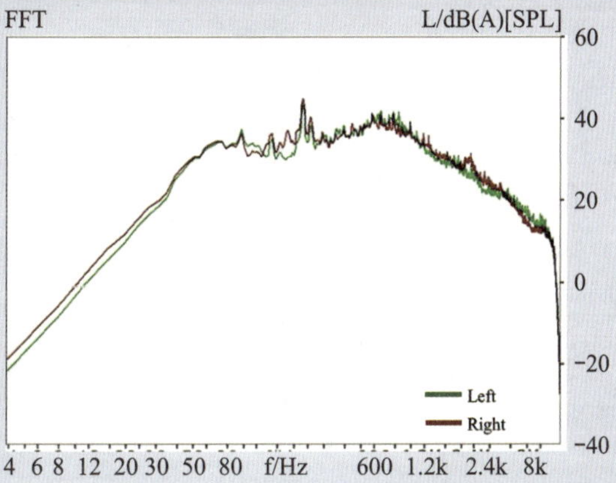

Level vs. Time

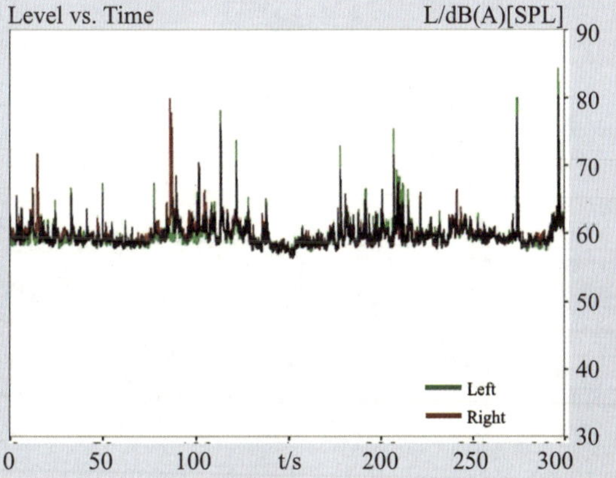

工作日上午之声　工作日午间之声　工作日下午之声 1

工作日下午之声 2　工作日傍晚之声 1　工作日傍晚之声 2

休息日下午之声　休息日傍晚之声

月亮湾公园青青世界视景

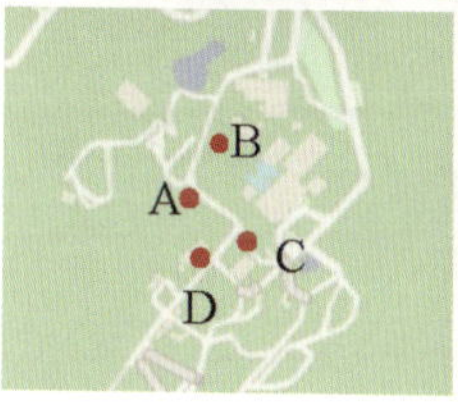

北纬 22° 30′
经 113° 53′

此处植物类型

马蹄莲

荔枝树

月亮湾公园青青世界声景：月亮湾公园青青世界位于南山公园西面；大部分时段以人们的交谈声为主；该处呈现出人们的交谈声，夹杂着微微鸟鸣蝉叫声的生活声景。

周边环境存在的动物有鸟、蝉、蟋蟀等。

工作日声音的声学特征：环境声级基本稳定在 45 ~ 65 dB(A)；声级随时间变化明显；以中、低频声音为主，且中、高频声音抖动较为剧烈，左右耳有听觉时差。

<table>
<tr><th colspan="4">工作日午间之声</th></tr>
<tr><td>声音时长</td><td>5 min</td><td rowspan="3">FFT</td><td rowspan="3">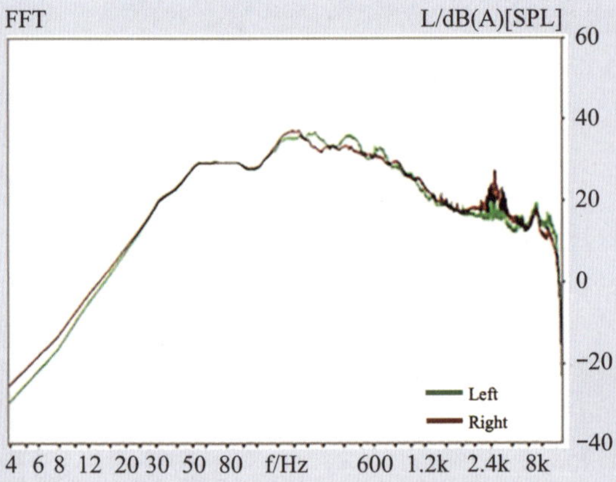
</td></tr>
<tr><td>Leq</td><td>55.2 dB(A)</td></tr>
<tr><td colspan="2">可听见的声音：
____
____
____
____
____
__________</td></tr>
<tr><td colspan="2"></td><td>Level vs. Time</td><td>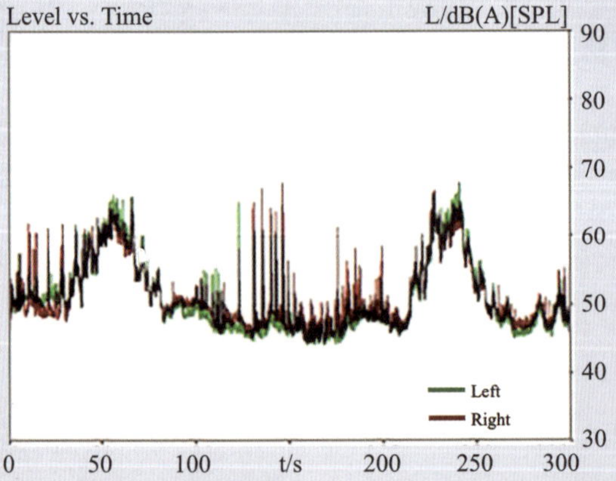
</td></tr>
</table>

工作日清晨之声　工作日上午之声　工作日夜间之声

南山区生活声景特征

随着城市发展建设，南山区内城市化逐渐变强，建设强度增大，相应的服务设施逐渐完善，南山区存在大量第二产业，以高科技和物流港口为发展重点。目前，产业转型迅速，第三产业占比越来越高，桃源街道形成了高等教育聚集地。区内生产型活动呈下降趋势，文体类活动日益增多，人们的活动也日渐丰富。生活声主要来自于住宅区、商业区以及公园。南山区的城市生态环境较好，公园众多，有南山公园、大沙河公园、人才公园、月亮湾公园等。南山区以市民日常活动叠合城市交通声为主要声景，期间夹杂着些许鸟鸣虫叫的自然声，特别在每年的 4 ～ 10 月。该区域的生活声源主要为人们娱乐活动的声音，以及不时出现的日常生活的喧闹声。动物状况主要以鸟、蝉为主。

南山区城市建设沿用了福田模式，但由于不同地理风貌带来的特殊环境，形成了南山不同的生活声景。南山主要生活声为人们日常工作生活所产生的声音、游玩嬉闹声、商业广播声以及人流穿梭带来的声音。从时间维度看，南山工作日由生活声构成的环境声级为 50 ～ 60 dB(A)，休息日声级为 60 ～ 80 dB(A)。休息日较工作日而言，人们活动更为频繁，声频谱抖动更剧烈，声级变化更明显；从四季来看，春夏季人们的活动比较频繁，尤其是在早晨和夜晚，生活声声级较高，且声音的方向性不明显，而秋冬季生活声声级就相对偏低，各频率声音的抖动性较弱。

从本章包括的 33 个南山地区生活声景音频特征看，南山生活声方向性较不明显，主要以社区的生活和公园的嬉闹、玩耍以及商业声为主，声音类别与罗湖、福田接近，但由于城市结构、社会阶层的不同，南山生活声景别具特色。它有较广的频率覆盖域，声音波动明显，左右耳有听觉时差，声音方向性不明显。此外，南山具有明显的飞机飞过声以及汽车行驶声，它们与绿树丛带来的鸟叫虫鸣声一起，时隐时现在生活声景中。

南山区南海玫瑰园典型生活声景的声学特征

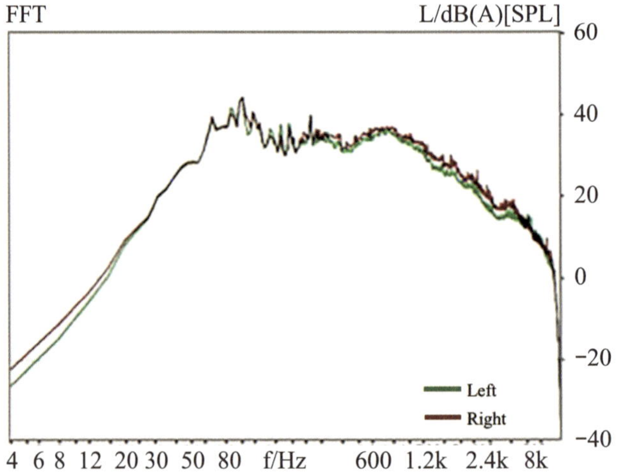

南山区海上世界典型生活声景的声学特征

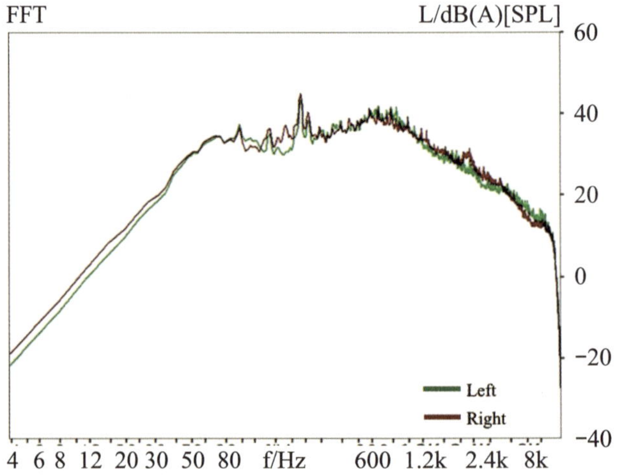

从以上图可以看出，中高频声音有较明显抖动性，呈现出自然声映衬下的社会生活景象。

南山区山水情小区秋季某周生活声景声级变化趋势

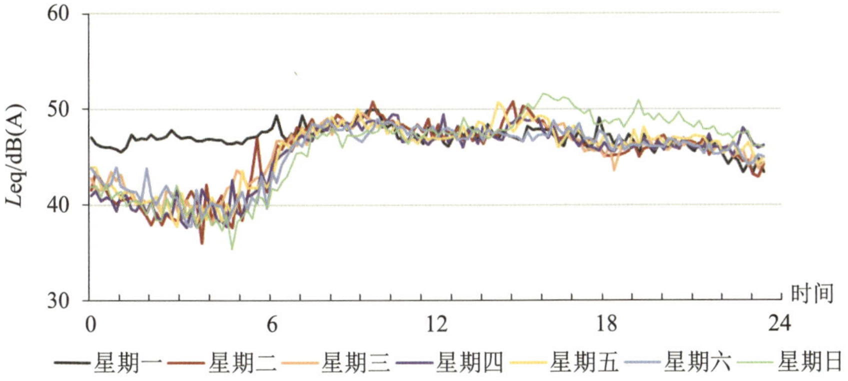

南山区山水情小区具有南山区生活之声的典型特征。从上图展示的山水情小区秋季某周生活声级变化可以看出，白天声级高于夜间，然而，周一夜间声级较高，与其他日期不同，可能出现了某一持续性声景事件。

南山区山水情小区四季生活声景声级变化趋势

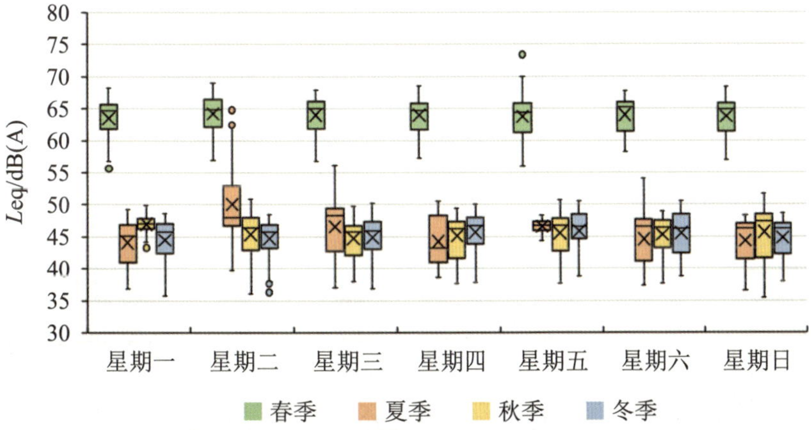

从南山区山水情小区四季生活声级变化可以看出，春季声级高于其他三个季节，为 60 ～ 65 dB(A)；其他三个季节声级较为接近，约为 40 ～ 50 dB(A)。

宝　安

宝安为深圳地区改革开放前的名称，称为宝安县，改革开放后撤县建区，为宝安区。宝安区地处深圳城市西部，以广府文化为主，区内名胜古迹较多、民族文化丰富。宝安区西临珠江口，东接龙华区与光明新区，南面与南山区相连，北部为东莞市。宝安区位于北纬 22° 30′ ～22° 52′ 、东经 113° 40′ ～113° 59′ 。区内地形较为复杂，主要地貌为低山、丘陵、台地和平原，属低山丘陵滨海地貌。宝安区背山面海，岗峦起伏，主要山脉属莲花山系，由阳台山、凤凰山等构成海岸屏障，最高海拔为阳台山山顶。宝安行政辖区面积为 397 平方千米，海岸线长 50 公里，海域面积 220 平方公里。宝安区下属 10 个行政街道，124 个行政社区。

2010 年随着深圳经济特区扩容，宝安区开启了城市化建设高潮。特别是随着前海自贸区建设发展，宝安区容、区貌变化显著，人口增长较快，虽然目前主要还是以非户籍人口为主，但随着港口建设的不断增加，现代服务业增长迅速，人口快速聚集，常驻人口日益增加，宝安区的市井生活也越来越多元、越来越丰富，形成了生产、生活声兼蓄并存的声音环境。宝安区生活之声篇共包括 18 个声源片段，呈现出了宝安多层次的都市生活气息。

阳台山公园视景

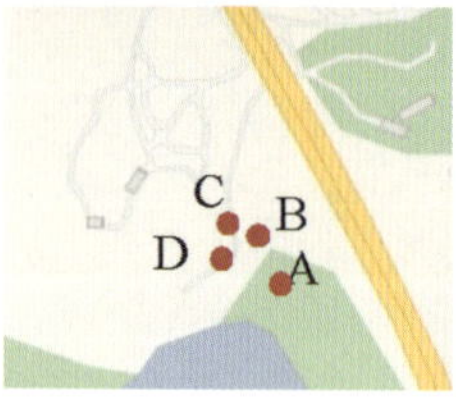

北纬 22° 40′
经 113° 58′

此处植物类型

车前草

大王椰子

软枝黄蝉

阳台山公园声景：阳台山公园位于深圳市西北部，宝安区、龙华区和南山区的交汇处；大部分时段以人们的交谈声为主；该处呈现出人来人往，谈话声，声声不绝，并夹杂着微微鸟鸣的生活声景。

周边环境存在的动物有鸟、蝉、蝶等。

休息日声音的声学特征：声级为 60 ～ 80 dB(A)；以中频声为主，声音抖动性较强，且左右耳听到的声音能量没有明显差别；整体而言，声音没有明确方向性。

<table>
<tr><th colspan="4">休息日下午之声</th></tr>
<tr><td>声音时长</td><td>5 min</td><td rowspan="3">FFT</td><td rowspan="3">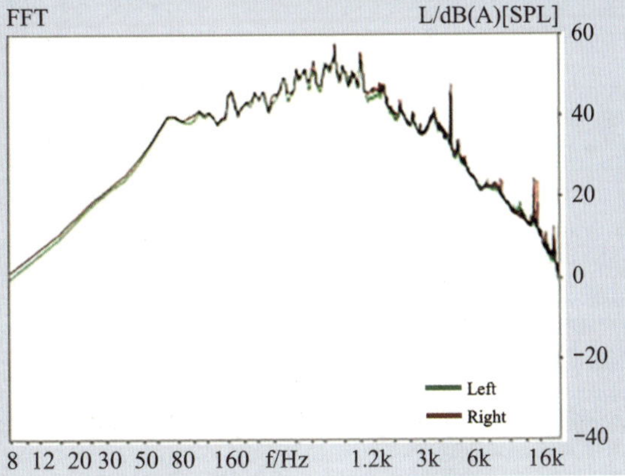
</td></tr>
<tr><td>Leq</td><td>70.3 dB(A)</td></tr>
<tr><td colspan="2">可听见的声音：
______
______
______
______
______
______</td></tr>
<tr><td colspan="2"></td><td>Level vs. Time</td><td>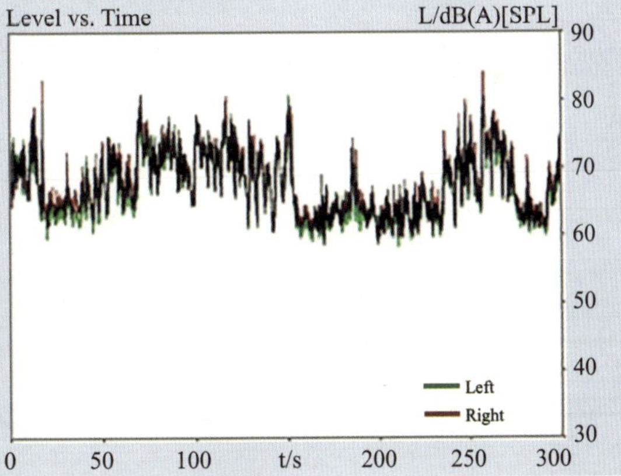
</td></tr>
</table>

工作日上午之声

工作日下午之声

工作日夜间之声 1

工作日夜间之声 2

休息日清晨之声

休息日上午之声

休息日下午之声 1

休息日下午之声 2

罗租上新村视景

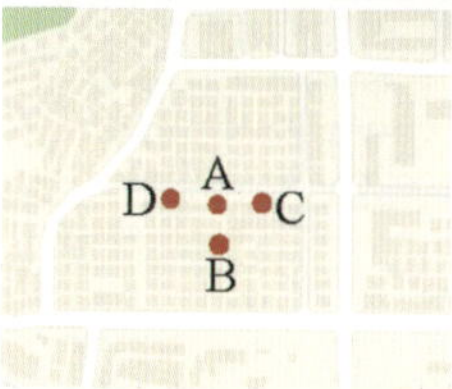

北纬 22° 40′
经 113° 56′

罗租上新村声景：罗租上新村位于宝安区石岩大道；大部分时段以人们的交谈声为主，夹杂着些许交通声；该处呈现出人来人往，吵吵嚷嚷的生活声景。

周边环境无存在的野生动物。

休息日声音的声学特征：声级为 55 ～ 70 dB(A)；以中频声为主，声音抖动性较强，且左右耳听到的声音能量没有明显差别；整体而言，声音没有明确方向性。

休息日上午之声			
声音时长	5 min	FFT	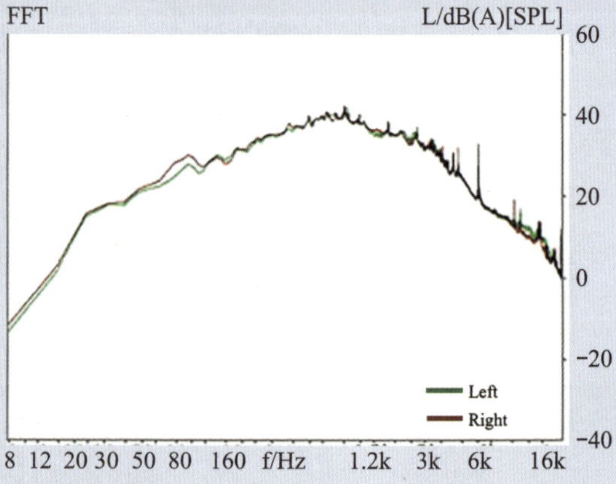
*L*eq	60.1 dB(A)		
可听见的声音： ______ ______ ______ ______ ______ ______		Level vs. Time	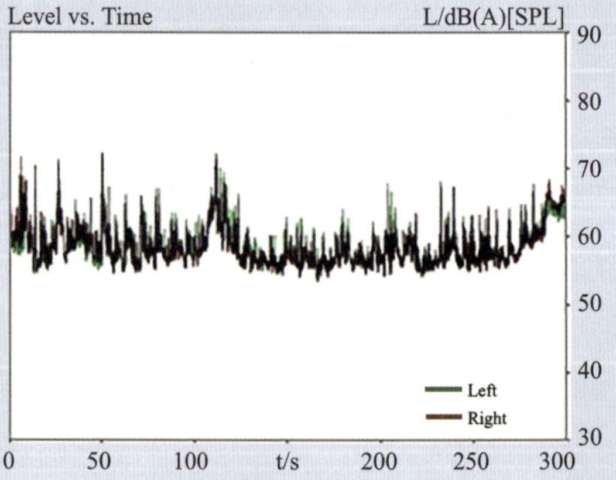

工作日上午之声 1　　工作日上午之声 2　　工作日下午之声

休息日上午之声　　休息日傍晚之声　　休息日夜间之声

宝安区生活声景特征

宝安区人口增长较快，周边服务设施建设也越来越好。随着前海自贸区建设发展，宝安区容、区貌变化显著，人口增长较快。虽然目前还是以非户籍人口为主，但随着港口建设的不断增加，现代服务业增长迅速，人口快速聚集，常驻人口日益增加，宝安的市井生活也越来越多元、越来越丰富，形成了生产、生活声兼蓄并存的声音环境。生活声景主要来自于游人在公园内的活动以及城中村内的生活喧嚣，该区域内的公园有：罗田森林公园、西乡公园、松岗公园、宝安公园、铁仔山公园等。每年的 4 ～ 10 月，该区域的生活声最为明显，主要为人们娱乐活动的声音，以及不时出现的日常生活的喧闹声。

宝安区与坪山区相似，均处于城市化发展阶段，主要生活声来自于旧有的居住区域，同时夹杂着建设发展产生的施工声。宝安区由生活声源构成的环境声级一般在 60 ～ 70 dB(A)，前海与欢乐港湾的市民活动区域人活动较多。该区域生活声主要为人们日常工作生活所产生的声音、孩童的嬉闹声、商铺宣传的广播声，以及虫鸣鸟叫声和行驶的汽车声。公园绿地周围生态环境良好，鸟鸣虫叫声的自然声较为明显，而城中村、居住小区周围则是以人类的活动声和来往车辆的交通声为主。从时间变化来看，工作日声级为 50 ～ 60 dB(A)，休息日声级为 70 ～ 80 dB(A)，休息日较工作日而言，人们活动更为频繁，声频谱抖动更剧烈，声级变化更明显；从四季来看，春夏季人们的活动比较频繁，尤其是在早晨和夜晚，生活声声级较高，且声音的方向性不明显，而秋冬季生活声声级就相对偏低，各频率声音的抖动性较弱。

从本章包括的 18 个宝安区生活声景音频特征来看，宝安社区生活声与其他区域相似，声音涵盖的频率范围广、波动性强、声音指向性不强，不同的是宝安存在较多的城中村，这些区域还没有完全城市化，生活声中夹杂着自然背景声，展现了一种城市郊区的生活景象。

宝安区阳台山公园典型生活声景的声学特征

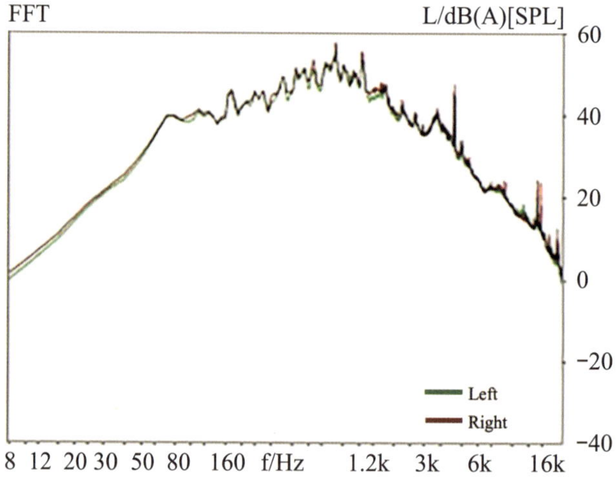

宝安区罗祖上新村典型生活声景的声学特征

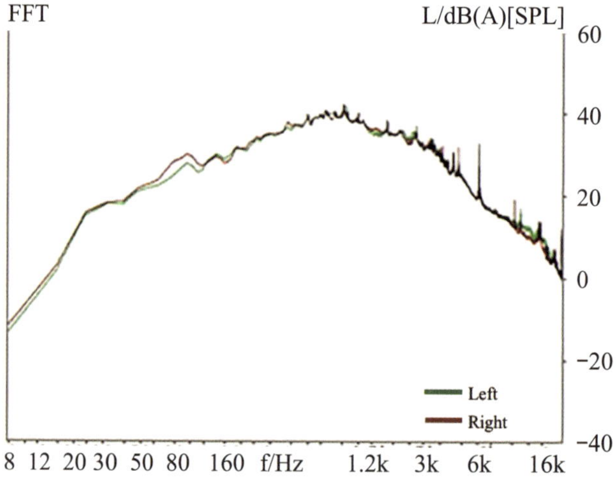

从上图可以看出，所有频率的声音均存在一定抖动性，体现了喧闹嘈杂的都市生活。

宝安区阳台山公园冬季某周生活声景声级变化趋势

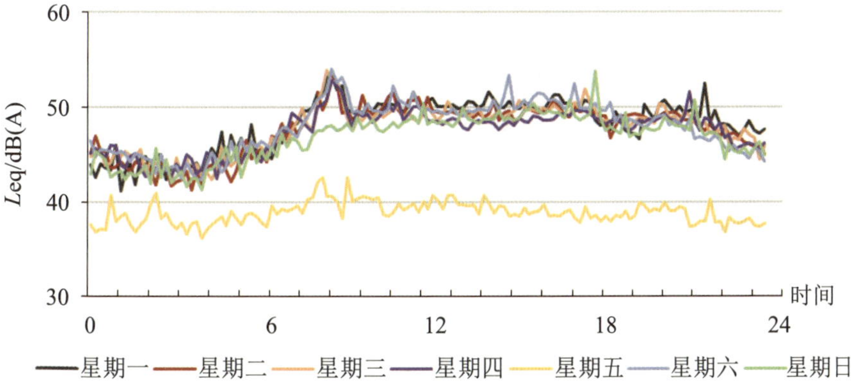

宝安区阳台山公园具有宝安区生活之声的典型特征。从上图展示的阳台山公园冬季某周生活声级变化可以看出，除周五外，其他日期声级较为接近，白天高于夜间。周五声级较低，约为 40 dB(A) 左右，且白天与夜间没有明显不同。

宝安区阳台山公园四季生活声景声级变化趋势

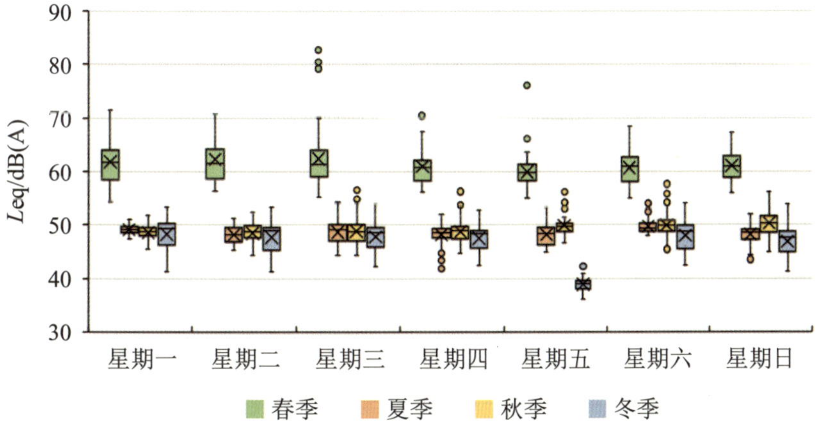

从宝安区阳台山公园四季生活声级变化可以看出，春季声级高于其他三个季节，约为 60 dB(A) 左右；其他三个季节声级较为接近，为 45 dB(A) 左右。

深圳市属于亚热带海洋性季风气候，四季温和，阳光充沛，城市中公园、绿地较多。生活声源主要有人们在公园中运动、嬉闹声，商业喧闹声，居住区的日常生活声、以及城中村中的吵闹声。生活声景中的环境声级一般约为 60 dB(A)，大鹏新区相对较低，其他地方比较一致，最高可达 80 dB(A)。大鹏新区具有其独特的生活声景，罗湖区、南山区、福田区较为接近，坪山区、宝安区两个区的生活声景相似。总体而言，生活声景为城市带来了活力，也带来了吵闹的负面影响。

大鹏位于深圳东南部，地貌以滨海低山、丘陵为主，三面临海、一面环山。是古代中国南部海防要塞，闻名遐迩的“大鹏新区所城”就在其内。作为深圳市生态旅游地，大鹏新区形成了以旅游为主的城市经济，有着渔村“农家乐”的生活场景。生活声景的环境声级一般约为 50 dB(A)，反映了渔村、小镇及旅游生活。坪山区位于深圳东北部。北靠惠州、东莞，隔海与香港新界相眺，是通往广东惠州、汕头以及福建等的必由之路。坪山区是客家人之乡，保留了大量独具特色的历史建筑及风俗习惯。深圳特区扩容使坪山区进入了一个飞速发展时期。区内人口扩张，原城市人口的外迁，导致坪山区生活声景日益丰富。商业及居民生活区的喧闹声成为主要生活声源，其环境声级为 60 ～ 70 dB(A)。罗湖区位于深圳中东部，与香港隔河相望，是改革开放的起点，也是最早的城市中心。罗湖工业企业较少，商业发达，主要为居民休闲以及大型商业活动。高密度都市生活声是主要生活声源。生活声景的环境声级一般在 50 dB(A) 以上，商业繁忙区可达 75 dB(A) 左右。福田区位于深圳中部，东接罗湖、西临南山，与香港隔河相望。地势北高南低，海岸线绵长。福田人口众多，是深圳行政办公、金融服务主要场所。区内绿地公园众多，休闲娱乐及文体活动频繁，形成了现代都市的生态生活声景。福田不同场所的生活声源大相径庭，环境声级一般为 60 ～ 70 dB(A)，最高可达 80 dB(A)。南山区位于深圳中西部，古时称为南头。南部与香港隔海相望，与珠海、澳门隔江相邻。地势北高南低，海岸线较长。高科技制造业与港口行业为区内主要产业。滨水背山地貌形成了大量城市休闲活动场所，生活声源主要来自城市的生产、生活以及娱乐性活动。其环境声级为 60 ～ 80 dB(A)，休息日一般比工作日高。宝安区位于深圳西部，西临珠江口，北接广东东莞，以广府文化为主，生活元素多样、丰富。随着深圳市扩容，宝安区也开启了现代城市化步伐，主要以港口行业和现代服务业为主。建设区生活声较少，建成区兼蓄并容了多种生活声源。生活声景主要出现在公园及住区中。环境声级一般为 60 ～ 70 dB(A)，最高可达 80 dB(A)。休息日声级一般较工作日高。

鼎沸的人声中夹杂着川流不息的交通声以及时而传来的虫鸣鸟叫声

混元之声

IV•Mixed Voice

肆

大　鹏

大鹏新区是深圳别称“鹏城”的由来，位于深圳城市东南部。大鹏新区三面临海、一面环山；东临大亚湾、西抱大鹏新区湾，东北面连接深圳盐田区、坪山新区，与香港新界隔海相望。其地理位置位于东经114°22′～114°36′、北纬22°26′～22°40′，区内山多平地少，地形较为复杂。其自然地貌以滨海低山、丘陵为主，山海之间零星分布着宽谷小平原。属亚热带海洋性季风气候，四季温和，阳光充足。大鹏新区行政辖区面积600平方千米，辖区内共有25个行政社区。大鹏新区陆域面积295平方千米，海域面积305平方千米，海岸线长295公里，约占深圳市总海岸线长的二分之一。该区域是深圳最早有古人类活动的地方之一。在明清时期，是中国南部重要的海防要塞，闻名遐迩的“大鹏新区所城”就在大鹏新区内。

由于植被覆盖率高，大鹏新区有野生植物1 656种，自然声景是该区域显著前景声。旅游业发展带来的交通声成为该区域主要机械声，也构成了区域背景噪声。区域内主要城市生活为休闲旅游及农渔业活动声，在中心城区间或存在工业生产声。当各种声音交织在一起不时，呈现出一种混沌的声景。大鹏新区混元之声篇共包括了80个混元声源片段。它们反映了自然声交织着汽车声、混合着休闲娱乐、渔村唱晚之声的大鹏新区滨海城郊声景。

大鹏新区杨梅坑入海口视景

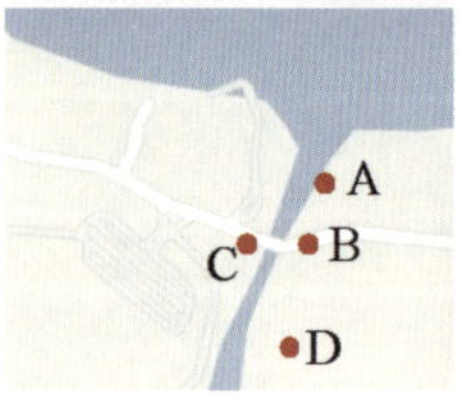

北纬 22° 32′
东经 114° 34′

此处植物类型

蟛蜞菊

首冠藤

假连翘

木麻黄

杨梅坑入海口 A 处声景：该处位于杨梅坑入海口的海岸边；大部分时段主要有游艇声、活动声、鸟鸣、虫叫等声音；喧闹的渔村里，呈现出生活声与鸟鸣虫叫交融成多元混合的声景。

周边环境存在的动物有鸟、蟋蟀等。

工作日声音的声学特征：此处环境声声级为 55 ～ 65 dB(A) 呈规律性变化，18s 出现最高 77 dB(A) 声级，声源开始片段声级较低，约为 50 dB(A)，声学特征表现出不同时间生活声与自然声叠合的特点；包括高、中、低频率声音，中频声音的抖动性明显；左右耳有较明显的听觉时差，反映出此处环境声存在一定方向性。

<table>
<tr><th colspan="4">工作日清晨之声</th></tr>
<tr><td>声音时长</td><td>1 min</td><td rowspan="3">FFT</td><td rowspan="3">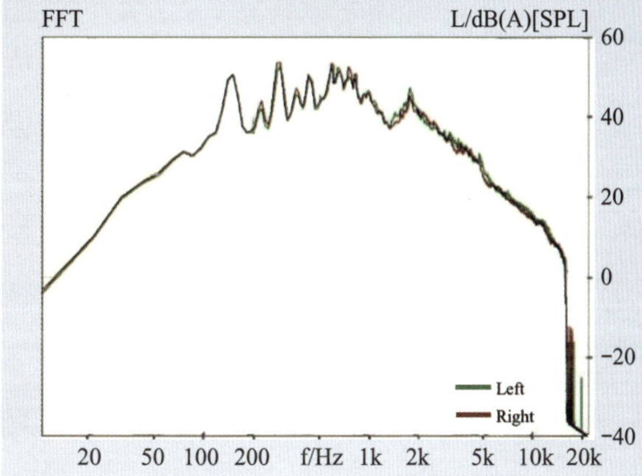
</td></tr>
<tr><td>Leq</td><td>66.9 dB(A)</td></tr>
<tr><td colspan="2">可听见的声音：
______
______
______
______
______
______</td></tr>
<tr><td colspan="2"></td><td>Level vs. Time</td><td>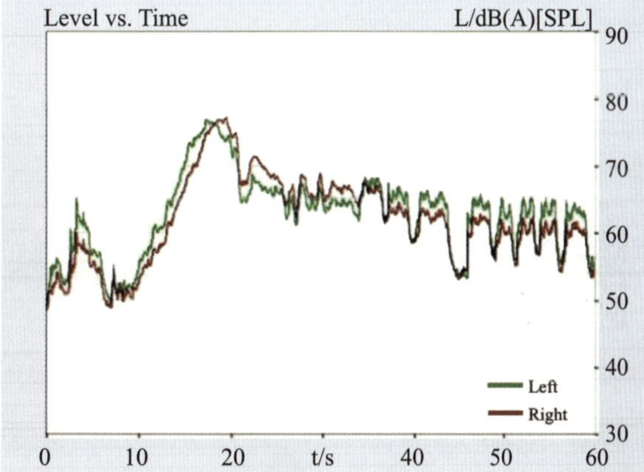
</td></tr>
</table>

工作日下午之声　工作日傍晚之声　工作日夜间之声

休息日上午之声　休息日下午之声　休息日夜间之声

杨梅坑入海口 B 处声景：该处位于杨梅坑入海口的小桥上；大部分时段主要有活动声、鸟鸣、虫叫等声音；临海民房处，呈现出鸟鸣虫叫交织着生活声的混元声景。

周边环境存在的动物有鸟、蟋蟀等。

工作日声音的声学特征：环境声级为 50 dB(A) 左右随时间呈起伏性变化，具有明显自然声特征；包括高、中、低频率声音，声音抖动性明显；左右耳对中、低频声音的听觉较为接近，对高频声的听觉差异较大，说明此处的生活声存在一定的方向性，但其他类别的声音方向性不明显。

<table>
<tr><th colspan="4">工作日清晨之声</th></tr>
<tr><td>声音时长</td><td>1 min</td><td rowspan="3">FFT</td><td rowspan="3">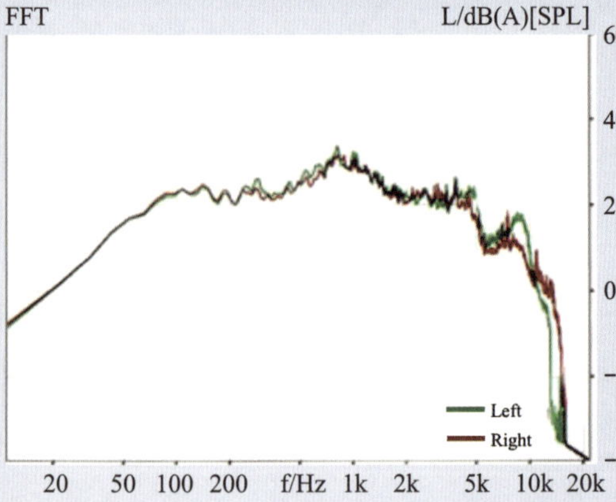
</td></tr>
<tr><td>Leq</td><td>49.6 dB(A)</td></tr>
<tr><td colspan="2">可听见的声音：
______
______
______
______
______
______</td></tr>
<tr><td colspan="2"></td><td>Level vs. Time</td><td>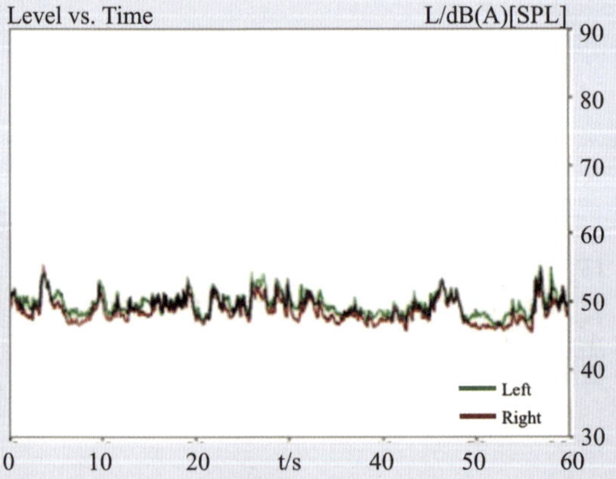
</td></tr>
</table>

工作日傍晚之声　工作日夜间之声 1　工作日夜间之声 2

休息日上午之声　休息日下午之声　休息日夜间之声

鹿嘴大道视景

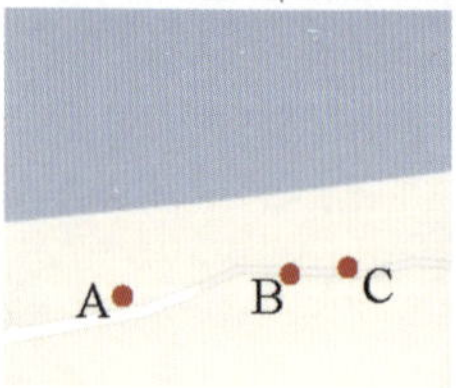

北纬 22° 32′
经 114° 34′

此处植物类型

白楸

首冠藤

血桐

鹿嘴大道声景：鹿嘴大道位于杨梅坑东侧；大部分时段主要有渔艇声、海浪声、鸟鸣、虫叫等声音；一侧靠山，一侧临海，呈现出虫鸣螽跃与海浪声、汽笛声交融混合的声景。

周边环境存在的动物有鸟、蟋蟀等。

工作日声音的声学特征：环境声级为 50 ～ 60 dB(A)，最高达 70 dB(A)。声音随时间有两个明显凸起，抖动性不强；包括高、中、低频率声音，声音频域存在一定波动，体现自然声与生活声混合的声学特征；左右耳存在明显听觉时差，中、高频域环境声方向性明显。

工作日清晨之声			
声音时长	1 min	FFT	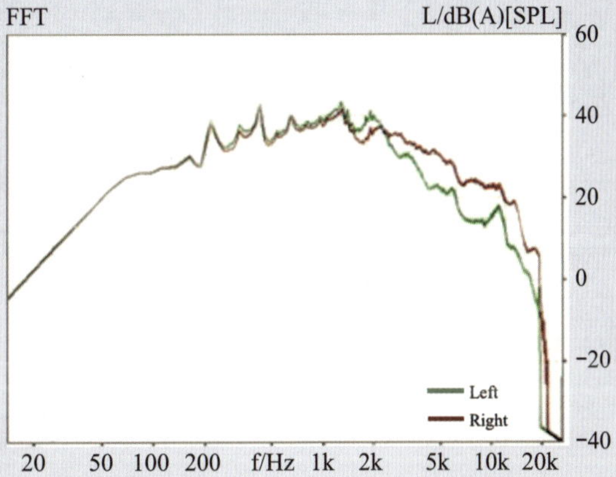
*L*eq	70.8 dB(A)		
可听见的声音： ________ ________ ________ ________ ________ ________			
		Level vs. Time	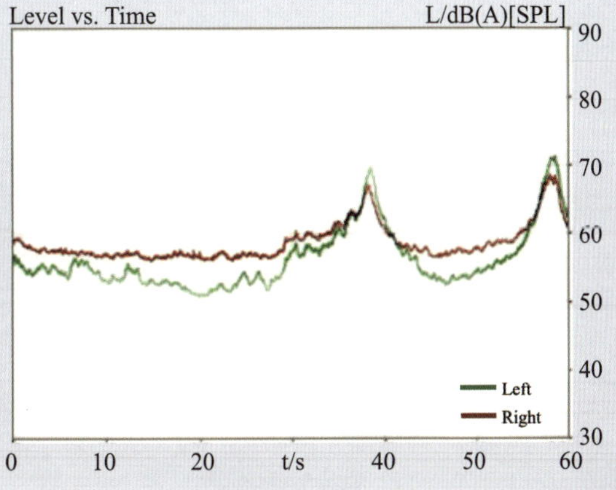

工作日下午之声 1　　工作日下午之声 2　　工作日下午之声 3

休息日上午之声　　休息日下午之声　　休息日夜间之声

鹿咀山庄视景

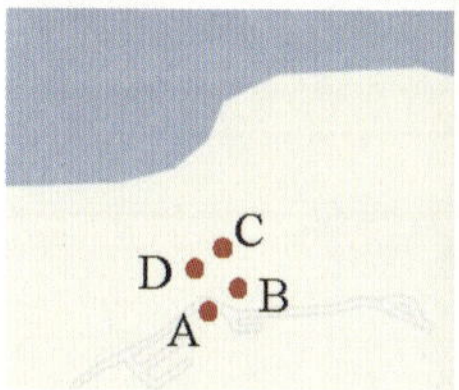

北纬 22° 32′
东经 114° 36′

此处植物类型

龙船花

首冠藤

假连翘

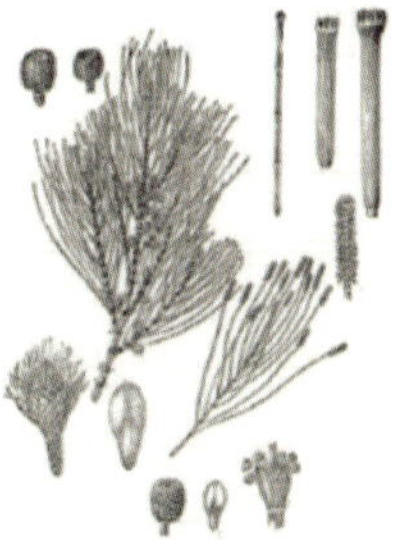

木麻黄

鹿咀山庄声景：鹿咀山庄位于大鹏新区高山角；大部分时段主要有谈话声、鸟鸣虫叫等声音；优美的山庄里，呈现出虫鸣鸟叫与喧闹的活动声交融混合的声景。

周边环境存在的动物有鸟、蟋蟀、鱼、蝴蝶等。

工作日声音的声学特征：环境声级为 40 ～ 60 dB(A) 随时间上下波动，最高达 65 dB(A)；包括高、中、低频率声音，中、高声音的频域波动剧烈，体现出自然声与生活声混合的声学特征；左右耳听觉差异较小，环境声的方向性不明显。

工作日下午之声

声音时长	1 min	FFT	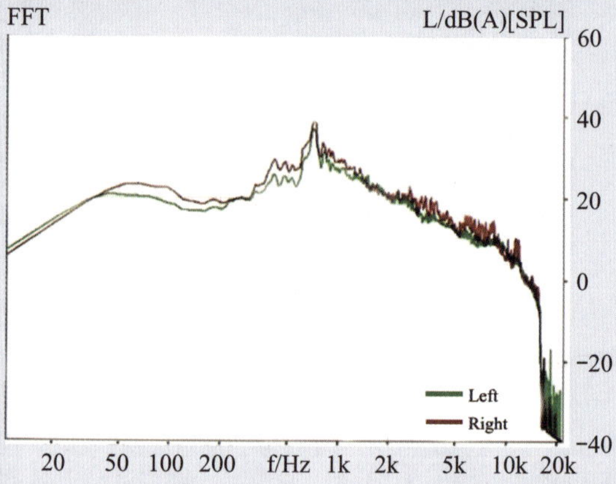
*L*eq	49.6 dB(A)		
可听见的声音： ______ ______ ______ ______ ______ ______			
		Level vs. Time	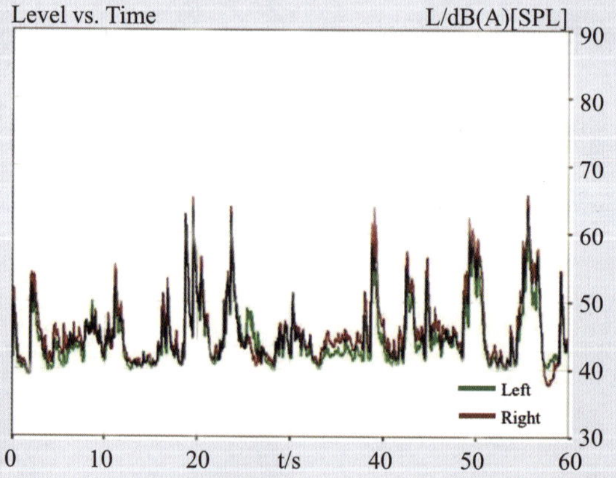

工作日上午之声 1　　工作日上午之声 2　　工作日夜间之声

休息日午间之声　　休息日夜间之声

交通繁忙路段

南澳新东路二视景

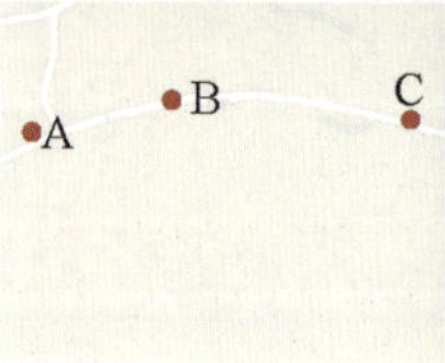

北纬 22° 32′
经 114° 31′

此处植物类型

蟛蜞菊

首冠藤

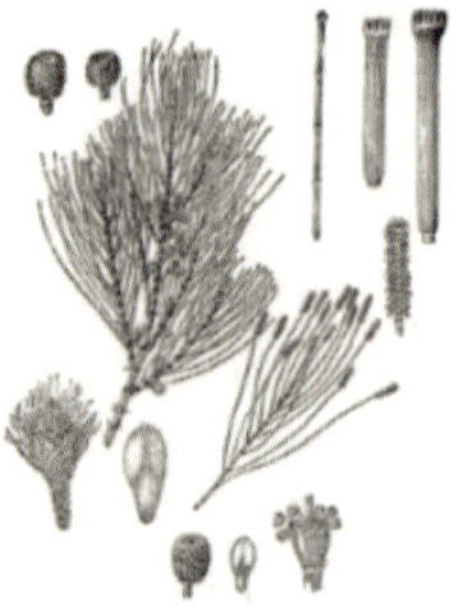

木麻黄

南澳新东路 A 处混元声景：该处位于东渔村东侧道路交叉口；休息日夜间时段主要有蝉鸣蛙叫、汽车声等声音，休息日清晨时段主要有蝉鸣蛙叫、汽车声等声音；绿树成荫道路处，休息日清晨呈现出虫鸣蛙叫与交通声此起彼伏的混元声景。

周边环境存在的动物有蝉、鸟、蛙等。

休息日声音的声学特征：右耳环境声级为 70 dB(A)，左耳在 77 dB(A)，在 35 s 处右耳测环境声级有一个凸起；包括高、中、低频率声音，高、中频声音呈起伏性波动；左右耳存在明显听觉差异，反映出环境声具有较强的方向性。

休息日清晨之声			
声音时长	1 min	FFT	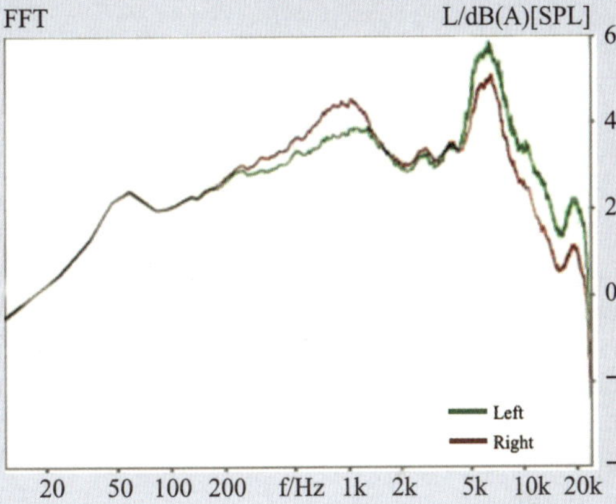
Leq	74.4 dB(A)		
可听见的声音： ________ ________ ________ ________ ________ ________			
		Level vs. Time	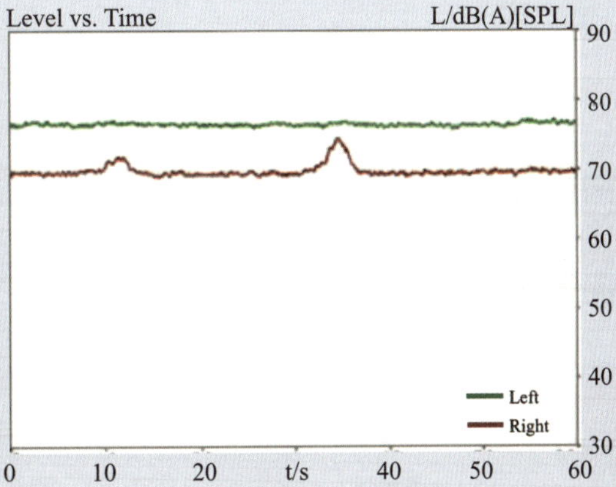

工作日上午之声　工作日下午之声 1　工作日下午之声 2

休息日上午之声　休息日午间之声

南澳新东路 C 处声景：该处位于新东路旁的人行小道内；大部分时段主要有蝉鸣蛙叫、汽车声等声音；林间小路，呈现出虫鸣蛙叫与汽车声你追我赶、交融混合的声景。

周边环境存在的动物有蝉、鸟、蛙、蝶等。

休息日声音的声学特征：环境声级为 52 ～ 75 dB(A) 呈波动性变化；包括高、中、低频率声音。声音的频域波动特征也较明显；左右耳的听觉差异显著，说明此处环境声的方向性明显。

休息日上午之声			
声音时长	1 min	FFT	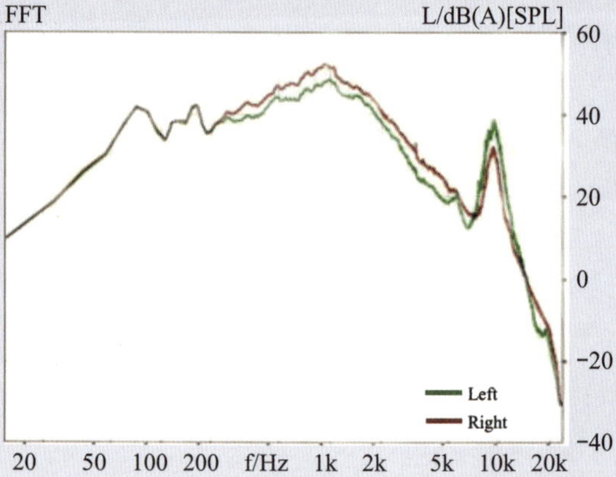
Leq	67.6 dB(A)		
可听见的声音： ______ ______ ______ ______ ______ ______			
		Level vs. Time	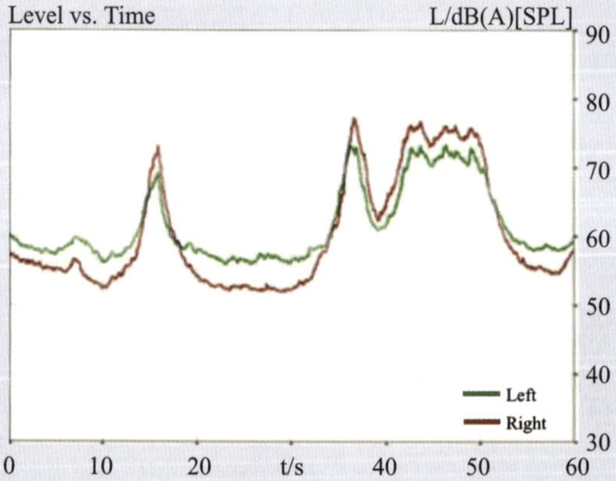

工作日清晨之声　　工作日上午之声　　工作日午间之声

休息日下午之声　　休息日夜间之声 1　　休息日夜间之声 2

东大路视景

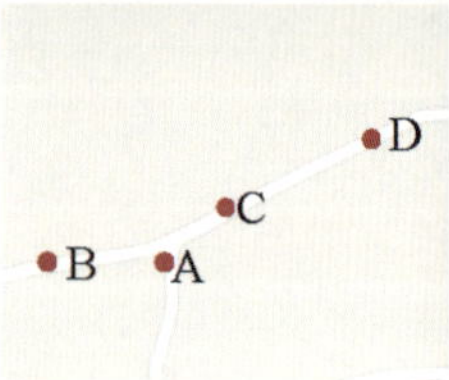

北纬 22° 33′
东经 114° 31′

此处植物类型

蟛蜞菊

木麻黄

东大路 B 处声景：该处位于东渔村东侧东大路交叉口；大部分时段主要有鸟鸣蝉叫、汽车声等声音；绿树成荫的道路，呈现出鸟鸣虫叫与交通声此起彼伏的声景。

周边环境存在的动物有蝉、鸟等。

休息日声音的声学特征：环境声级为 73 dB(A) 左右，随时间变化较小；包括高、中、低频率的声音，声音的频域波动特征明显；左右耳听觉存在一定差异，说明此处环境声存在一定方向性。

休息日清晨之声			
声音时长	1 min	FFT	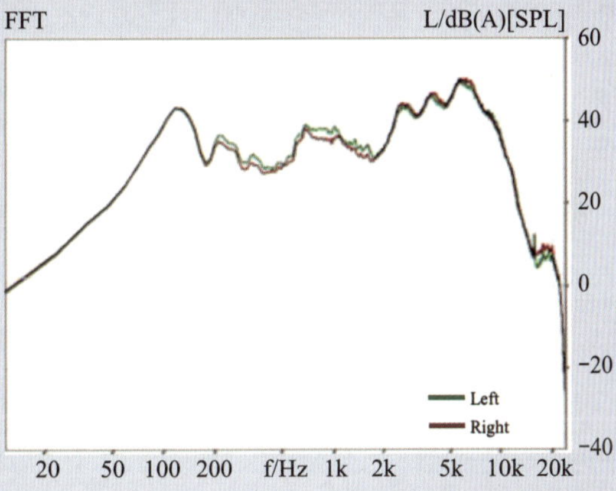
*L*eq	72.0 dB(A)		
可听见的声音： ________ ________ ________ ________ ________ ________			
		Level vs. Time	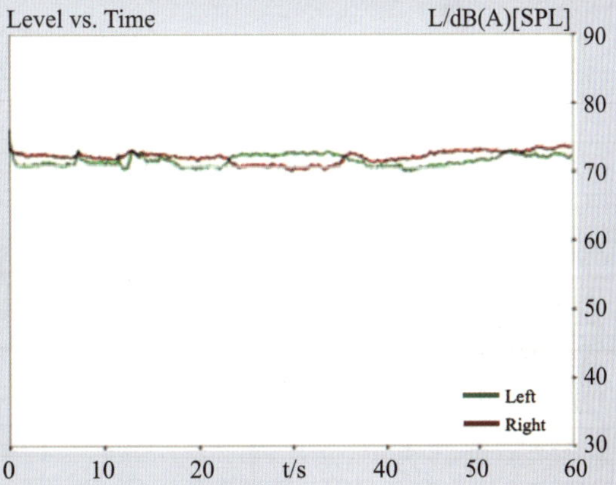

工作日上午之声　　工作日下午之声　　休息日清晨之声

休息日上午之声　　休息日夜间之声

东大路 D 处声景：该处位于东渔村东侧星空酒店前；大部分时段主要有活动声、鸟鸣、虫叫、汽车声等声音；草木苍翠的街道处，呈现出活动声、虫鸣声与交通声杂糅混合的声景。

周边环境存在的动物有鸟、虫等。

工作日声音的声学特征：环境声级为 60 dB(A) 上下随时间呈明显波动，最高可达 80 dB(A)；包括高、中、低频率声音，声音的频域波动特征明显；中、高频声音的左右耳听觉有时差，说明此处环境声的中、高频部分声音存在一定方向性。

工作日清晨之声

声音时长	1 min
Leq	63.6 dB(A)

可听见的声音：

______
______
______
______
______
______

FFT

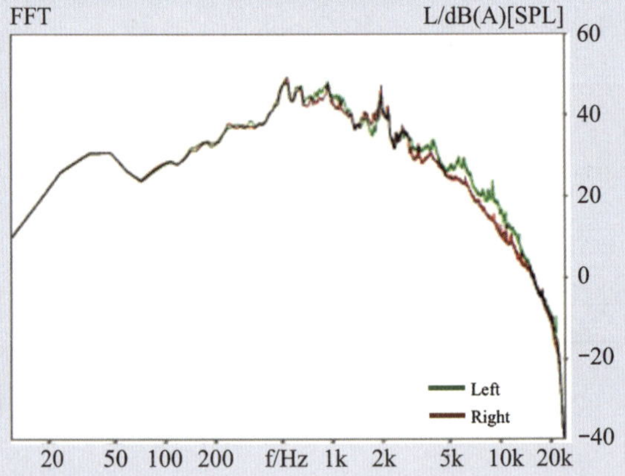

Level vs. Time

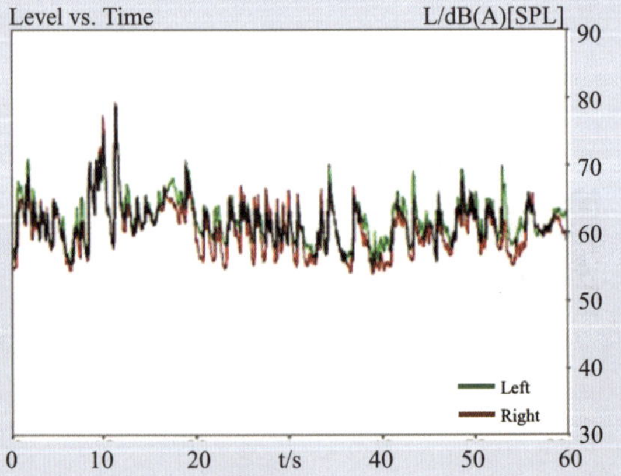

工作日上午之声　　工作日午间之声　　休息日上午之声

休息日下午之声　　休息日夜间之声 1　　休息日夜间之声 2

通告

海碓路视景

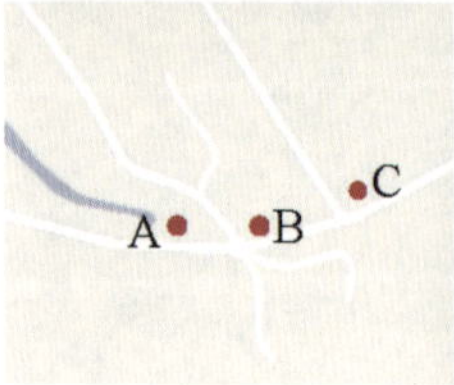

北纬 22° 33′
经 114° 32′

此处植物类型

蟛蜞菊

首冠藤

木麻黄

海碓路声景：海碓路位于桔钓沙度假酒店西侧；大部分时段主要有汽车声、鸟鸣、虫叫等声音；草木繁茂的街道旁，呈现出鸟鸣虫叫与交通声交融混合的声景。

周边环境存在的动物有鸟、蛙、虫等。

工作日声音的声学特征：环境声级为 63 ～ 80 dB(A) 呈一定的规律性波动，呈现出自然与交通声融合的声学特征；包括高、中、低频率声音，声音的频域波动性明显；左右耳听觉时差较为明显，说明此处环境声存在一定的方向性。

工作日清晨之声

声音时长	1 min
*L*eq	62.1 dB(A)

可听见的声音：

______

______

______

______

______

______

FFT

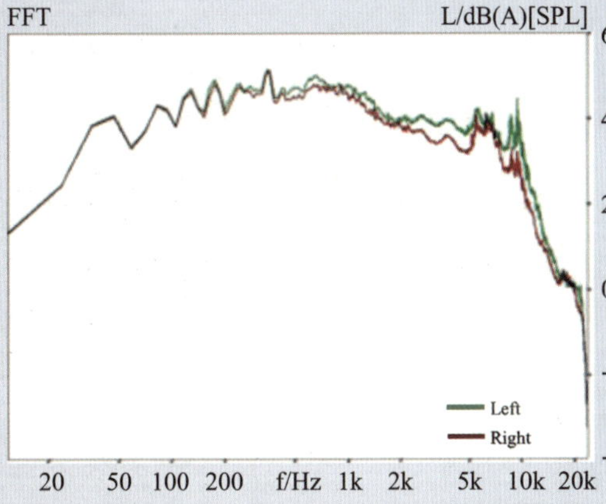

Level vs. Time

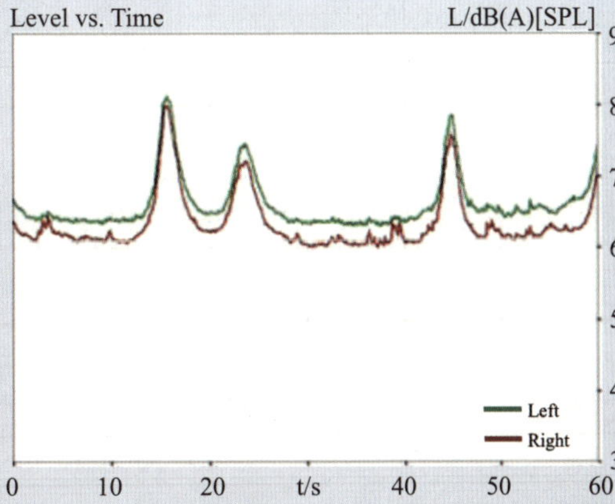

工作日上午之声

工作日下午之声

工作日夜间之声

休息日上午之声

休息日夜间之声

育海洋运动中心
OCEAN SPORTS CENTER

新体育海洋运动中心视景

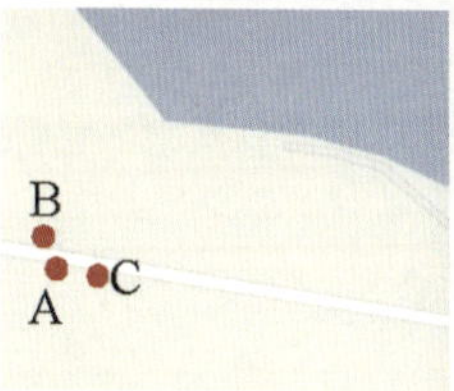

北纬 22° 33′
经 114° 33′

此处植物类型

蟛蜞菊

首冠藤

木麻黄

新体育海洋运动中心声景：新体育海洋运动中心位于南澳新东路；大部分时段主要有鸟鸣、蝉叫、汽车声等声音；绿树成荫的道路，呈现出鸟鸣蝉叫与汽车声相互交融的声景。

周边环境存在的动物有蝉、蝶、鸟等。

工作日声音的声学特征：环境声级为 62 ～ 80 dB(A) 呈明显起伏变化，最高达到 82 dB(A)；包括高、中、低频声音，中、高频声音的频域波动也较为明显；左右耳存在听觉差异，此处混合声景存在一定方向性。

<table>
<tr><th colspan="4">工作日上午之声</th></tr>
<tr><td>声音时长</td><td>1 min</td><td rowspan="3">FFT</td><td rowspan="3">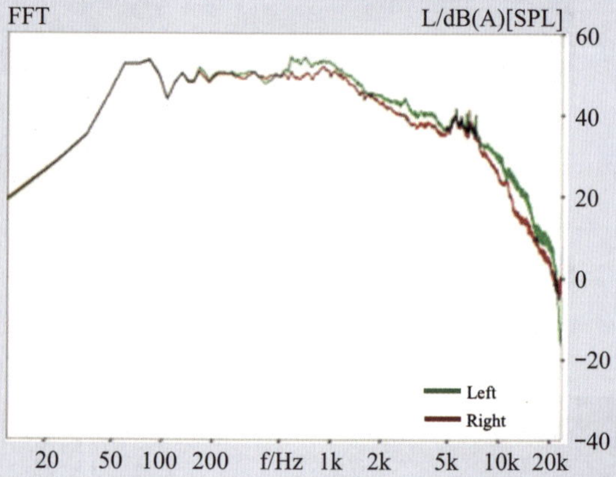
</td></tr>
<tr><td>Leq</td><td>71.2 dB(A)</td></tr>
<tr><td colspan="2">可听见的声音：
______
______
______
______
______
______</td></tr>
<tr><td colspan="2"></td><td>Level vs. Time</td><td>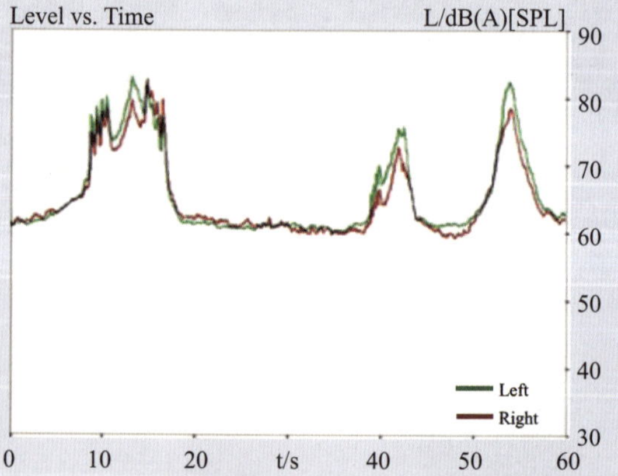
</td></tr>
</table>

工作日清晨之声　　工作日上午之声　　工作日夜间之声

休息日午间之声　　休息日夜间之声

新东路视景

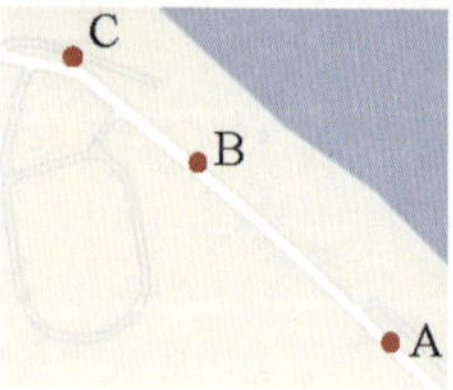

北纬 22° 33′
经 114° 33′

此处植物类型

蟛蜞菊

木麻黄

新东路 A 处声景：该处位于大鹏新区游艇会周边；大部分时段主要有鸟鸣、虫叫、汽车声等声音；一侧靠山，一侧临海，呈现出鸟鸣虫叫与汽车声杂糅混合的声景。

周边环境存在的动物有蝉、蝶、鸟等。

工作日声音的声学特征：环境声级为 50 dB(A) 左右随时间呈节律性变化，最高声级达到 75 dB(A)，呈现出生活声与婉转鸟叫共鸣的声学特征；环境声以中、低频声音为主，高、中频声音的频域存在一定波动；左右耳存在听觉时差，反映出此处声音存在一定方向性。

工作日上午之声			
声音时长	1 min	FFT	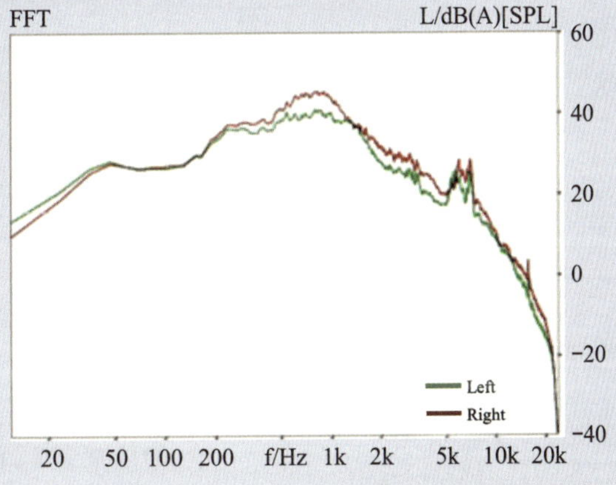
*L*eq	65.0 dB(A)		
可听见的声音： __________ __________ __________ __________ __________ __________			
		Level vs. Time	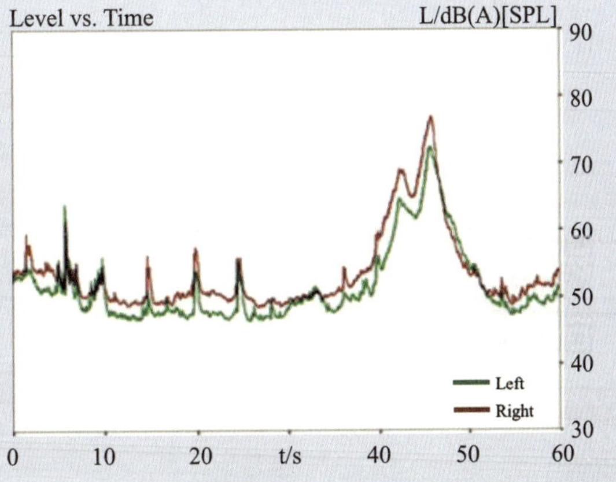

工作日上午之声　　工作日下午之声 1　　工作日下午之声 2

工作日夜间之声　　休息日下午之声

新东路 C 处声景：该处位于大鹏新区游艇会周边；大部分时段主要有鸟鸣、虫叫、活动声、汽车声等声音；树木繁茂的街道旁，呈现出鸟鸣虫叫、活动声与汽车声杂糅混合的声景。

周边环境存在的动物有蝉、蝶、鸟、蛙等。

工作日声音的声学特征：环境声级为 55 ～ 90 dB(A) 呈现较大幅度波动；包括高、中、低频率声音，声音的频域波动性也较为明显；对中、高频率的声音，左右耳存在听觉时差，说明此处混元声景中的自然声与生活声的方向性明显。

<table>
<tr><th colspan="4">工作日上午之声</th></tr>
<tr><td>声音时长</td><td>1 min</td><td rowspan="3">FFT</td><td rowspan="3">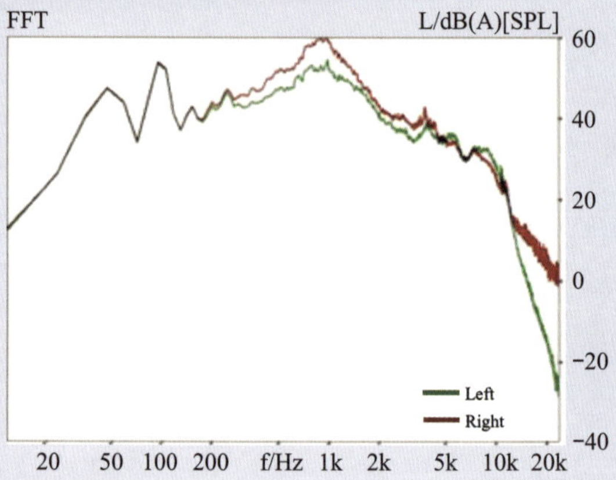
</td></tr>
<tr><td>Leq</td><td>65.0 dB(A)</td></tr>
<tr><td colspan="2">可听见的声音：
____
____
____
____
____
______________</td></tr>
<tr><td colspan="2"></td><td>Level vs. Time</td><td>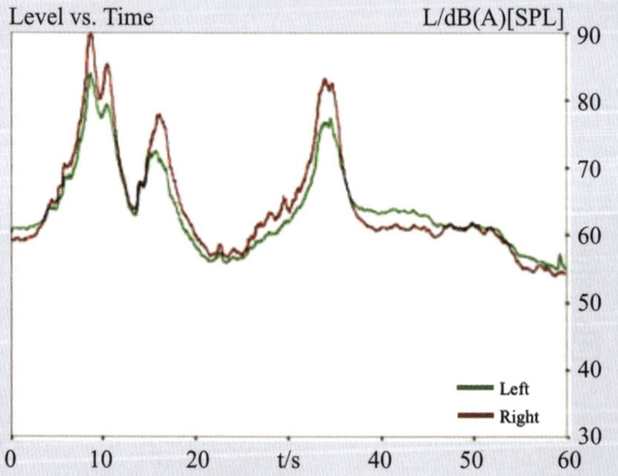
</td></tr>
</table>

工作日清晨之声　　工作日下午之声　　工作日夜间之声

休息日上午之声　　休息日午间之声　　休息日下午之声

大鹏新区混元声景特征

大鹏新区是深圳市民休闲度假的主要场所。区内山峦叠嶂、海水连天。从本章收集的大鹏新区自然声片段可以感受到该区域一片欣欣向荣的自然生机景象。大鹏新区植物种类丰富，以木麻黄为多；野生动物以鸟、蝉、蛙为多。

在以自然声为主要背景声的大鹏，散落在其山海之间的渔村和乡镇中，呈现出了一种渔家唱晚、浪花翻涌的听觉景象。这些由自然声源、生活声源以及少量的机械声源构成的声景可称为混元声景，其环境中包含的声音较为多元。

总体而言，大鹏混元声景体现了人与自然融为一体的社会生活景象，其环境声级一般在 50 dB(A) 以上，最高可达 80 dB(A)。由于以自然声源和生活声源为主，环境声级随时间呈显著的波动。虽然大鹏新区的自然声音无处不在，但在村落、城镇、旅游景点等人员活动较为密集的区域，夹杂着较多的人声、活动声等生活类声音。从声音的时域特征来看，休息日声级与工作日差别不大。大鹏混元声景与自然声景在声级特征上有较不同。从混元声景来看，其声级特征随季节的变化性不大。其中，仅中高频域声音的声级随季节不同有一些变化。从一定程度上反映了人们的活动以及鸟类等自然界生物活动随季节变化而变化的特点。

从本章包括的 80 个大鹏地区混元声景音频特征来看，既有沿海村落、小镇的生活声，又有海水、山林产生的自然声，更和旋着公路上往来行驶的汽车声。这类环境声的方向性明显，体现出海边城镇独有的声景感受。人们在大鹏新区的活动主要临海，因此，海浪声与嬉闹的人声以及渔家生活之声组成了大鹏新区混元声景特色。较远公路上穿行的车流声为这样的声景平添了一抹与其他区域不同的音之色彩。

大鹏新区杨梅坑入海口典型混元声景的声学特征

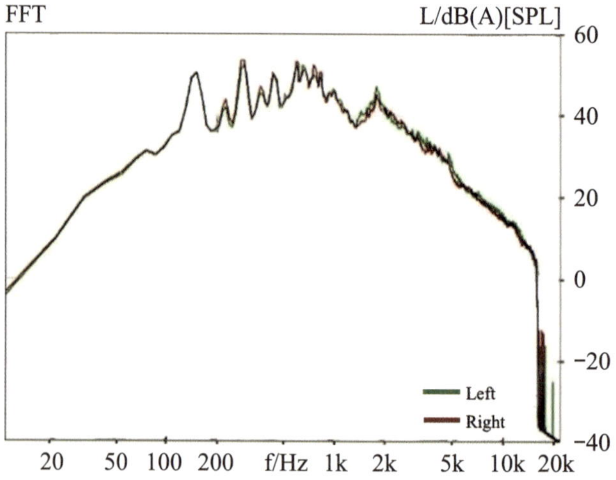

大鹏新区新东路典型混元声景的声学特征

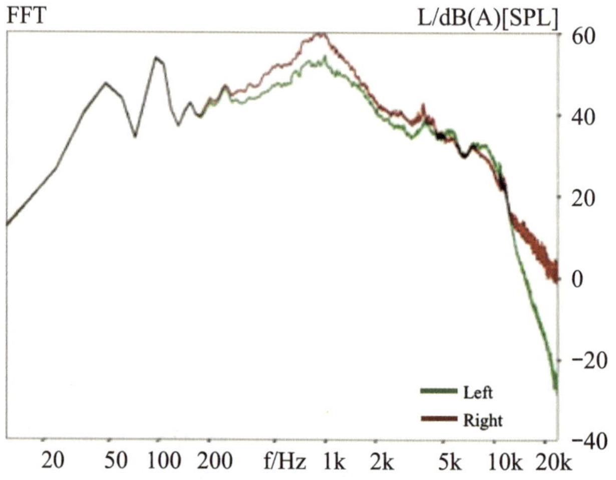

从以上分析图可以看出，中高频声音抖动明显，且中频声能量较大。

大鹏新区杨梅坑夏季某周混元声景声级变化趋势

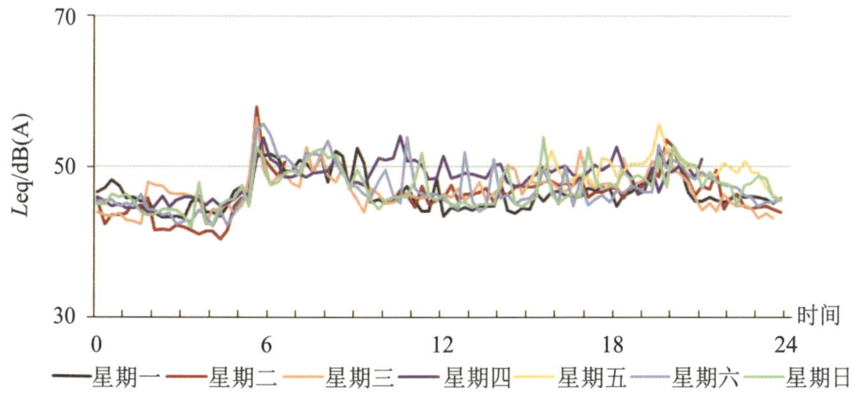

大鹏新区杨梅坑具有大鹏新区混元之声的典型特征。从上图展示的杨梅坑夏季某周混元声级变化可以看出，每日之间声音声级不存在明显不同，白天到夜间 0 点均较高，在 50 dB(A) 左右。凌晨至清晨时间段声级略低，在 45 dB(A) 左右。

大鹏新区杨梅坑四季混元声景声级变化趋势

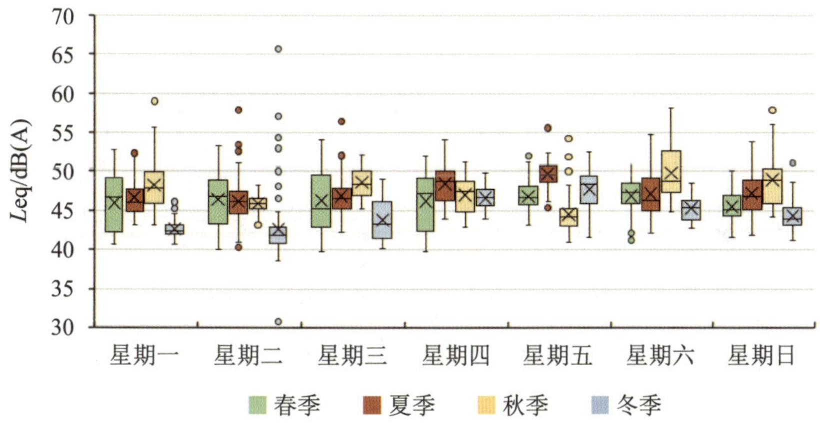

从杨梅坑四季混元声级的变化可以看出，冬季略低于其他季节，声级主要在 45 ～ 50 dB(A)。

坪　山

深圳坪山区位于城市的东北部。北靠广东惠州市、东莞市，东临大亚湾与惠州市相望，西接深圳龙华区、南连深圳罗湖区与盐田区，隔大鹏新区湾与香港新界相眺。是深圳通往广东惠州、汕头以及福建等地的必由之路。坪山区位于北纬 22° 35′ ～ 22° 49′ 、东经 114° 03′ ～ 114° 22′ ，地形呈东北高、西南低之势，属低山丘陵滨海地形。坪山区具有亚热带海洋性季风气候，气候宜人、四季温和、阳光充沛，年平均气温在 22.3 摄氏度，相对湿度为 80%，年平均降雨量为 1 933 毫米。坪山行政辖区面积 388 平方千米，约占深圳城市总面积的 40% 以上。已建成区域面积为 200 多平方千米。坪山区下辖行政街道有 11 个，行政社区有 111 个。

坪山区自然资源丰富。然而，随着城市化发展，现代交通网的建成，坪山自然声与交通声交相呼应，呈现出一片繁忙的生产、生活景象。同时，现代化城市生活夹杂着传统客家文化的积淀，形成了坪山多元复合的城市声景。坪山区混元之声篇共包括 35 个混元声源片段。它们反映了多重声音交织重叠中的坪山所呈现出来的一片欣欣向荣的繁忙景象。

宾馆

江岭文化广场二视景

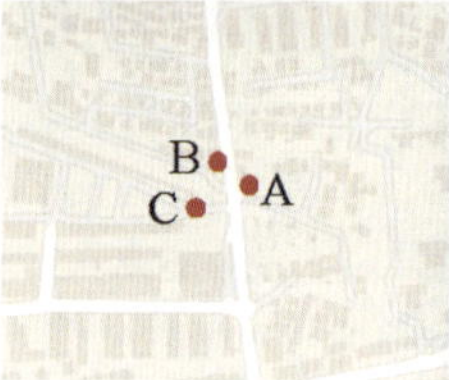

北纬 22° 41′
经 114° 21′

此处植物类型

樟树

江岭文化广场 A 处混元声景：该处位于江岭路；此处为街道边，休息日上午时段主要有汽车声、生活声、鸟鸣等声音为主，休息日清晨时段主要有汽车声、施工声、生活声、鸟鸣等交织在一起的混元声景。

周边环境存在的动物有鸟等。

休息日声音的声学特征：此处环境声级为 60 dB(A) 左右，最高可达 80 dB(A)，反映了交通背景声下的城市生活气息；环境声主要以中、低频率声音为主，且声音的抖动性明显，体现出生活声特征；左右耳听觉较为接近，声音不存在明显的方向性。

<table>
<tr><th colspan="4">休息日清晨之声</th></tr>
<tr><td>声音时长</td><td>5 min</td><td rowspan="3">FFT</td><td rowspan="3">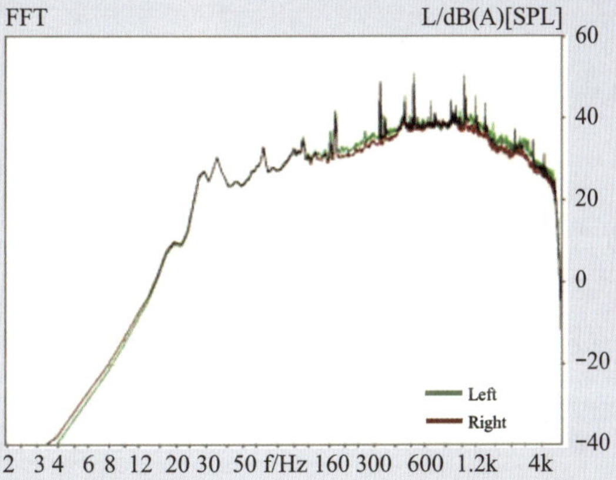</td></tr>
<tr><td>Leq</td><td>66.1 dB(A)</td></tr>
<tr><td colspan="2">可听见的声音：
____
____
____
____
____
________</td></tr>
<tr><td colspan="2"></td><td>Level vs. Time</td><td>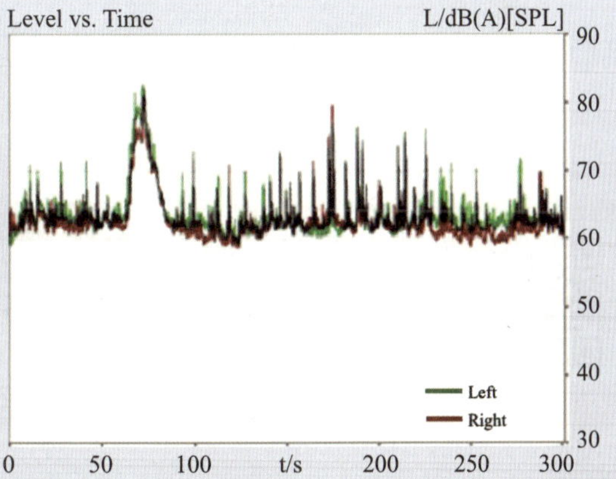</td></tr>
</table>

工作日上午之声　工作日午间之声　工作日夜间之声

休息日上午之声　休息日下午之声　休息日傍晚之声

江岭文化广场 C 处声景：该处位于江岭文化广场内；大部分时段主要有汽车声、施工声、生活声、鸟鸣等声音；空旷的广场处，呈现出飘来的施工声与鸟鸣此起彼伏的声景。

周边环境存在的野动物有：鸟等。

工作日声音的声学特征：此处环境声的声级为 50 ～ 60 dB(A)，且随时间变化明显；环境声包括了高、中、低频率的声音，声音在频域方面的波动较为剧烈；左右耳对中、低频声音存在听觉时差，对高频声的听觉差异较小，说明此处的自然声方向性不明显，但其他类别的声音存在一定的方向性。

<table>
<tr><th colspan="4">工作日上午之声</th></tr>
<tr><td>声音时长</td><td>5 min</td><td rowspan="3">FFT</td><td rowspan="3">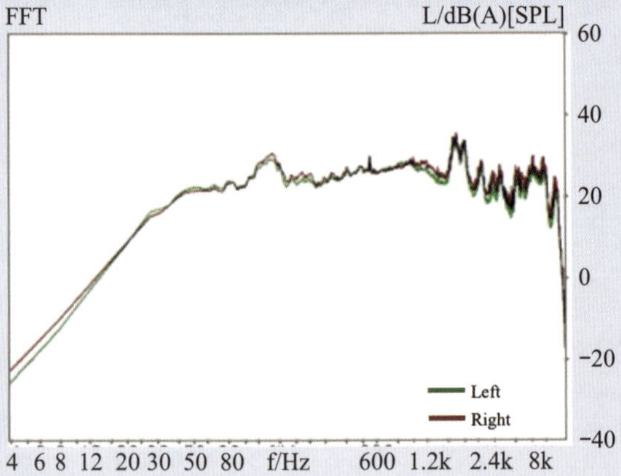
</td></tr>
<tr><td>Leq</td><td>58.0 dB(A)</td></tr>
<tr><td colspan="2">可听见的声音：
______
______
______
______
______
______</td></tr>
<tr><td colspan="2"></td><td>Level vs. Time</td><td>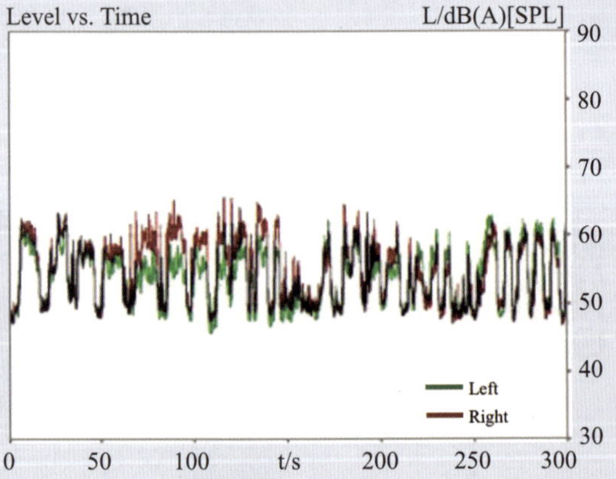
</td></tr>
</table>

工作日下午之声　　工作日夜间之声　　休息日上午之声

休息日午间之声　　休息日下午之声　　休息日夜间之声

严禁抛物 禁止

比亚迪公寓三视景

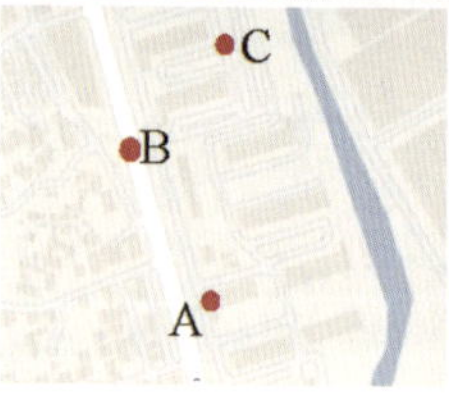

北纬 22° 40′
经 114° 21′

此处植物类型

樟树

比亚迪公寓混元声景：比亚迪公寓位于江岭路；公寓道路休息日午间时段以汽车声、生活声等声音为主，公寓广场，傍晚和夜间时段以活动声等声音为主，此处为临近马路的公寓小路，休息日夜间主要有汽车声、生活声等声音；车辆繁多的小路，呈现出生活声、狗吠与汽车声融合混合的声景。

周边环境存在的动物有鸟、狗等。

休息日声音的声学特征：此处环境声声级为 55 dB(A) 左右，最高可达 70 dB(A)，反映了交通背景下城市混元声景的特征；环境声包括了高、中、低频率的声音，声音在频域方面的波动较为明显；左右耳对高、低频声音存在听觉时差，对中频声的听觉差异较小，说明此处的环境声方向性不明显，但其他类别的声音存在一定的方向性。

休息日夜间之声			
声音时长	5 min	FFT	见下图
*L*eq	57.4 dB(A)		
可听见的声音： ______ ______ ______ ______ ______ ______			
		Level vs. Time	见下图

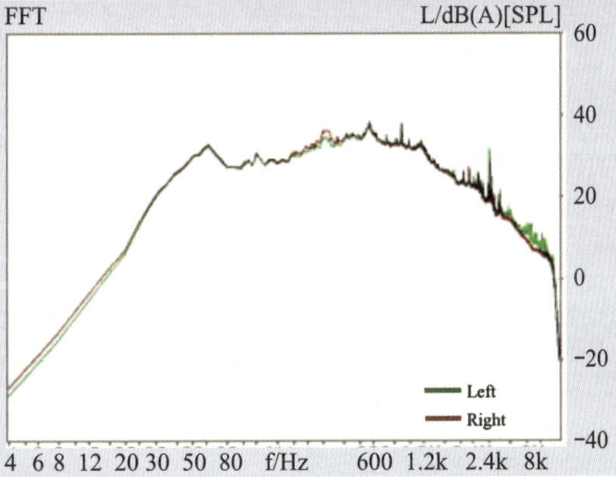

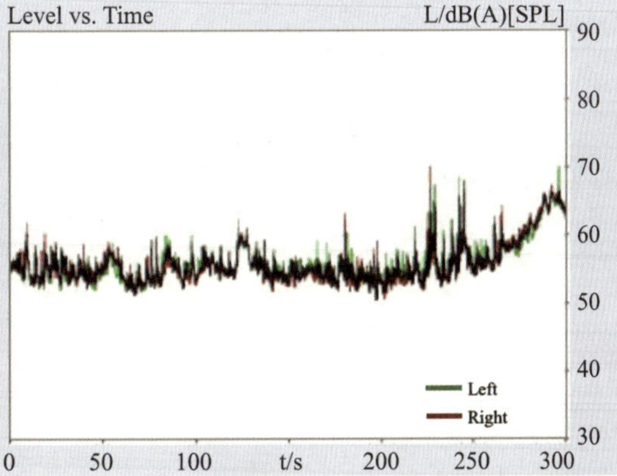

工作日上午之声　　工作日下午之声　　工作日傍晚之声

休息日上午之声　　休息日午间之声　　休息日下午之声

田心山江岭路视景

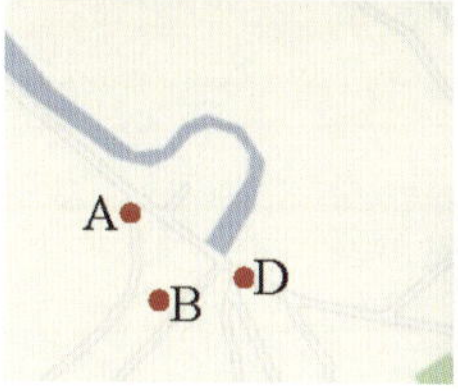

北纬 22° 39′
经 114° 21′

此处植物类型

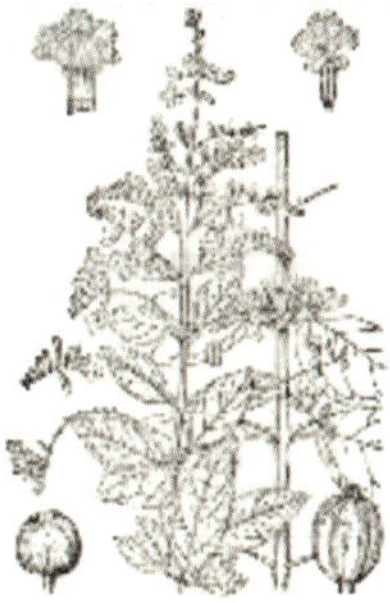
黄金叶

樟树

木瓜树

田心山江岭路声景：江岭路位于田心山山脚；大部分时段主要有汽车声、施工声、生活声、鸟鸣等声音；绿树如茵的道路，呈现出鸟鸣虫叫，与谈话声、汽车声交融混合的声景。

周边环境存在的动物有鸟等。

休息日声音的声学特征：此处环境声声级主要在 40 ～ 60 dB(A) 随时间呈剧烈变化，最高可达 75 dB(A)；主要以中、低频率声音为主，且中频声音抖动性明显，体现一种生活声与自然声混合的特征；左右耳基本无听觉差异，反映出此处环境声的方向性不强。

休息日上午之声			
声音时长	5 min	FFT	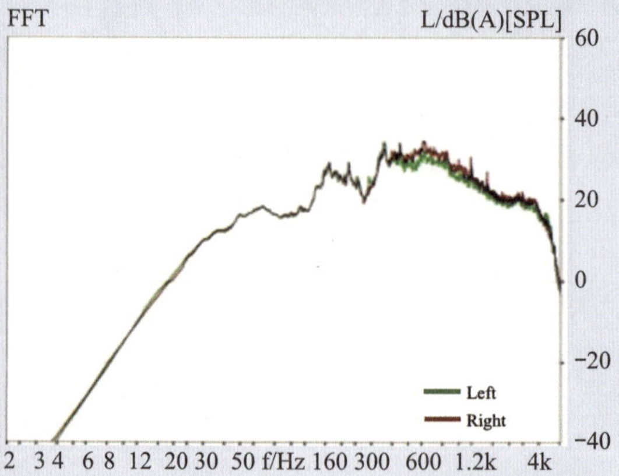
Leq	55.6 dB(A)		
可听见的声音： ______ ______ ______ ______ ______ ______			
		Level vs. Time	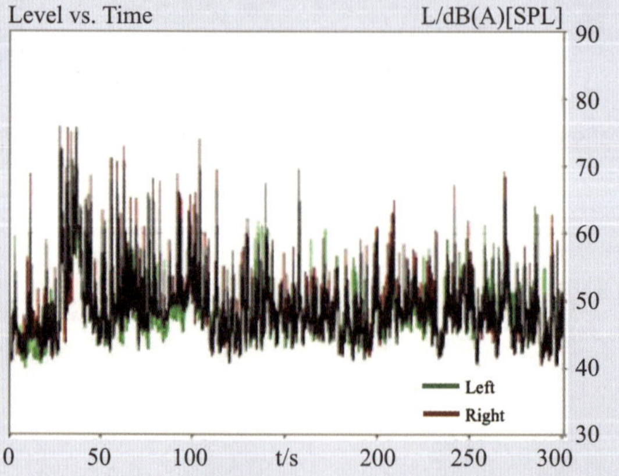

工作日上午之声　工作日下午之声　工作日傍晚之声

休息日上午之声　休息日下午之声

田心山江岭小区视景

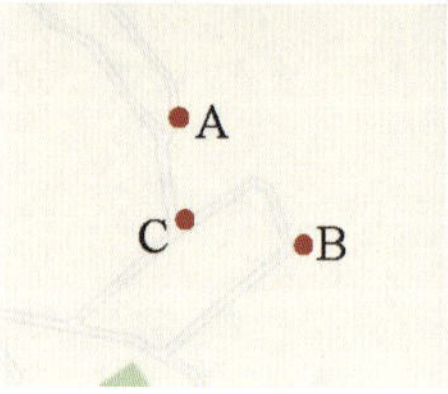

北纬 22° 39′
经 114° 21′

此处植物类型

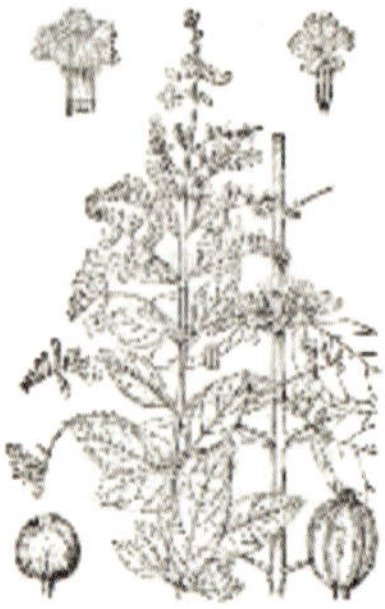

黄金叶

樟树

米兰

田心山江岭小区声景：江岭小区位于田心山山脚；大部分时段主要有鸟鸣、虫叫、汽车声、生活声等声音；山中小区，呈现出鸟鸣虫叫，时而汽车喧嚣不停，时而生活声响起的混元声景。

周边环境存在的动物有鸟、狗、蜘蛛等。

休息日声音的声学特征：此处环境声声级集中在 40 ～ 50 dB(A)，随时间呈剧烈变化，最高可达 65 dB(A)；包括高、中、低频率声音，中高频声音的波动性较为明显，反映出在远处汽车行驶声衬托下的市井气息；左右耳对高频以及低频声的听觉存在一些差异，说明此处低频和高频声具有一定方向性，体现了市郊混元声景的特征。

<table>
<tr><th colspan="4">休息日上午之声</th></tr>
<tr><td>声音时长</td><td>5 min</td><td rowspan="3">FFT</td><td rowspan="3">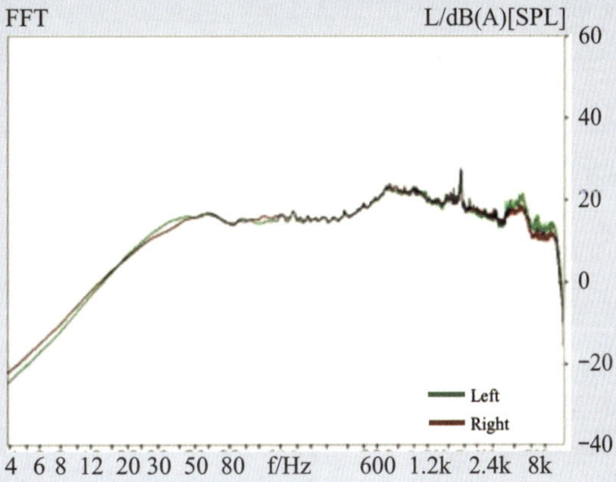
</td></tr>
<tr><td>Leq</td><td>48.5 dB(A)</td></tr>
<tr><td colspan="2">可听见的声音：
______
______
______
______
______
______</td></tr>
<tr><td colspan="2"></td><td>Level vs. Time</td><td>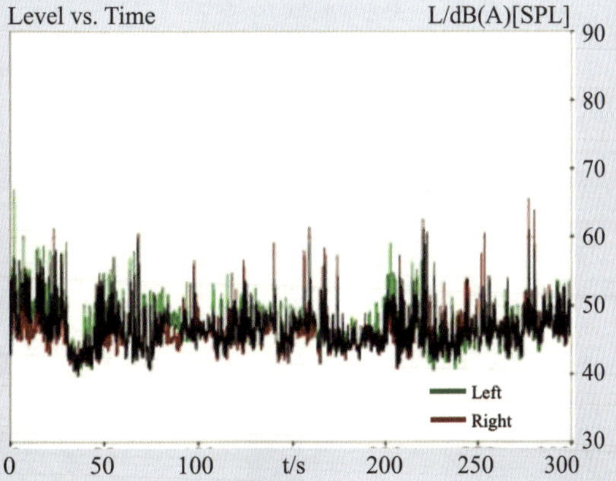
</td></tr>
</table>

工作日上午之声　工作日下午之声　休息日上午之声

休息日下午之声

坪山区混元声景特征

坪山区是原深圳经济特区外的一个重要城镇。随着深圳二线关裁撤，坪山区并入深圳市。经过近些年的快速建设发展，该区域内的城市功能逐渐完备，基础设施不断完善。目前，坪山区承接了大量从原市区（福田、南山区）撤出的工业企业，成为深圳工业企业发展的重点区域。居民从事生产活动为主，年轻人、农民工较多，还有较多在罗湖、福田、南山工作，但在坪山区生活的居民，所以坪山区具有一定的“卧城”特征。由此可见，坪山区城市交通声、施工机械声、以及工厂的噪声十分显著，形成了该地区的主要声景。坪山区机械声主要为交通干道上的车水马龙声、工厂旁的机械轰鸣声、以及城市化建设带来的此起彼伏的施工声。

随着城市化发展，坪山地区越来越多地充斥了城市生活声、机械声等人工化声景，形成了由各种声源混杂在一起而产生的一种混元声景。随着该区域机械声源、市民生活声源不断增加，将原本以自然声为主旋律的环境，逐渐变为多种声源混合的环境。坪山混合声景的环境声级一般在 45 ～ 60 dB(A)。主要有汽车声（包含一定量的货柜车以及施工车辆）、工厂机械声（如比亚迪工厂区）、市民生活声、鸟叫声以及水声。在住区、商业区等人员活动较为密集的区域，夹杂着较多的人声、活动声等生活类声音。从时间来看，周六、日等休息时间的声级略低，声音随时间的变化较为明显，但方向性不明显；从四季情况来看，龙岗秋季的混元声景的声级偏低。

从本章包括的坪山地区 27 个混元声景音频特性来看，在田心山周边社区，自然声源较多，虫鸣鸟叫声明显，但掺杂着频繁驶过的汽车声，这类环境声的频率一般不高。而在比亚迪这样的厂区附近，则存在较多的机械声源。这类声源伴随着周边生活区的活动声以及绿化环境带来的自然声，形成了以机械声源、生活声源以及自然声源为一体的坪山混元声景。总体来看，由于正处于城市建设发展期，混元声景是当前坪山最显著的声景

坪山区田心山江岭小区典型混元声景的声学特征

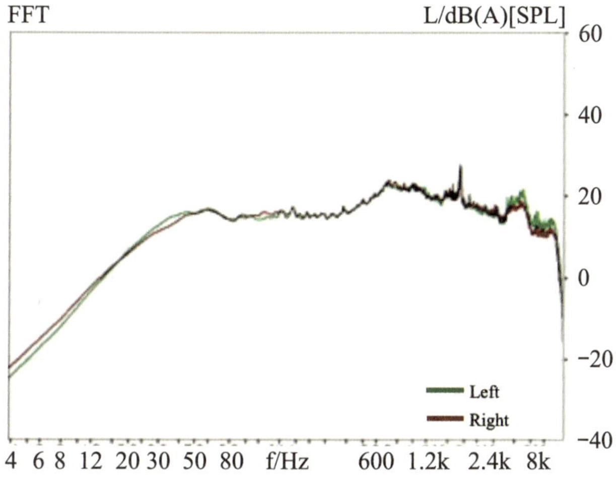

坪山区江岭文化广场典型混元声景的声学特征

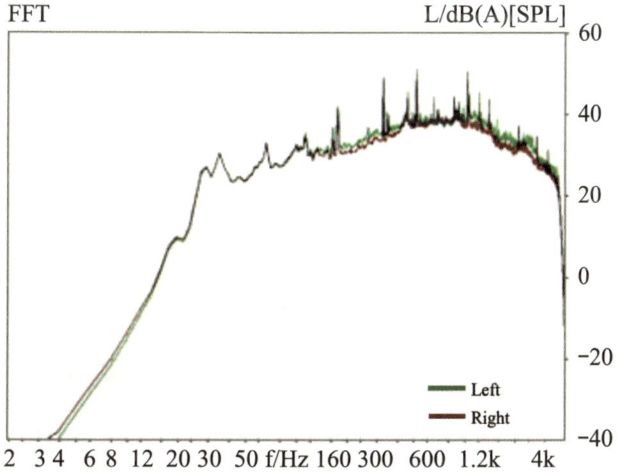

从以上图可以看出，各频率声音抖动均较为明显，反映出各种类别声音混合在一起的特点。

坪山区江岭文化广场夏季某周混元声景声级变化趋势

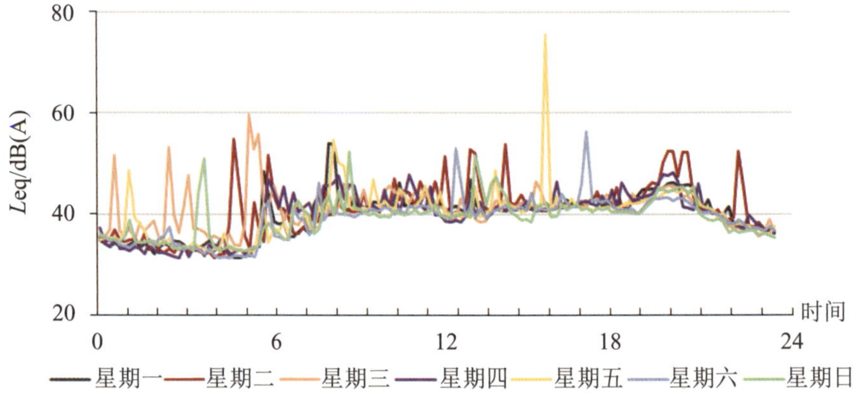

坪山区江岭文化广场具有坪山区混元之声的典型特征。从上图展示的坪山江岭文化广场夏季某周混元声级的变化可以看出，周三夜间 0 时至清晨 6 时时间段出现了较高声音事件，声级高达 60 dB(A)。总体而言，夜间声级比白天高，大约在 30 dB(A) 左右，其他时间在 40 ～ 50 dB(A) 变化。

坪山区江岭文化广场四季混元声景声级变化趋势

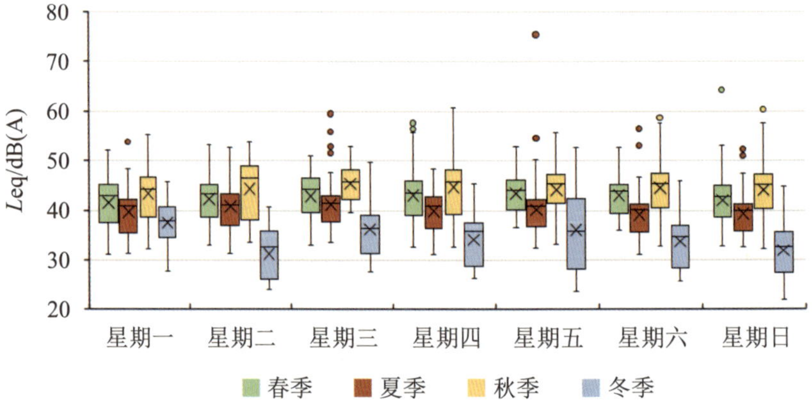

从坪山区江岭文化广场四季混元声级变化可以看出，冬季声级低于其他季节。反映出冬季各种活动都较为停滞的特点。其他季节声级为 40 dB(A)。

罗　湖

罗湖区是深圳改革开放的起点、也是改革开放的前沿阵地，是上世纪80年代的城市中心。该区域位于城市的中东部。东面连接盐田区，西部比邻福田区，南面经罗湖桥与香港隔河相望。现在的罗湖城市化程度高，已成为深圳多个中心城区之一。罗湖区位于东经114° 04′ ～114° 14′ 、北纬22° 31′ ～22° 37′ ，地貌呈现出东北高、西南低之势。区内多为丘陵山地和冲积小平原。属亚热带海洋性气候，常年日照充足，雨水充沛。年平均气温在22摄氏度，日照时数为2 060小时，年降水量1 948毫米。罗湖区行政辖区面积78.75平方千米，内设行政街道10个，行政社区83个。

作为最早开发的城市中心区，罗湖区自然资源相对较少，但基于原由的生态基底，罗湖区并不缺少自然景色以及由此带来的自然声景。基于高密度开发的城市结构特征，罗湖区市井生活丰富，商业活动发达。交通声融合喧闹的商业活动以及时而飘来的啾啾鸟鸣，形成了区域中的一种声音景色。罗湖区混元之声篇共包括了67个声源片段。从中可见，各种特色的声音融合在一起，烘托出罗湖老城区丰富多元的文化声景。

文锦北路视景

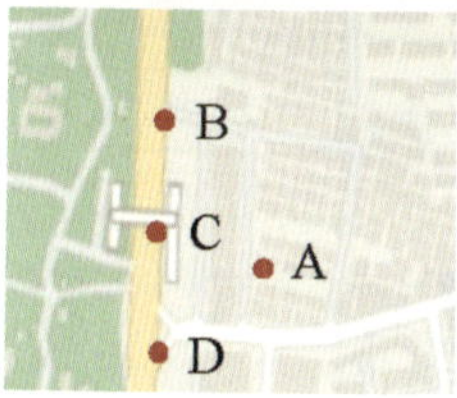

北纬 22° 34′
东经 114° 7′

此处植物类型

蟛蜞菊

高山榕

文锦北路声景：文锦北路位于罗湖公园东侧；大部分时段主要有谈话声、汽车声等声音；车马如龙的街道上，呈现出生活声和汽车声交融多元混合的声景。

周边环境存在的动物有鸟、蝉等。

休息日声音的声学特征：环境声级为 65 ～ 75 dB(A) 浮动，随时间呈剧烈变化；以中、低频声音为主，中频声音的波动性剧烈；左右耳听觉存在时差，但并不明显，反映出声音能量较高且具有较为明确的方向性。

<table>
<tr><th colspan="4">休息日清晨之声</th></tr>
<tr><td>声音时长</td><td>5 min</td><td rowspan="3">FFT</td><td rowspan="3">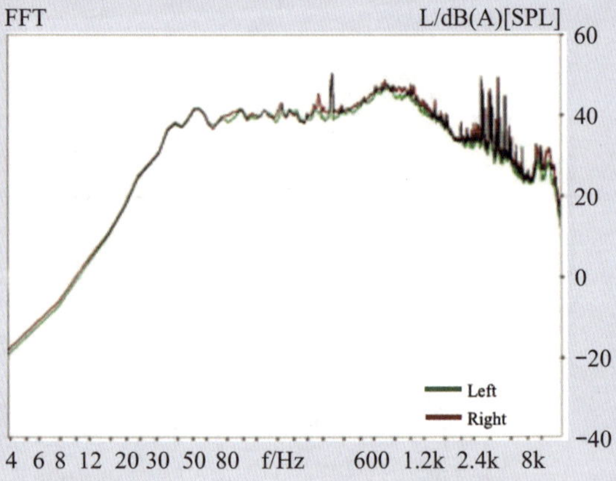
</td></tr>
<tr><td>Leq</td><td>69.2 dB(A)</td></tr>
<tr><td colspan="2">可听见的声音：
____
____
____
____
____
____________</td></tr>
<tr><td colspan="2"></td><td>Level vs. Time</td><td>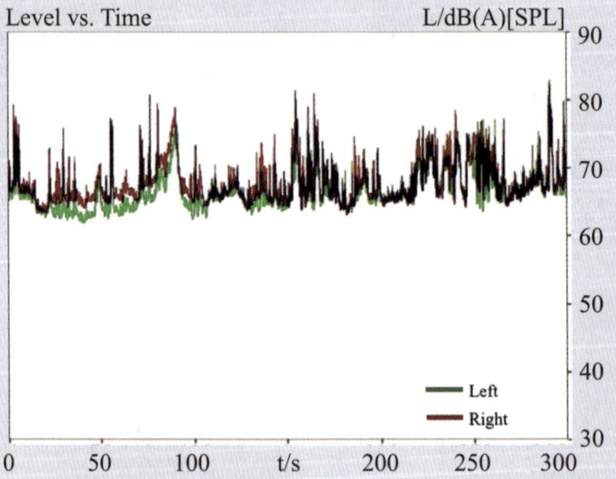
</td></tr>
</table>

工作日下午之声 1　　工作日下午之声 2　　工作日夜间之声

休息日午间之声　　休息日夜间之声

田苑小区视景

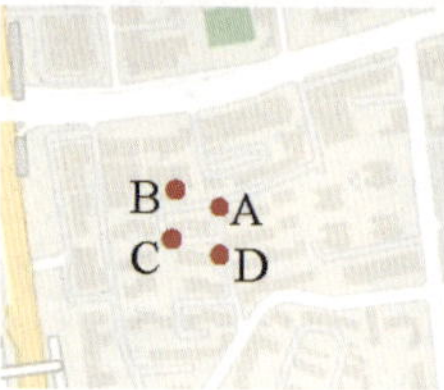

北纬 22° 41′
东经 114° 21′

此处植物类型

琴叶榕

田苑小区声景：田苑小区位于田贝四路南侧；大部分时段主要有谈话声、汽车声等声音；熙熙攘攘的街道，呈现出生活与交通声混合的声景。

周边环境存在的动物有鸟等。

休息日声音的声学特征：环境声级为 60 ～ 70 dB(A) 有变动，且随时间存在节奏性变化；以中、低频声音为主，中频声音的波动性明显，反映生活声跳跃于交通声之上的都市韵律；左右耳有听觉存在时差极小，但方向性明确、声音能量较高。

休息日上午之声

声音时长	5 min	FFT	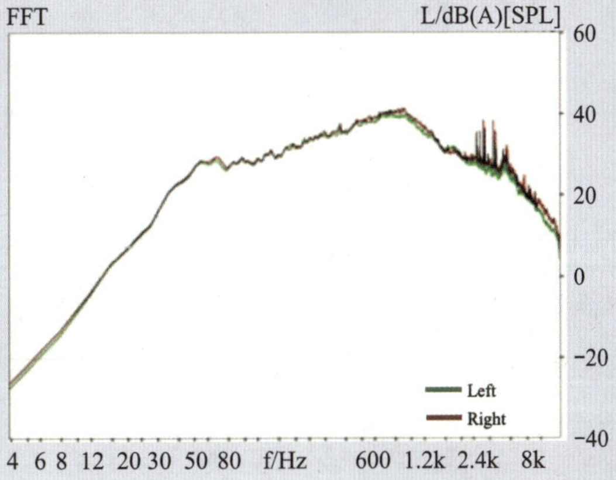
*L*eq	62.4 dB(A)		
可听见的声音： __________ __________ __________ __________ __________ __________		Level vs. Time	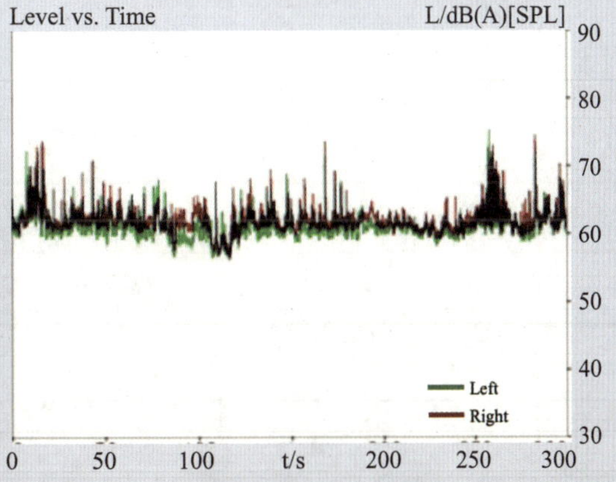

工作日上午之声　工作日午间之声　工作日下午之声

工作日夜间之声　休息日上午之声　休息日傍晚之声

珠宝
地铁
Metro
30
深圳巴士集团

田贝四路视景

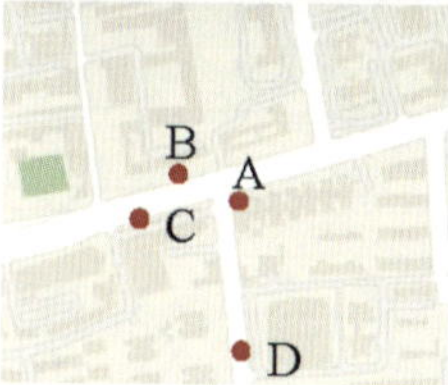

北纬 22° 41′
东经 114° 21′

此处植物类型

高山榕

田贝四路 A 处声景：该处位于洪湖公园东侧；大部分时段主要有活动声、汽车声等声音；熙熙攘攘的街道，呈现出生活声与喧闹的汽车声交织混合的声景。

周边环境无存在的野生动物。

休息日声音的声学特征：环境声级 65 ～ 80 dB(A) 有变动，且随时间存在节律性变化；以中、低频声音为主，声音波动性明显，反映生活声结合汽车声的节奏感；左右耳没有听觉时差，声音方向性不明显。

休息日上午之声			
声音时长	5 min	FFT	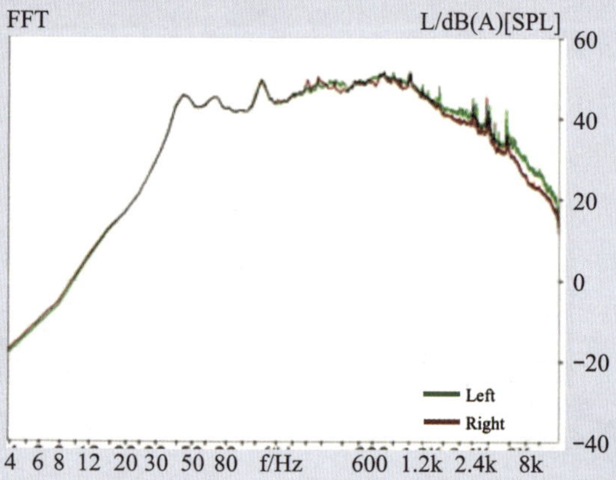
*L*eq	72.9 dB(A)		
可听见的声音： ______ ______ ______ ______ ______ ______			
		Level vs. Time	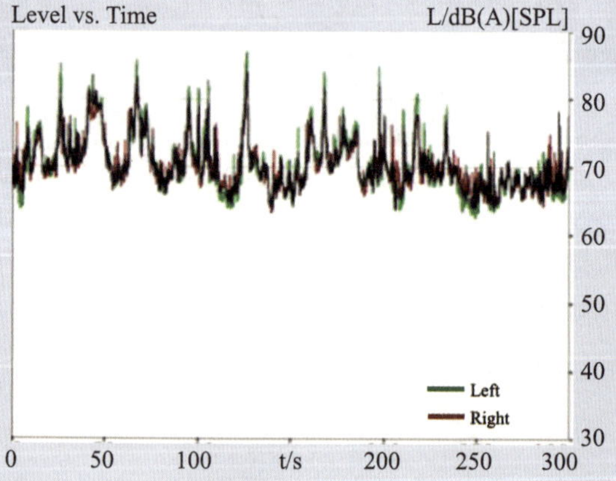

工作日上午之声　　工作日下午之声　　工作日夜间之声

休息日上午之声　　休息日下午之声

田贝四路 D 处声景：田贝四路位于洪湖公园东侧；大部分时段主要有活动声、汽车声、鸟鸣等声音；车水马龙的街道，呈现出交通声与生活声、鸟鸣交融混合的声景。

周边环境存在的动物有鸟等。

工作日声音的声学特征：环境声级为 60 ～ 75 dB(A) 随时间剧烈变动；以中、低频声音为主，中频声的波动性明显，反映出自然声与自然声结合的韵律感；左右耳的听觉时差并不明显，反映出声音能量较高但声音方向性不明显。

<table>
<tr><th colspan="4">工作日上午之声</th></tr>
<tr><td>声音时长</td><td>5 min</td><td rowspan="3">FFT</td><td rowspan="3">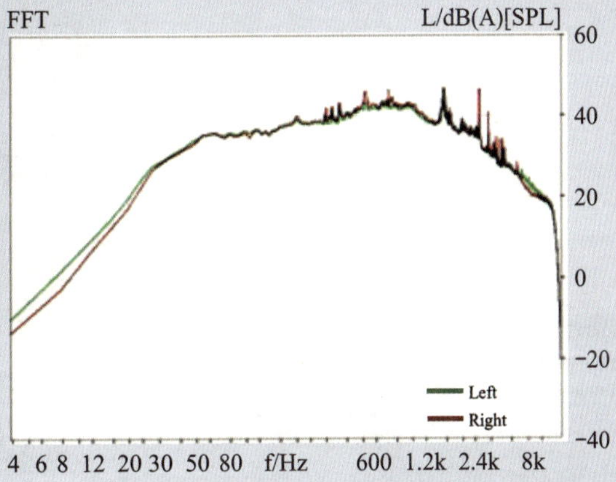
</td></tr>
<tr><td>Leq</td><td>62.4 dB(A)</td></tr>
<tr><td colspan="2">可听见的声音：
____
____
____
____
____
________</td></tr>
<tr><td colspan="2"></td><td>Level vs. Time</td><td>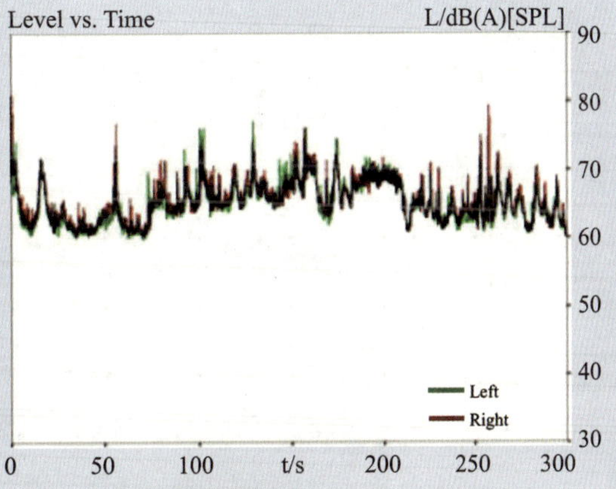
</td></tr>
</table>

工作日上午之声　　休息日下午之声

教苑宾馆
天虹

东门立新路视景

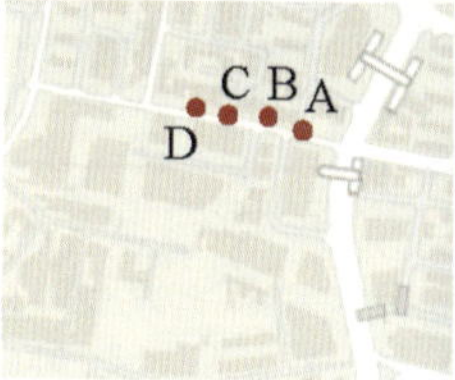

北纬 22° 32′
东经 114° 6′

此处植物类型

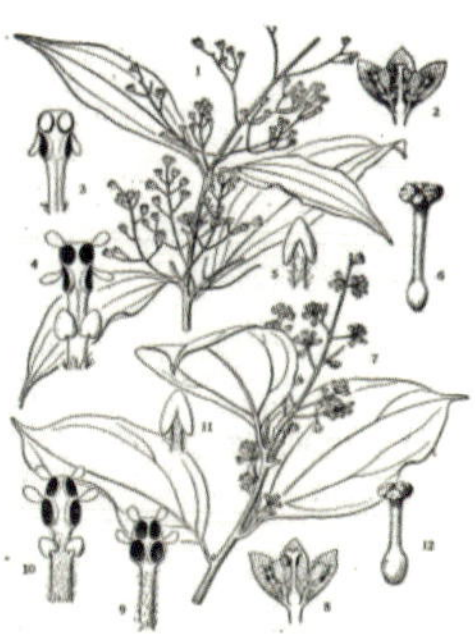

桂树

黄樟

东门立新路声景：东门立新路位于东门步行街内；大部分时段主要有活动声、汽车声、蝉鸣等声音；熙熙攘攘的街道，呈现出交通声和生活声、蝉鸣声交融混合的声景。

周边环境存在的动物有蝉等。

休息日声音的声学特征：声级 65 ～ 80 dB(A) 有变动，且随时间变化剧烈；以中、低频声音为主，且中频声音抖动较为剧烈，交通声较为突出；左右耳听见声音的顺序时差不明显，声音的方向性不强。

休息日上午之声			
声音时长	5 min	FFT	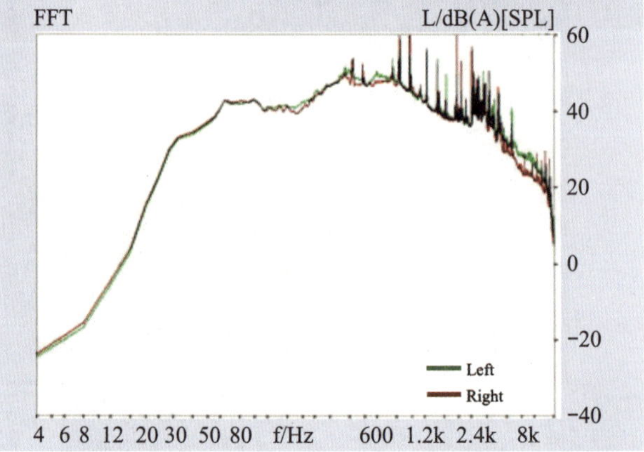
Leq	72.8 dB(A)		
可听见的声音： ________ ________ ________ ________ ________ ________			
		Level vs. Time	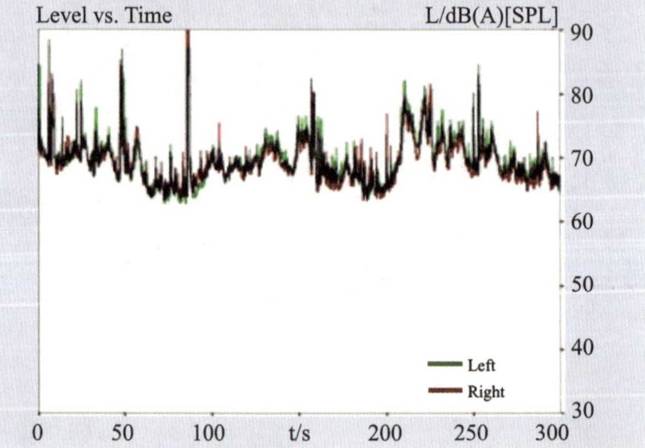

工作日上午之声 1　　工作日上午之声 2　　工作日上午之声 3

工作日下午之声　　工作日傍晚之声　　休息日上午之声

休息日下午之声 1　　休息日下午之声 2

洪湖公园三视景

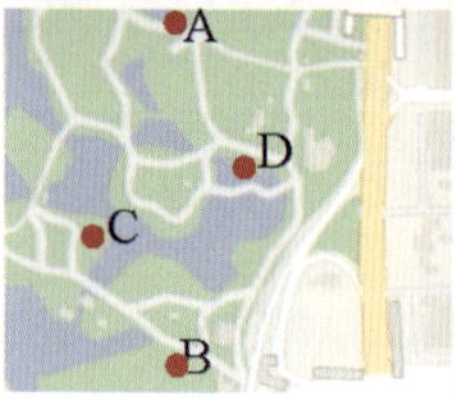

北纬 22° 33′
东经 114° 6′

此处植物类型

高山榕

棕榈树

木棉

紫薇

莲花

洪湖公园 A 处混元声景：该处位于洪湖公园中心区域；工作日下午时段主要有鸟鸣、蝉叫、活动声等声音，休息日下午时段主要有鸟鸣、蝉叫、活动声、汽车声等声音，休息日夜间时段主要有活动声、鸟鸣蝉叫等声音；荷塘处，休息日下午呈现喧嚣的生活声与鸟鸣蝉叫声此起彼伏的混合声景。

周边环境存在的动物有鸟、虫等。

休息日声音的声学特征：环境声级为 60 ～ 75 dB(A) 随时间存在剧烈变化变；高、中、低频声音并存，高中频声的波动性明显；左右耳有听觉时差，反映出声音能量较高、并具有一定方向性。

<table>
<tr><th colspan="4">休息日下午之声</th></tr>
<tr><td>声音时长</td><td>5 min</td><td rowspan="3">FFT</td><td rowspan="3">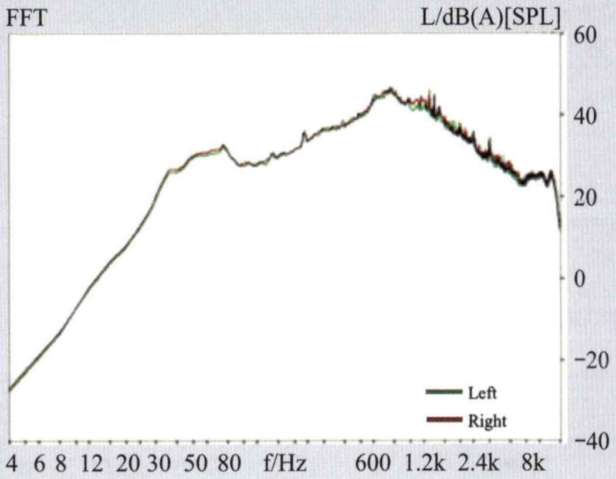
</td></tr>
<tr><td>Leq</td><td>66.9 dB(A)</td></tr>
<tr><td colspan="2">可听见的声音：
______
______
______
______
______
______</td></tr>
<tr><td colspan="2"></td><td>Level vs. Time</td><td>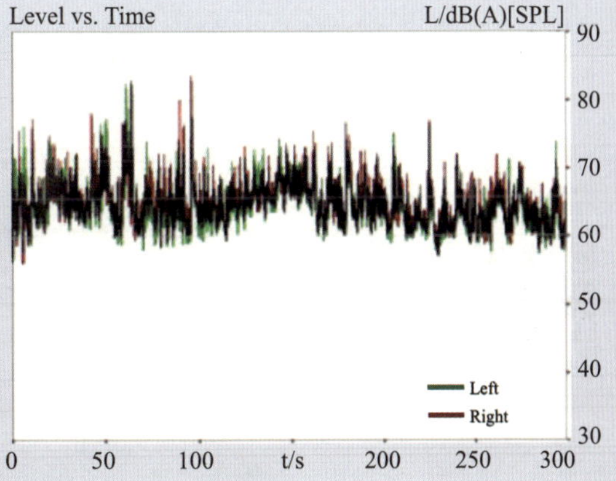
</td></tr>
</table>

工作日上午之声　　工作日午间之声

洪湖公园B处混元声景：该处位于洪湖公园南侧，靠近马路；休息日午间时段主要以活动声、鸟鸣蝉叫声音为主，工作日上午时段主要有鸟鸣、蝉叫、活动声、汽车声等声音；优美湖畔边，工作日上午呈现出飘扬的音乐声与远处传来的交通声交融混合的声景。

周边环境存在的动物有鸟、蝉等。

工作日声音的声学特征：环境声级为 60 ～ 75 dB(A) 变动，且随时间存在节律性变化；以中、低频声音为主，且中频声波动明显；左右耳有听觉时差较小，声音能量较强且具有明确的方向性。

工作日上午之声

声音时长	5 min
*L*eq	66.8 dB(A)

可听见的声音：

______

______

______

______

______

______

FFT

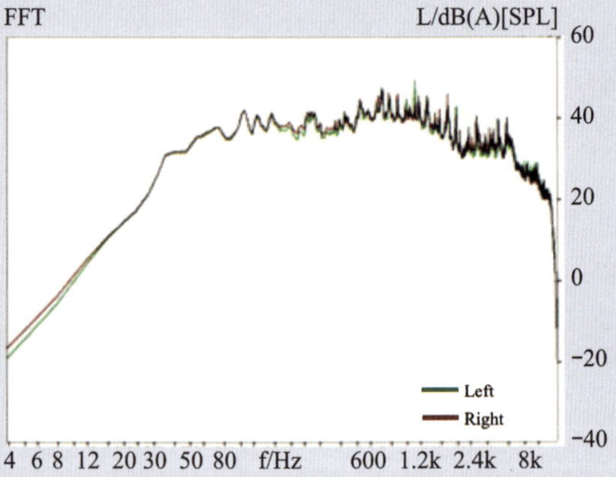

Level vs. Time

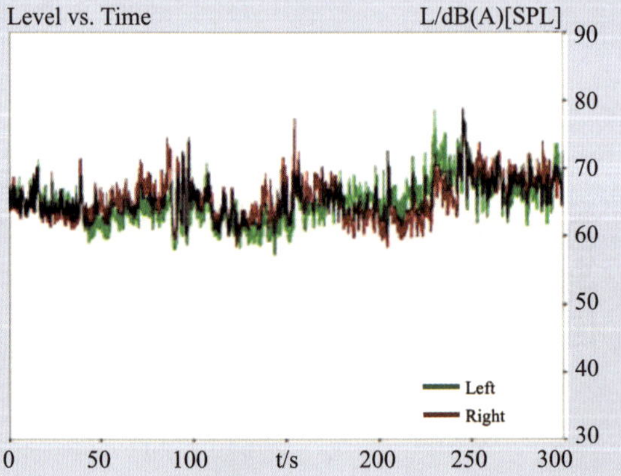

工作日午间之声 休息日上午之声 休息日夜间之声

洪湖公园 C 处混元声景：该处位于洪湖公园南侧；工作日夜间时段主要有鸟鸣、蝉叫、活动声等声音，休息日下午主要有活动声、鸟鸣虫叫等声音，工作日上午时段主要有鸟鸣、蝉叫、活动声、汽车声等声音；亭台楼榭处，呈现出生活声、音乐声、汽车声交织混合的声景。

周边环境存在的动物有鸟、虫等。

工作日声音的声学特征：环境声级为 60 dB(A) 上下呈剧烈变化，最高声级超过 70 dB(A)；以中、低频声音为主，且中频声音抖动较为剧烈，反映出生活声与自然生的节奏感；左右耳有听觉时差，声音方向性明显。

工作日上午之声

声音时长	5 min
*L*eq	62.9 dB(A)
可听见的声音：	

FFT

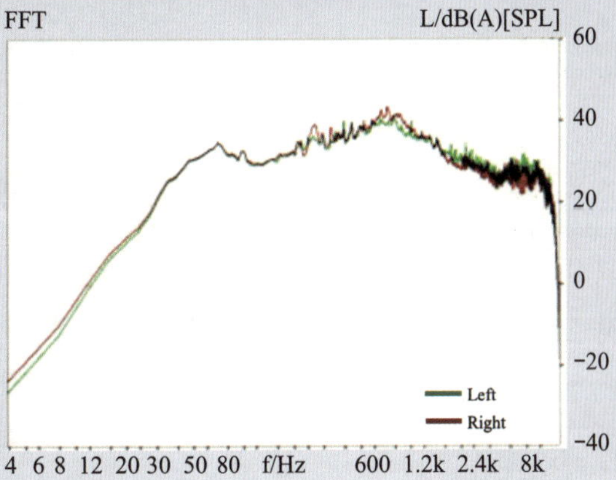

Level vs. Time

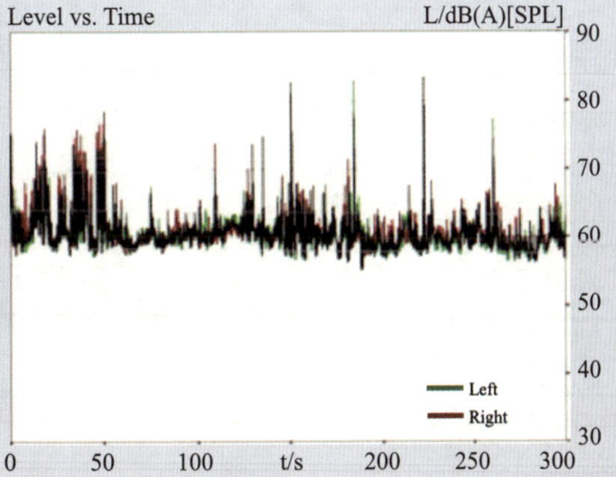

休息日上午之声　休息日午间之声　休息日傍晚之声 1

休息日傍晚之声 2

洪湖公园入口广场视景

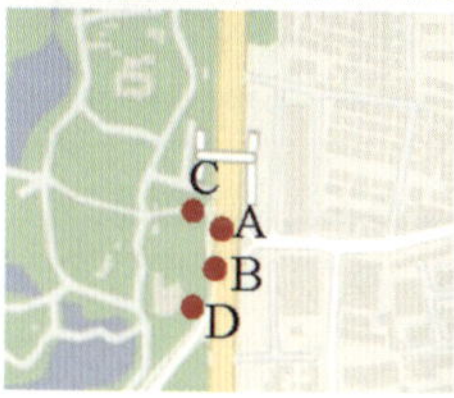

北纬 22° 34′
东经 114° 6′

此处植物类型

高山榕

凤凰木

木棉

洪湖公园入口广场声景：洪湖公园入口广场位于文锦北路；大部分时段主要有活动声、鸟鸣、虫叫等声音；熙熙攘攘的广场，呈现出喧闹的生活声与鸟鸣虫叫交融混合的声景。

周边环境存在的动物有鸟、蜂等。

休息日声音的声学特征：环境声级为 60 ～ 70 dB(A) 随时间呈剧烈变化；以中、低频声音为主，且中频声音抖动较为剧烈，反映出生活声结合自然生的节奏感；左右耳听觉对高频声存在较小时差，反映此环境中的高频声具有一定方向性。

休息日上午之声			
声音时长	5 min	FFT	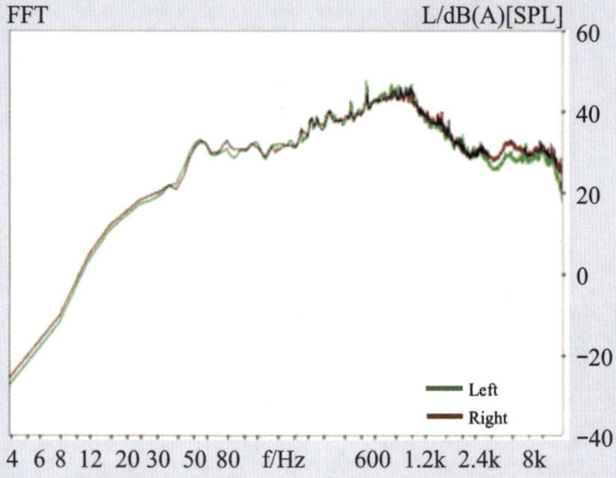
*L*eq	67.8 dB(A)		
可听见的声音：			
		Level vs. Time	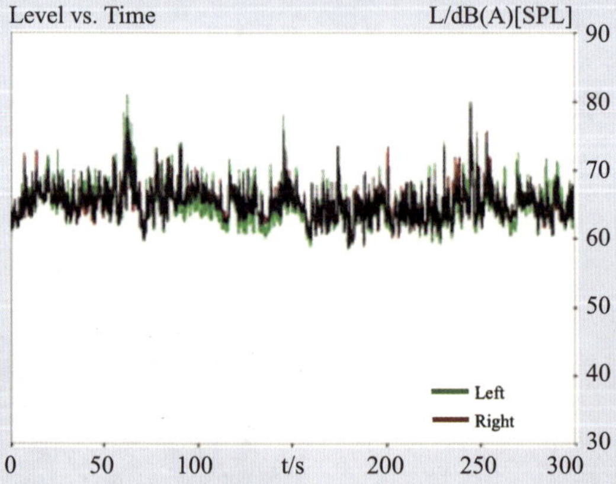

工作日下午之声　　工作日傍晚之声　　休息日上午之声

罗湖区混元声景特征

罗湖区东门墟旧时就是深圳这片土地上的集贸市场。这里的集市自清末民初就已经较为发达了。罗湖与香港陆路相连，是通往香港最直接的地方。在改革开放初期、深圳立市之始，罗湖区就建设了发达的城市商业中心，发展了金融服务业。目前，罗湖区高楼林立，城市化程度较高，市民多为老深圳人。广府文化与内地文化交融程度很高，与香港的联系也最为密切。罗湖为冲积小平原，现代化城市发展将原自然地貌改变较大，现存的自然环境主要有洪湖与梧桐山部分。城市交通发达，呈现出一片繁忙的车水马龙城市景象。由于城市化程度高，混元声景为罗湖区声景的主要特色。其中以生活声和交通、机械声为多，然而，由于深圳热带气候树木繁茂、鸟虫较多的地理气候特点，混元声景中也夹杂些不明显的自然声，特别在春季时段，自然声在混元声景中的占比还是较高的，给混元声景增添了丰富的声音元素。植物是以榕树、樟树为主，动物以鸟类居多。

从本章包括的 67 个罗湖地区混元声景音频特征来看，罗湖混元声景的环境声级一般较高，在 60 dB(A) 以上。其包含的声源多以商业活动、社交娱乐以及城市交通为主，由于拥有较多的城市公园（如洪湖公园），鸟鸣声也较为丰富。但在较明显的生活声与机械声淹没下，罗湖混元声景中的自然声不太明显。从时间维度看，这类环境声级随时间变化较为显著。其中，高频声音抖动性强，体现出车水马龙的热闹景象。此外，这类声景春季时的坏境声级比其他季节略高，体现了春意盎然的季节性特征。

罗湖区文锦北路典型混元声景的声学特征

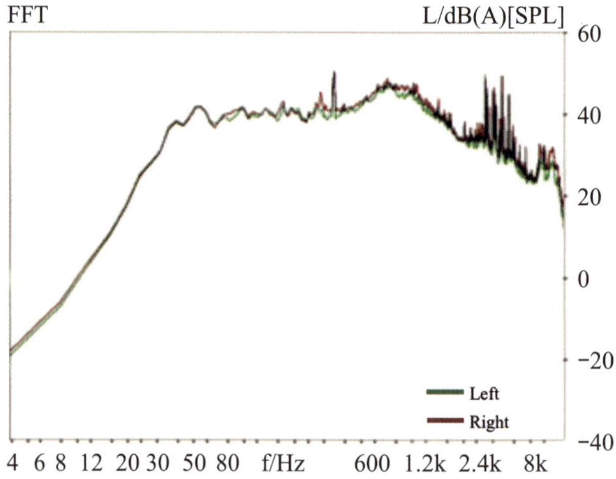

罗湖区洪湖公园典型混元声景的声学特征

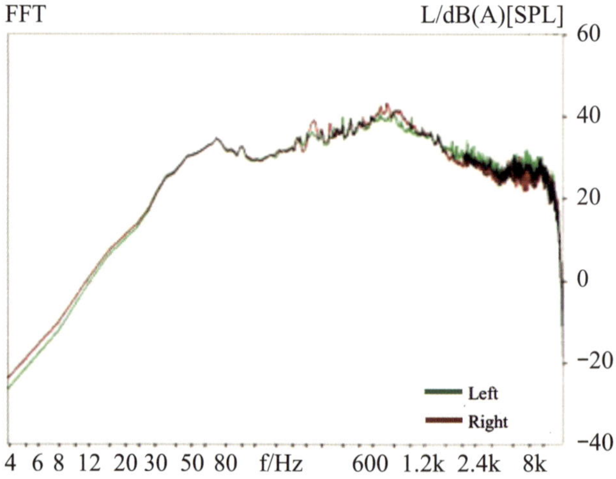

从以上图可以看出，各频率声音抖动均较为明显，反映出各种类别声音混合在一起的特点。

罗湖区田贝社区夏季某周混元声景声级变化趋势

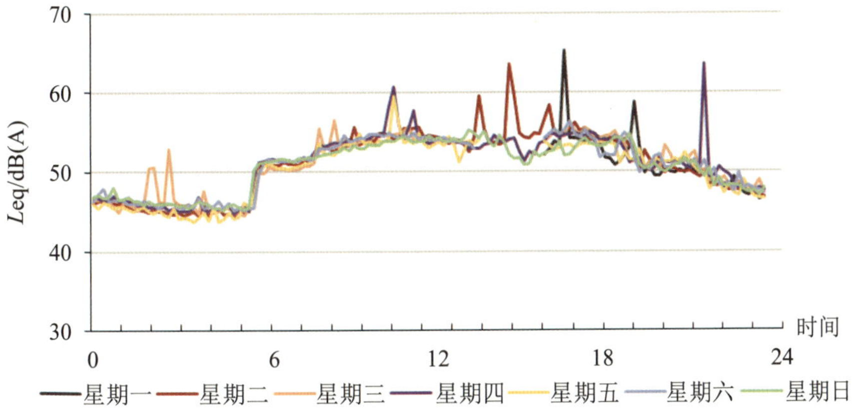

罗湖区田贝社区具有罗湖区混元之声的典型特征。从上图展示的田贝社区夏季某周混元声级的变化可以看出，除周末外，其他日期在不同时段均存在一些较高声级的声音事件。夜间声级较低，在 45 dB(A) 左右，日间声级则在 55 dB(A) 左右。

罗湖区田贝社区四季混元声景声级变化趋势

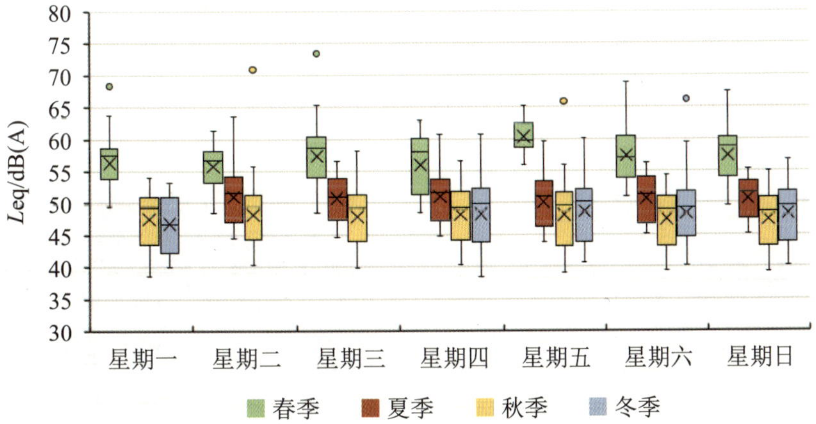

从罗湖区田贝社区四季混元声级变化图可以看出，春季声级大于其他三个季节，且波动较为明显。春季声级一般在 55 dB(A) 以上，其他季节在 45 ～ 50 dB(A)。

福　田

福田之名，一是源自宋代民间楹联“湖山拥福，田地生辉”一词；二是源自于《深圳市地名志》：南宋光宗三年（1192 年），上沙村始祖之子黄西为开荒造田，形成格块形状，名曰“幅田”，谐音“福田”。福田区地处深圳城市中部，东部连接罗湖区，西部接壤南山区，南临深圳河与香港隔河相望，西南面海，北靠白眉石、大脑壳、黄竹园山脊。地理位置在北回归线以南，位于东经 113° 59′ ～ 114° 07′ 及北纬 22° 29′ ～ 22° 36′，自然地形以丘陵为主，分布在西北和北部地区，形成北高南低之势。区内水域总面积约 62.6 平方千米，共七条河流，分属深圳湾水系和深圳河流域两个水系。属亚热带海洋性气候，气候温和，阳光充沛。福田区行政辖区总面积 79 平方千米，内设行政街道 10 个，行政社区 95 个。

福田区是继罗湖之后第二个发展起来的深圳城市中心区。区内原生态基底基本得以保留。同时，伴随着生态都市建设规划实施，区内绿色植被茂密，自然声景十分突出。随着金融、行政中心区建设完善，现代都市生活景象繁荣。现代化交通声融合文体娱乐、集会庆典等城市生活声。福田区混元之声篇共包括了 53 个声源片段，它们呈现出福田区现代都市景象，以及由此带来的听觉“盛宴”。

商报东二路视景

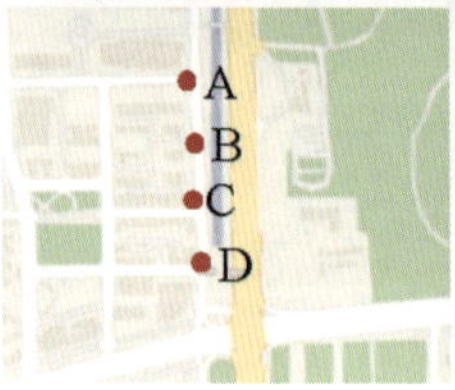

北纬 22° 32′
东经 114° 2′

此处植物类型

黄樟

琴叶榕

商报东二路 B 处声景：商报东二路位于莲花山公园西面；休息日下午以交通声为主，工作日上午则以交通声和鸟鸣蝉叫声为主；工作日上午蝉鸣声与道路轰鸣的交通声交相辉映。

周边环境存在的动物有鸟、蝉等。

工作日声音的声学特征：环境声级为 65 ～ 70 dB(A) 随时间呈节律性变化，表现鸟鸣与生活声混合的特征；高、中、低频声音存在一定的频域波动；左右耳听觉基本无差异，环境声的方向性不强。

工作日下午之声			
声音时长	5 min	FFT	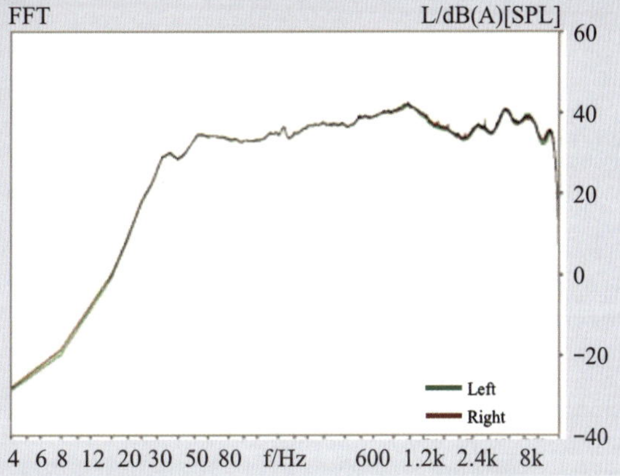
*L*eq	68.4 dB(A)		
可听见的声音：		Level vs. Time	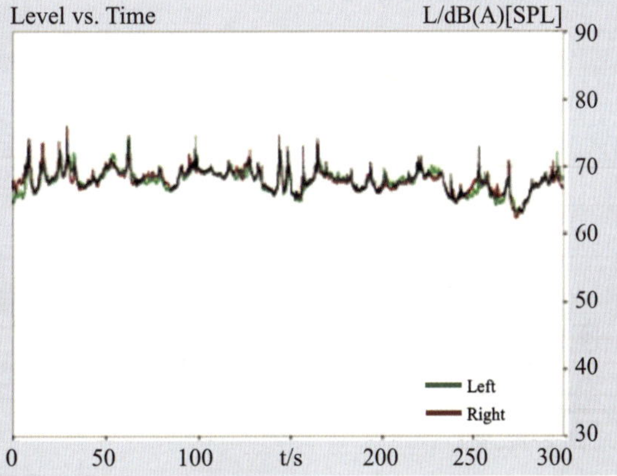

工作日清晨之声　工作日下午之声　工作日夜间之声

休息日清晨之声　休息日上午之声　休息日午间之声

休息日下午之声

商报东二路 D 处声景：商报东二路位于莲花山公园西面；工作日清晨以交通声为主，工作日夜间则以交通声夹杂着鸟鸣蝉叫声为主；在工作日夜间呈现出时而人声鼎沸，时而汽车喧嚣的混元声景。

周边环境存在的动物有鸟、蝉等。

工作日声音的声学特征：环境声级为 60 ～ 70 dB(A) 随时间上下波动；以中、低频声为主，高频声较少，声音的频域波动性不强；左右耳听觉基本无差异，反映出此处环境声的方向性不强。

工作日夜间之声			
声音时长	5 min	FFT	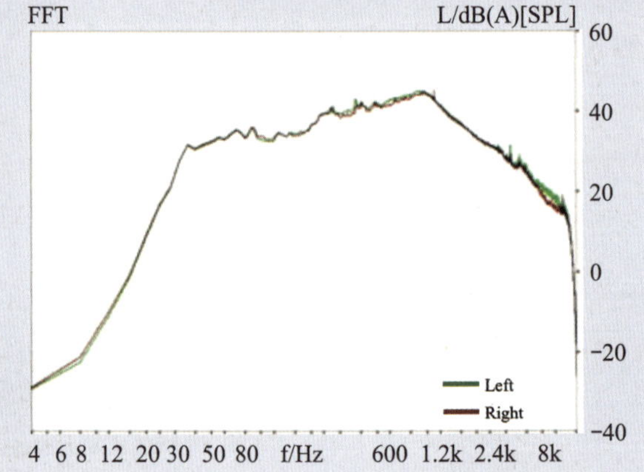
*L*eq	66.4 dB(A)		
可听见的声音： ______ ______ ______ ______ ______ ______			
		Level vs. Time	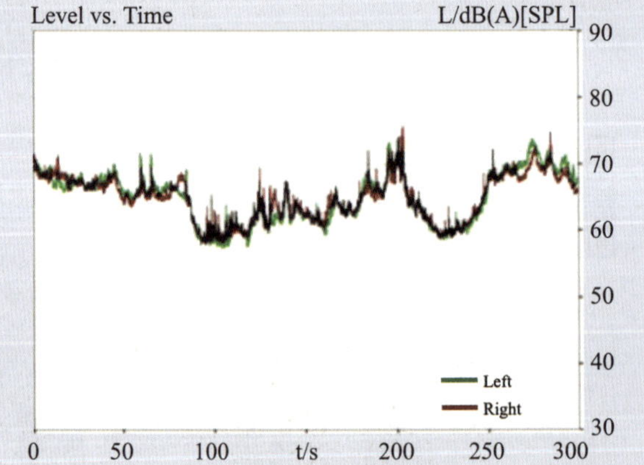

工作日午间之声　工作日下午之声　工作日夜间之声

休息日清晨之声　休息日上午之声　休息日下午之声

福田区图书馆视景

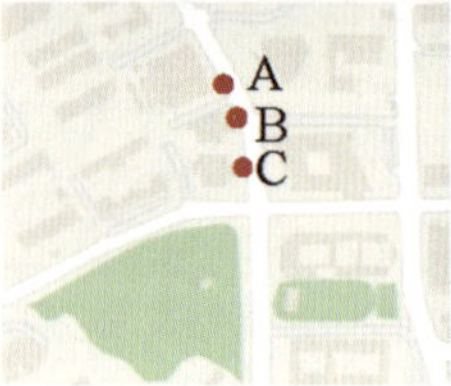

北纬 22° 33′
经 114° 2′

此处植物类型

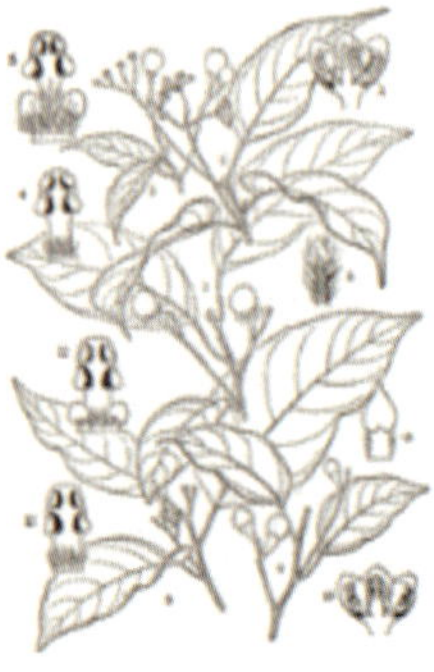
黄樟

高山榕

福田区图书馆声景：图书馆位于莲花山公园西面；大部分时段以交通声，人们的交谈声和鸟鸣蝉叫声为主；该处呈现出鸟鸣蝉叫与阵阵交通声、生活声协调共鸣的混元声景。

周边环境存在的动物有鸟、蝉等。

工作日声音的声学特征：环境声级为 55 ～ 70 dB(A) 随时间呈剧烈变化，呈现出生活声与机械声混合的特征；以中、低频声为主，声音在频域方面呈一定的波动性；左右耳听觉存在一定时差，说明声音存在一定的方向性较。

休息日清晨之声

声音时长	5 min
*L*eq	62.6 dB(A)

可听见的声音：

____

____

____

____

____

____

FFT

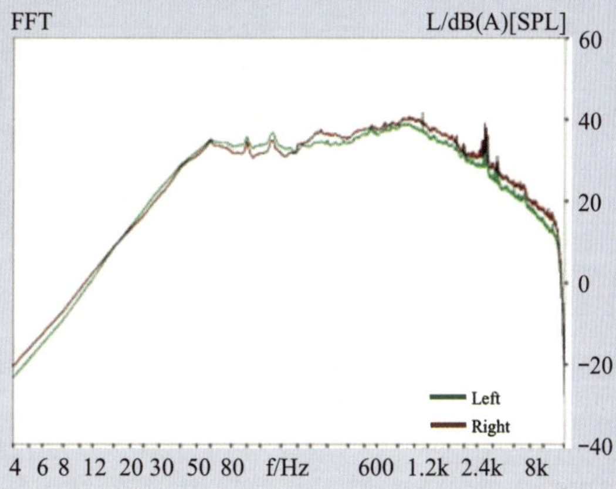

Level vs. Time

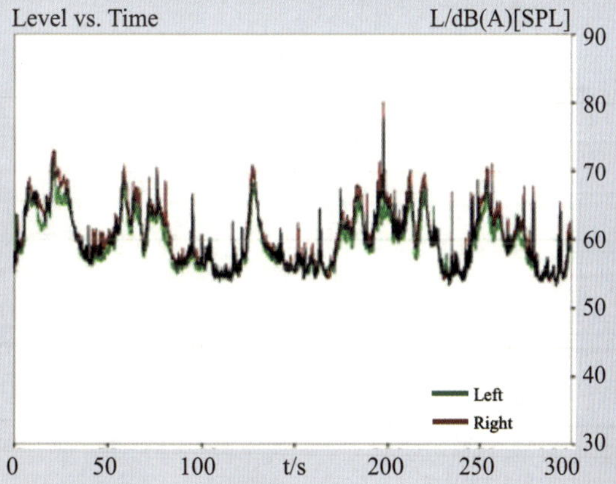

工作日午间之声　工作日下午之声　工作日夜间之声

休息日清晨之声　休息日上午之声 1　休息日上午之声 2

休息日傍晚之声

南益田路视景

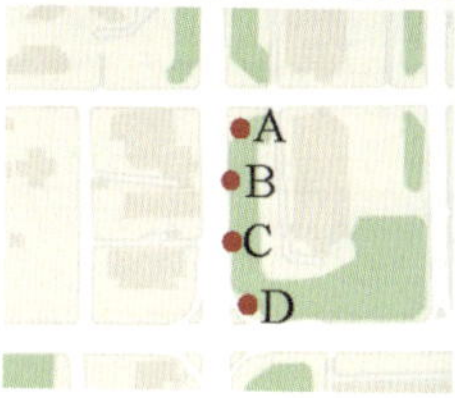

北纬 22° 32′
东经 114° 3′

此处植物类型

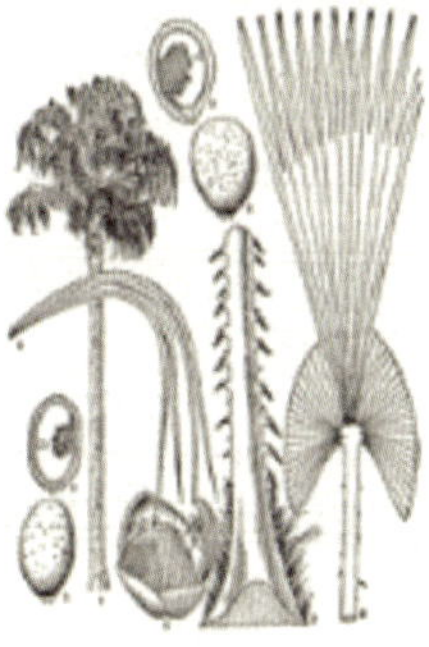

蒲葵

高山榕

琴叶榕

南益田路声景：南益田路位于福田区中轴线上；大部分时段以交通声和鸟鸣蝉叫声为主；该处呈现出汽车嘈杂之声与鸟鸣蝉叫声此起彼伏的混元声景。

周边环境存在的动物有鸟、蝉等。

工作日声音的声学特征：环境声级为 55 ～ 65 dB(A) 随时间呈节律性变化，呈现出生活声与自然声混合的特征；以中、低频声为主，声音在频域方面的波动不剧烈；左右耳对中频声的听觉差异较小，而对低频声有一定差异。

<table>
<tr><th colspan="4">工作日清晨之声</th></tr>
<tr><td>声音时长</td><td>5 min</td><td rowspan="3">FFT</td><td rowspan="3">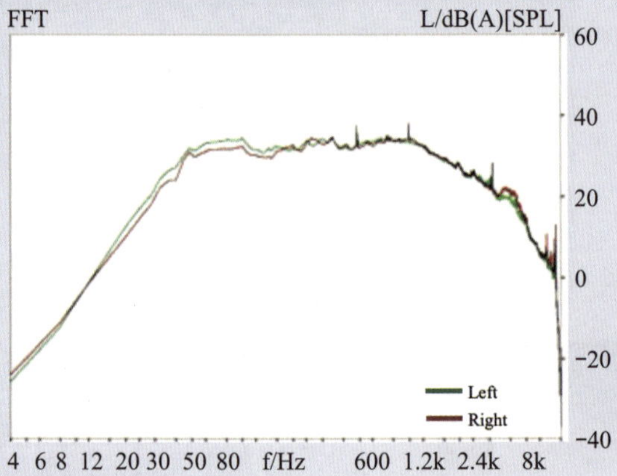
</td></tr>
<tr><td>Leq</td><td>58.0 dB(A)</td></tr>
<tr><td colspan="2">可听见的声音：
____
____
____
____
____
__________</td></tr>
<tr><td colspan="2"></td><td>Level vs. Time</td><td>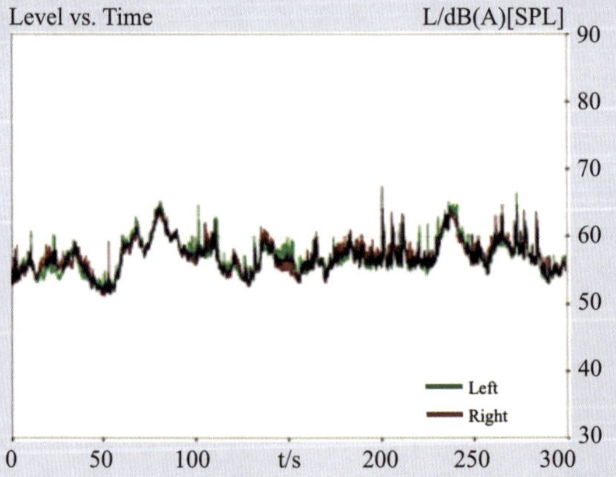
</td></tr>
</table>

工作日傍晚之声　　工作日夜间之声　　休息日清晨之声

休息日上午之声　　休息日下午之声

深圳音乐厅
SHENZHEN
CONCERT HALL
30

深圳图书馆视景

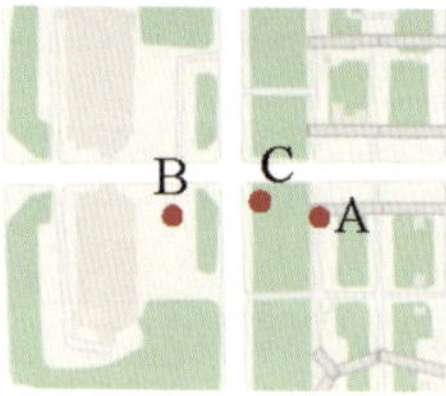

北纬 22° 32′
经 114° 3′

此处植物类型

黄樟

琴叶榕

深圳图书馆声景：深圳图书馆位于莲花山公园南面；休息日下午以人的交谈声为主，工作日清晨则以人们的交谈声夹杂着交通声为主；在工作日清晨呈现出一片汽车嘈杂之声与鸟鸣蝉叫声此起彼伏的混元声景。

周边环境存在的动物有鸟、蝉等。

工作日声音的声学特征：环境声级为 55 ～ 75 dB(A) 随时间变化明显，体现出生活声和自然声混合的特征；包括高、中、低频率声音，高、中频声音的频域波动较强；左右耳听觉有一定差异，反映出此处声音有一定的方向性。

工作日清晨之声			
声音时长	5 min	FFT	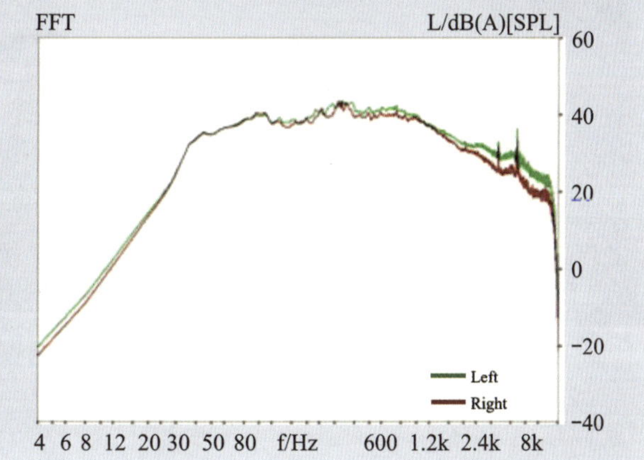
*L*eq	64.5 dB(A)		
可听见的声音： ________ ________ ________ ________ ________ ________			
		Level vs. Time	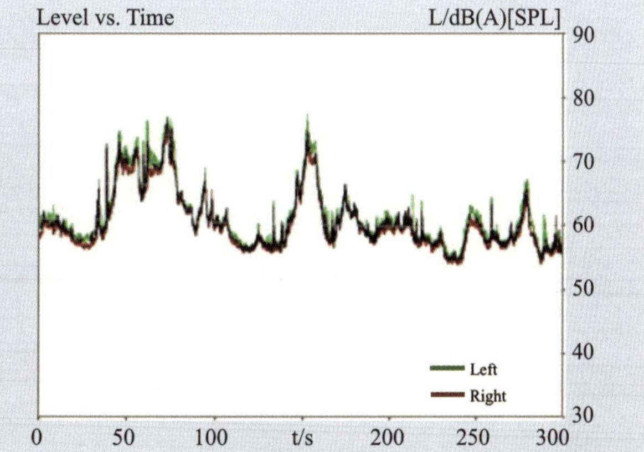

工作日上午之声 1　　工作日上午之声 2　　工作日午间之声

休息日清晨之声　　休息日上午之声

天健小学视景

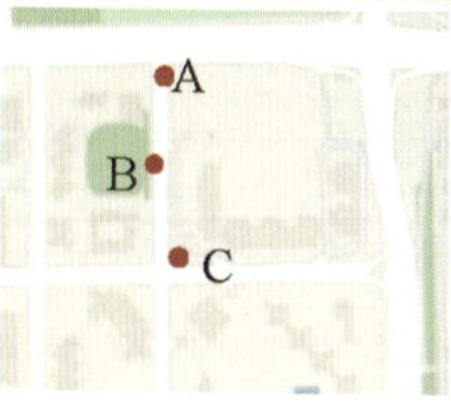

北纬 22° 32′
经 114° 3′

此处植物类型

蟛蜞菊

首冠藤

琴叶榕

天健小学声景：天健小学位于莲花山公园南面；在工作日傍晚以人的交谈声为主，在工作日午间则以人的交谈声夹杂着鸟叫声和交通声为主；在工作日午间呈现出喧闹的汽车声、生活声和鸟叫声交融混元的声景。

周边环境存在的动物有鸟、蜜蜂等。

工作日声音的声学特征：环境声级为 60 ～ 70 dB(A) 随时间呈节律性变化，表现出生活声与交通声混合特征；高、中、低频率声音在频域方面的波动明显；左右耳听觉差异不大，声音的方向性不强。

工作日午间之声			
声音时长	5 min	FFT	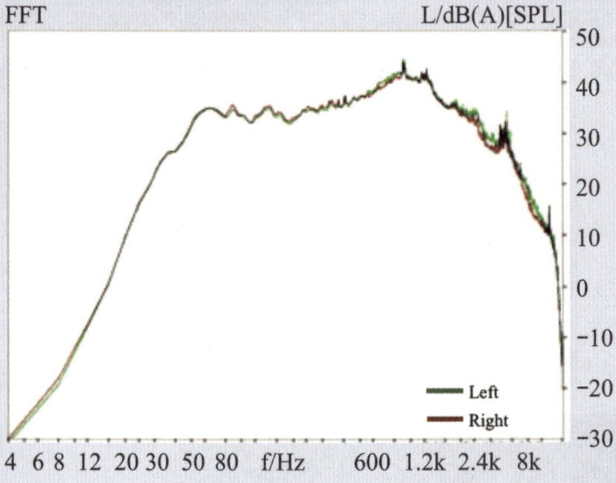
Leq	64.4 dB(A)		
可听见的声音： ______ ______ ______ ______ ______ ______			
		Level vs. Time	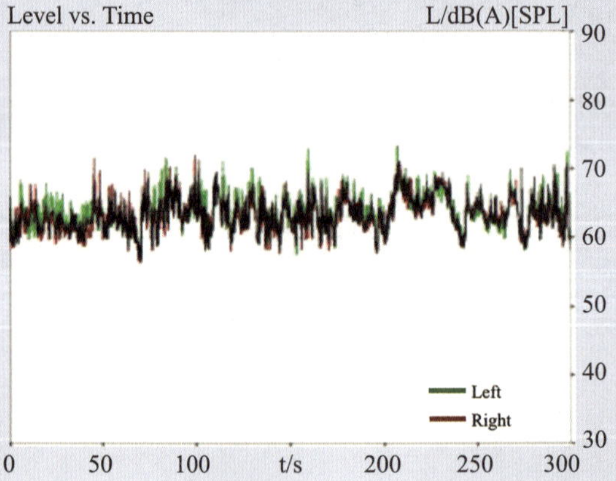

工作日清晨之声　　工作日上午之声　　工作日下午之声

休息日清晨之声　　休息日上午之声 1　　休息日上午之声 2

休息日下午之声

莲花山邓小平铜像广场周边视景

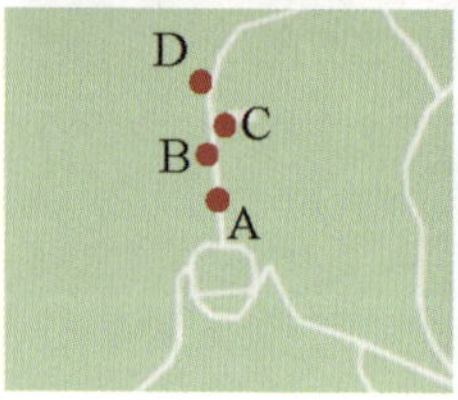

北纬 22° 33′
东经 114° 3′

此处植物类型

蟛蜞菊

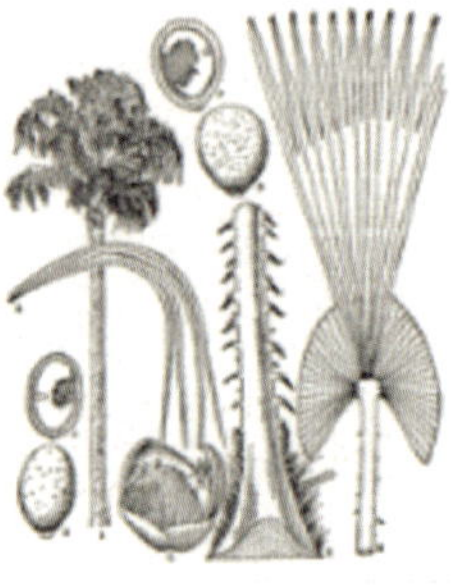

蒲葵

高山榕

莲花山邓小平铜像广场声景：邓小平铜像广场位于莲花山公园内；休息日上午以鸟鸣蛙蝉叫为主，工作日上午则以人们的交谈声夹杂着鸟鸣蛙蝉叫声夹为主；在工作日上午呈现出鸟鸣蝉叫声与生活声此起彼伏，交融复杂的混元声景。

周边环境存在的动物有鸟、蝉等。

工作日声音的声学特征：环境声级为 50 ～ 90 dB(A) 随时间呈剧烈波动，呈现出一派嘈杂的市井之音；包括高、中、低频率声音，且中、高频声音在频域向的波动较为剧烈；左右耳听觉差异不明显，反映出声音的方向性不明显。

工作日上午之声			
声音时长	5 min	FFT	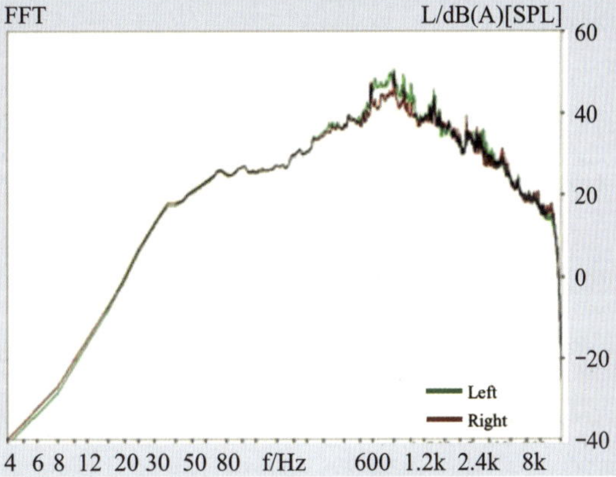
*L*eq	66.7 dB(A)		
可听见的声音： ______ ______ ______ ______ ______			
		Level vs. Time	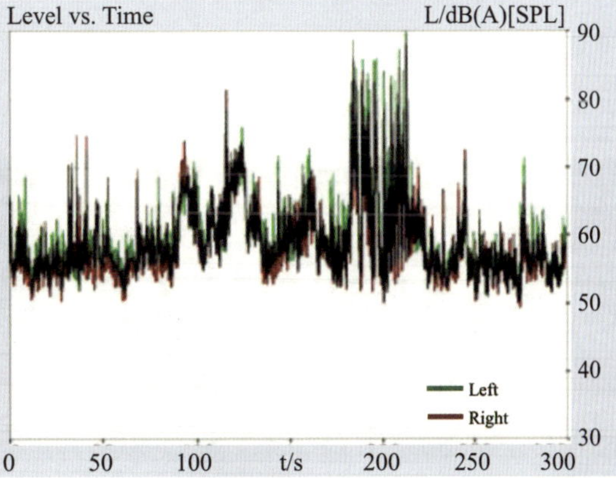

工作日上午之声　　工作日傍晚之声　　休息日上午之声

休息日傍晚之声

福田区混元声景特征

福田区是深圳市的行政中心城区以及商务区。福田区建成了大量文化教育设施、商业娱乐设施。主要产业为社会服务业，工业企业较少。自二十世纪 90 年代以来，城市人口不断增加，到 2010 年左右，人口达到平衡。区内生态环境较好，公园众多，植物以樟树、榕树为主，野生动物以鸟、蝉为多。福田区以市民日常活动叠合城市交通声为主要声景，期间夹杂着些许鸟鸣虫叫的自然声，特别在每年的 4 ～ 10 月。该区域的生活声源主要为人们娱乐活动的声音，形成了福田丰富多样的混元声景。

福田区以居住、办公、现代服务业为主要城市功能，加上先天优越的生态环境条件，形成了以自然、生活、机械类声源构成的混元声景，反映了现代化都市生活的“声影”。福田混元声景的环境声级一般在 60 dB(A) 左右，时常高达 70 dB(A) 以上，最低也在 50 dB(A) 以上。包括的主要声音为日常生活声、游园嬉闹声、汽车行驶声、周边应和的鸟叫声、密丛中的虫鸣声。其中，公园绿地周围的自然声更明显；社区周边则以社会生活声和交通声为主。从时间维度来看，福田区混元声景的环境声级每日变化不大。但春季普遍高于其他季节，预示着万物复苏、人们的活动也开始频繁。

从本章包括的 53 个福田地区混元声景音频特征来看，生活声与自然声比机械声更多、更明显。但由于拥有发达的交通系统，交通声是福田区主要背景声。福田混元声景的环境声音频率不高，声音波动性较为明显，呈现出生态型都市层次丰富的声景特色。

福田区深圳图书馆典型混元声景的声学特征

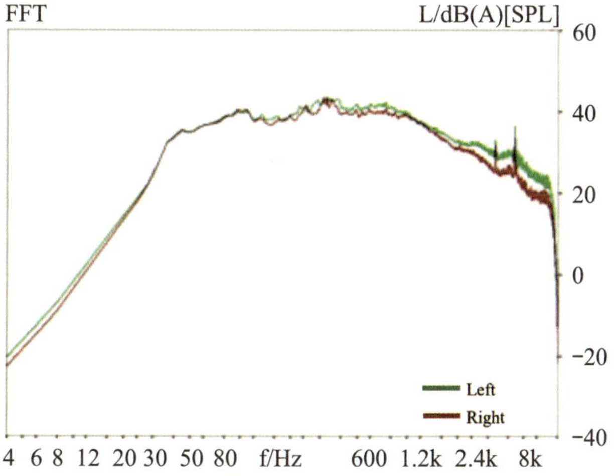

福田区商报东二路典型混元声景的声学特征

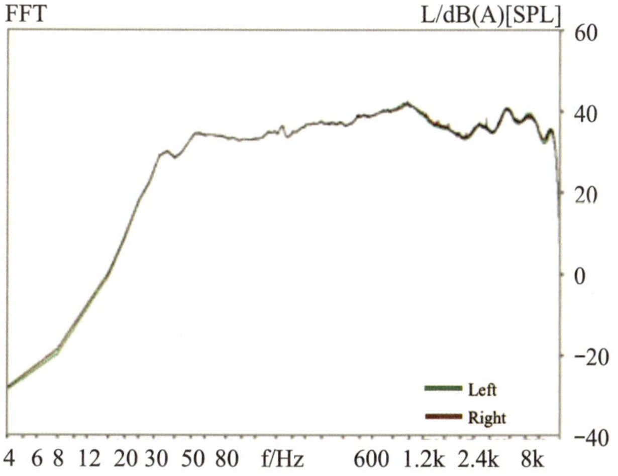

从以上图可以看出，所有频率声音抖动均不明显，体现了多声稳定并存的混元声景特征。

福田区莲花中学夏季某周混元声景声级变化趋势

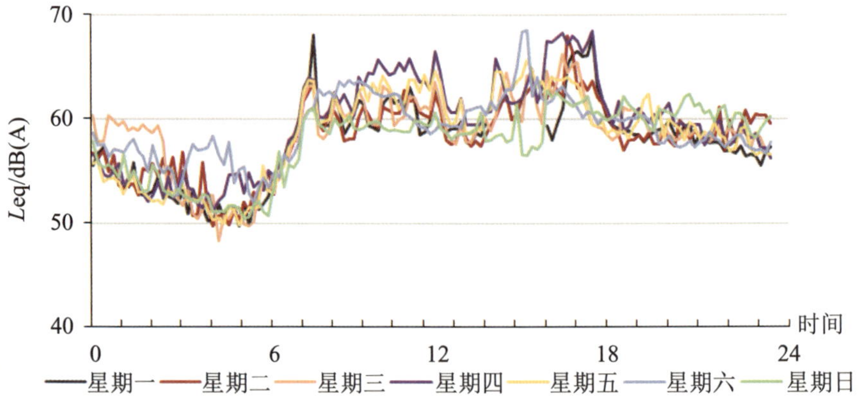

福田区莲花中学具有福田区混元之声的典型特征。从上图展示的莲花中学夏季某周混元声级变化可以看出，夜间声级较低，约在 50 ～ 60 dB(A)，白天声级较高，约在 60 ～ 70 dB(A)。

福田区莲花中学四季混元声景声级变化趋势

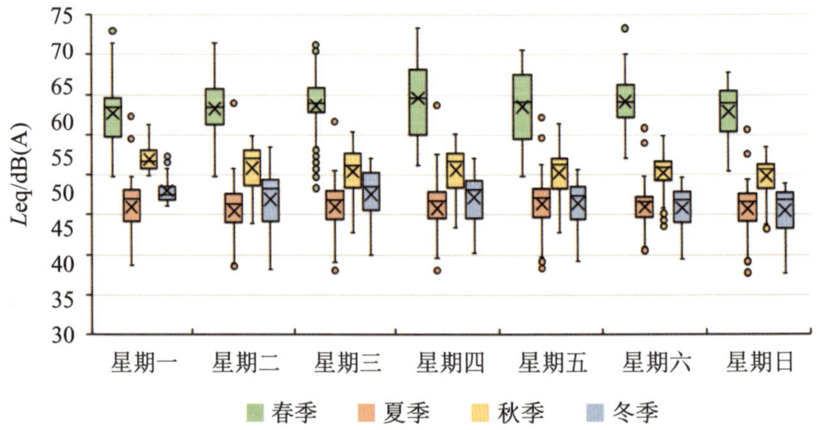

从福田区莲花中学四季混元声级变化可以看出，春季声级明显大于其他三个季节，声级为 55 ～ 60 dB(A)，秋季其次，大约在 50 dB(A) 左右，夏、冬季较低，大约在 45 dB(A)。

南　山

深圳南山地区古称南头。先秦时期属百越，秦汉时期属南海郡管辖。明朝洪武年间，在此地修筑所城。南山区位于深圳城市的中偏西部，东接福田区，西连宝安区，北靠阳台山与宝安区、龙华区接壤，南部经蛇口港、大铲岛和内伶仃岛与香港元朗遥相呼应，西南隔珠江口与珠海、澳门相望。南山地处于北纬 22° 24′ ～ 22° 39′ 、东经 113° 47′ ～ 114° 01′ ，地势北高南低，区域内平地、台地、山丘相间，且由北向南逐级下降。南山区滨临南海，属亚热带海洋性季风气候，阳光充沛。南山行政辖区土地面积约 188 平方千米，海岸线长 43.7 公里，是除深圳大鹏新区区外，具有最长海岸线的一个行政区。南山区下属 8 个行政街道，101 个行政社区。

相较于罗湖区、福田区而言，南山区自然环境更为突出，城市建筑空间变化也更为丰富，城区范围大，区域内自然生态基底边界及海岸线均较长，呈现出多层次的生态景观，具有多元化声景特征。南山区发展之初以现代高端制造业为主，正朝着金融、贸易等服务业方向转型。区域声丰富多元，不同地段呈现出不同的听觉声景主题。南山区混元声之篇共包括了 37 个声源片段。它们呈现了轰鸣交通噪声背景下，依山濒海城区丰富多姿的社会生活“气象”，以及一座年轻城市的“嘉年华盛宴”！

半山海景别墅视景

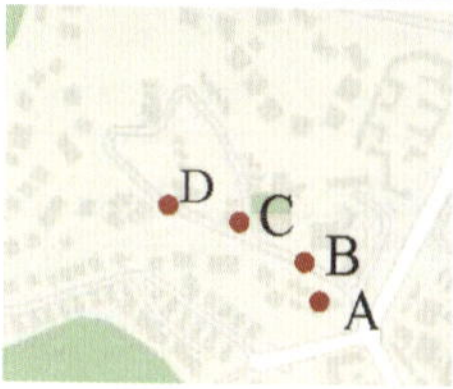

北纬 22° 32′
东经 114° 3′

此处植物类型

柳树

樟树

软枝黄蝉

竹子

半山海景别墅 A 处声景：半山海景别墅位于南山公园东南面；大部分时段以交通声，鸟鸣蝉鸣声和人们的交谈声为主；该处呈现出穿过山间别墅小路的汽车声与鸟鸣虫叫辉映下的各种生活及环境的混元声景。

周边环境存在的动物有鸟、蝉、蝶等。

休息日声音的声学特征：环境声级为 60 dB(A) 上下呈节奏性变化；以中、低频声音为主，存在一些高频声。高、中、低频声音波动性明显；左右耳的听觉时差不明显，且声音的方向性也不明确。

休息日傍晚之声			
声音时长	5 min	FFT	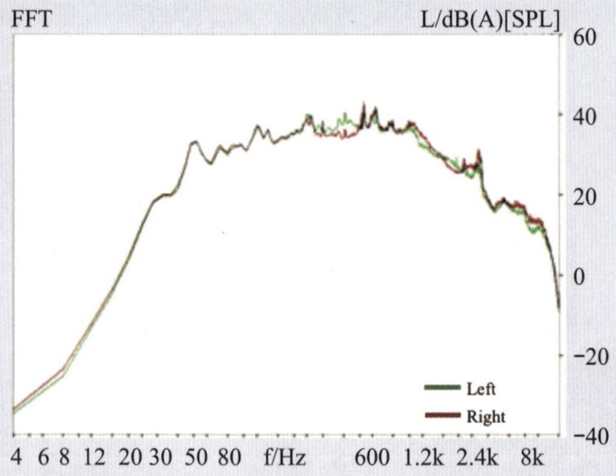
Leq	73.3 dB(A)		
可听见的声音： ________ ________ ________ ________ ________ ________		Level vs. Time	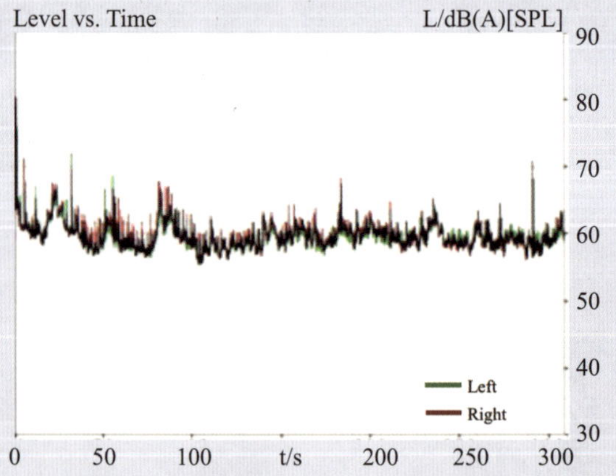

工作日清晨之声 工作日上午之声 休息日上午之声 1

休息日上午之声 2 休息日下午之声

半山海景别墅 B 处声景：半山海景别墅位于南山公园东南面；大部分时段以交通声，鸟鸣蝉鸣声和人们的交谈声为主；该处呈现出鸟鸣蝉叫声与喧嚣汽车声交织在一起的混元声景象。

周边环境存在的动物有鸟、蝉等。

休息日声音的声学特征：环境声级为 55 ～ 70 dB(A) 呈波动性变化，节奏性不强；高、中、低频声音并存，高频声音抖动性明显；左右耳有听觉时差，声音具有方向性。

休息日傍晚之声			
声音时长	5 min	FFT	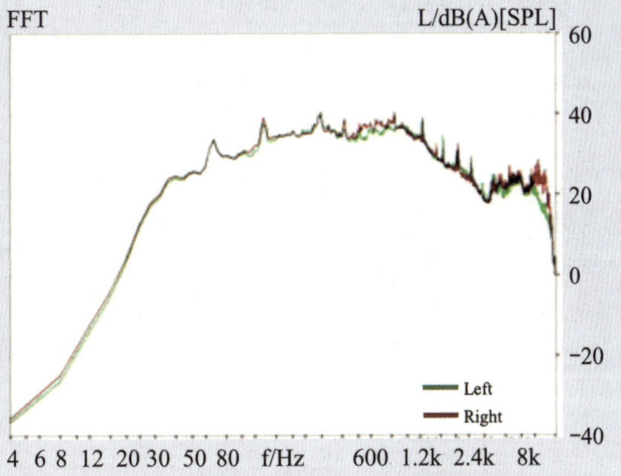
Leq	60.3 dB(A)		
可听见的声音： __________ __________ __________ __________ __________ __________			
		Level vs. Time	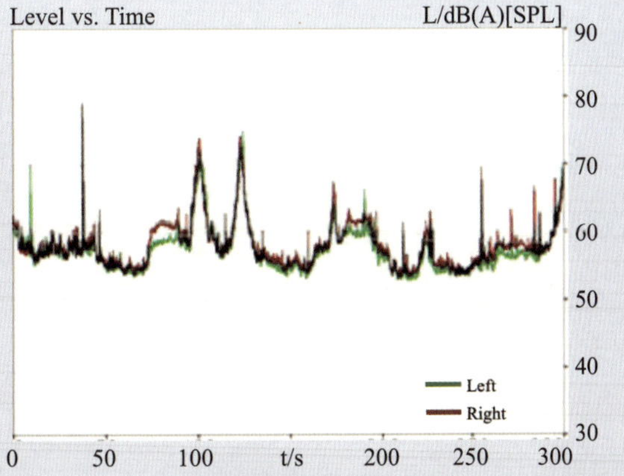

工作日上午之声 1　工作日上午之声 2　工作日傍晚之声

休息日上午之声 1　休息日上午之声 2　休息日傍晚之声

30

前海路视景

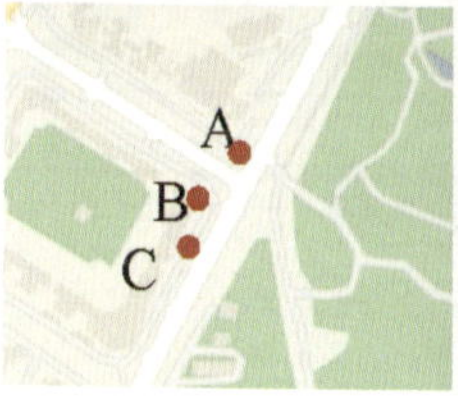

北纬 22° 30′
经 113° 53′

此处植物类型

榕树

樟树

软枝黄蝉

荔枝

前海路声景：前海路位于南山区西南面；休息日上午以交通声为主，休息日下午则以鸟鸣蝉鸣声夹杂着人们的交谈声为主；在休息日下午呈现出鸟鸣蝉叫声、人谈话声、行驶的汽车声，交错在一起。

周边环境存在的动物有鸟、蝉等。

休息日声音的声学特征：环境声级为 60 ～ 80 dB(A) 变动，随时间呈节律性变化；高、中、低频声音并存，高频声音抖动较为明显；对高频声的左右耳听觉时差明显，说明该声音具有一定方向性。

<table>
<tr><th colspan="4">休息日下午之声</th></tr>
<tr><td>声音时长</td><td>5 min</td><td rowspan="3">FFT</td><td rowspan="3">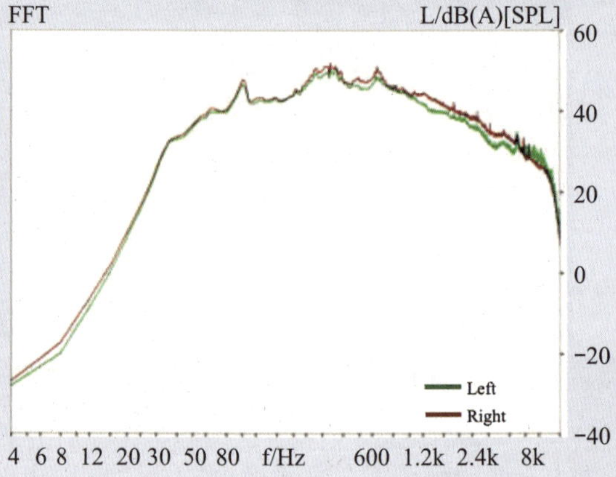</td></tr>
<tr><td>Leq</td><td>70.9 dB(A)</td></tr>
<tr><td colspan="2">可听见的声音：
____
____
____
____
____
________</td></tr>
<tr><td colspan="2"></td><td>Level vs. Time</td><td>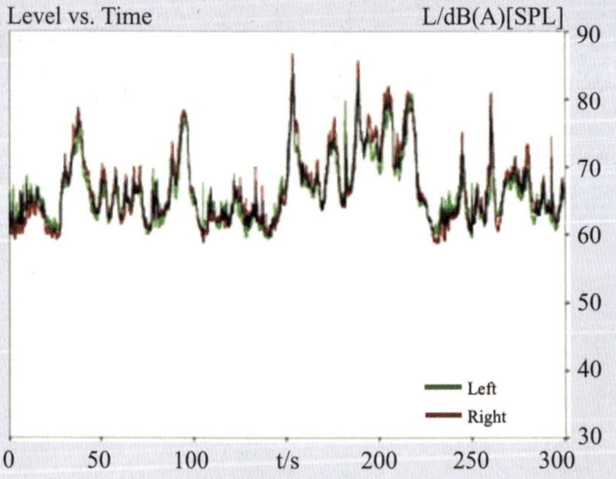</td></tr>
</table>

工作日上午之声 1　　工作日上午之声 2　　工作日夜间之声

休息日上午之声　　休息日下午之声　　休息日傍晚之声

南海中学视景

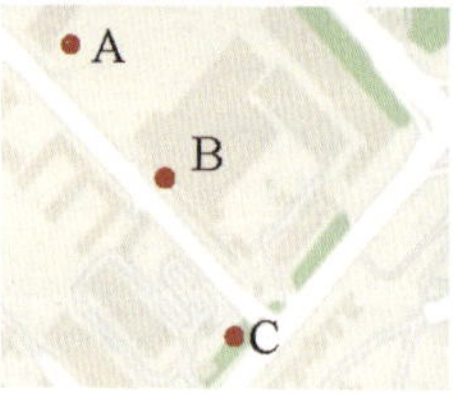

北纬 22° 30′
经 113° 54′

此处植物类型

棕榈

软枝黄蝉

樟树

南海中学声景：南海中学位于月亮湾大道东面；休息日清晨以交通声为主，休息日下午则以鸟鸣蝉鸣声夹杂着人们的交谈声为主；在休息日下午呈现出嘈杂的施工声与鸟鸣蝉叫声混合在一起、此起彼伏，交织的复合声景。

周边环境存在的动物有鸟、蝉等。

休息日声音的声学特征：环境声级为 65 ～ 75 dB(A) 随时间呈奏性变化；高、中、低频声音并存，声音在频域上的波动性不大。中高频声音比低频声波动明显一些，反映出自然声与生活声的特性；左右耳听觉没有时差，声音的方向性不明显。

休息日下午之声		
声音时长	5 min	FFT
Leq	67.5 dB(A)	
可听见的声音： ______ ______ ______ ______ ______ ______		
		Level vs. Time

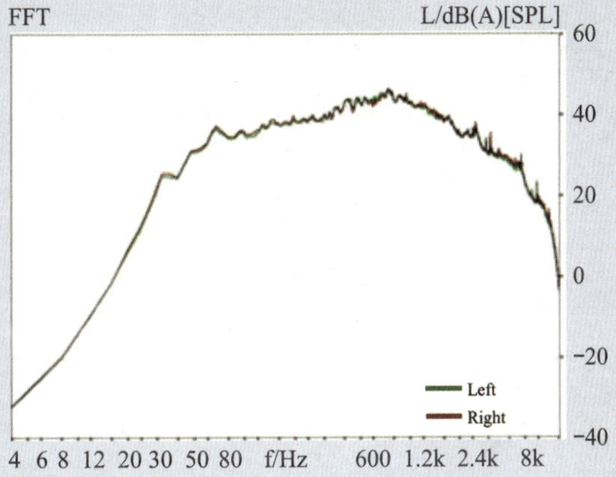

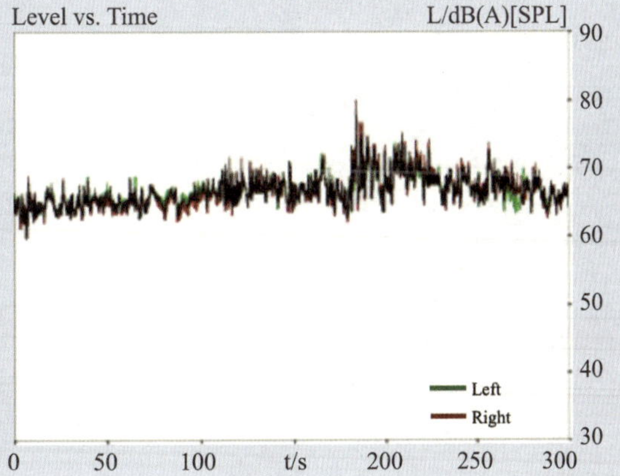

工作日下午之声 1　　工作日下午之声 2　　工作日夜间之声

山水情小区视景

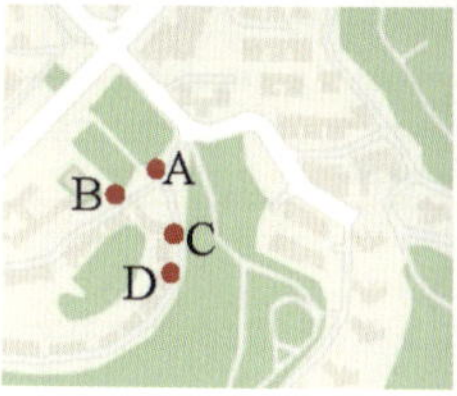

北纬 22° 30′
东经 113° 34′

此处植物类型

软枝黄蝉

细杆椰子

黄金叶

榕树

山水情小区声景：山水情小区位于荔林公园北面；休息日清晨以鸟、蝉鸣声为主，休息日午间则以交通声夹杂着人们的交谈声为主；在休息日午间呈现出交通轰鸣声与鸟鸣蝉叫声混合多元的声景。

周边环境存在的动物有鸟、蝉、蜘蛛等。

休息日声音的声学特征：环境声级为 50 ～ 70 dB(A) 呈剧烈变化，且存在节奏性；高、中、低频声音并存。中、高频声音抖动较为剧烈；左右耳听觉存在一定时差，表明声音具有一定方向性。

<table>
<tr><th colspan="4">休息日午间之声</th></tr>
<tr><td>声音时长</td><td>5 min</td><td rowspan="3">FFT</td><td rowspan="3">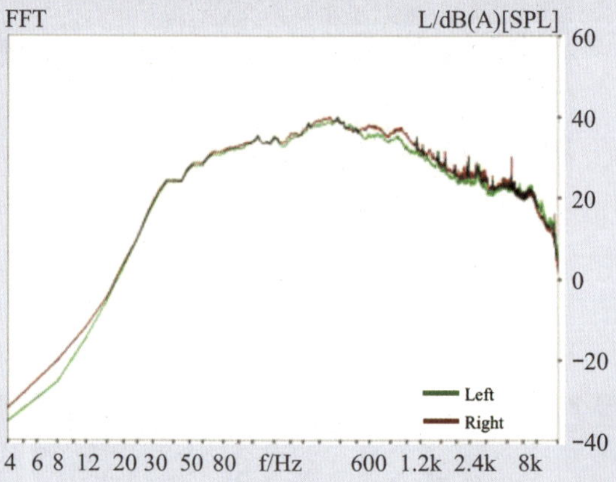
</td></tr>
<tr><td>Leq</td><td>60.1 dB(A)</td></tr>
<tr><td colspan="2" rowspan="2">可听见的声音：
______
______
______
______
______
______</td></tr>
<tr><td>Level vs. Time</td><td>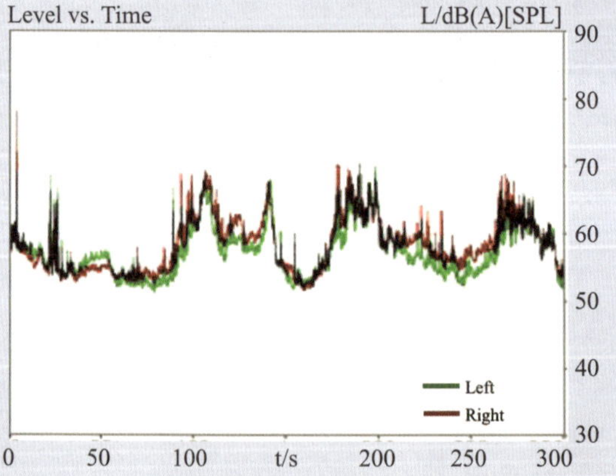
</td></tr>
</table>

工作日清晨之声 工作日午间之声 工作日夜间之声

休息日清晨之声 休息日下午之声 休息日夜间之声

南山混元声景特征

南山区是深圳经济特区内发展较晚的一个行政区。主要发展时间在二十一世纪初。但南山中的华侨城区域和蛇口区域的发展则较早。起始于深圳经济特区建立之初，与罗湖区的发展时间相一致。随着本世纪深圳城市向西发展，南山区城乡结合特征消失殆尽。随着城市化升级，南山区与国际化都市越来越接轨。南山区内有较长的海岸线、大小南山、梧桐山支脉为区域内自然生态本底，带来了较多的自然声源。虽然南山秉承生态开发建设理念，但由于较高的城市化水平，南山依然是以混元声景为主。在生活声、交通声、鸟鸣蝉叫、海水声等多种声源杂糅之下，形成了南山丰富的声景特色。

南山区作为紧邻福田的区域，城市结构与福田区具有较多的相似之处。但由于拥有大量科技园区，南山区混元声景中包括了更多的社会活动声。其环境声级与福田区相似，一般在 60 ～ 70 dB(A)，属于偏高等级。同样，南山也存在着较为丰富的天然生态环境，有着较多的自然声源。因此，南山混元声景体现了一种人与自然融合的生态都市景象。此外，由于具有发达的城市交通，交通声是主要城市背景声。特别是全区处于航道线上，飞机划过声亦是南山混元声景的一个显著特征。目前，由于南山区处于城市功能提升阶段，施工声此起彼伏，是南山混元声景的又一特征。从时间维度看，南山混元声景的环境声级每日变化并不明显，与其他区相似。同样，其春季混元声景的环境声级略高于其他季节。

从本章包括的 37 个南山地区混元声景音频特征来看，声音的方向性不明显。但其中的中高频声音存在一定方向性，反映出混元声景中自然声与生活声混合的特征。整体来看，南山混元声景中包含的声音较为丰富，体现了该区域的城市活力。

南山区前海路典型混元声景的声学特征

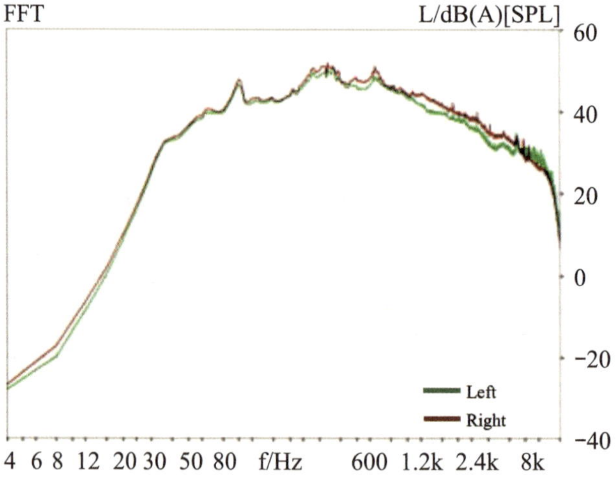

南山区半山海景别墅典型混元声景的声学特征

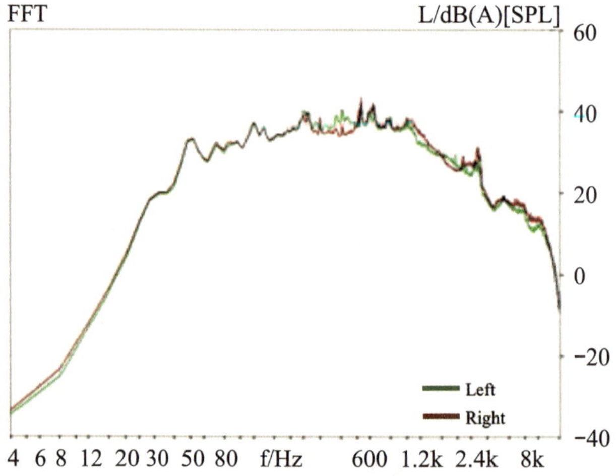

从上述图可以看出，所有频率声音均存在一定抖动性，呈现出多元声音混合的特点。

南山区明华会议中心夏季某周混元声景声级变化趋势

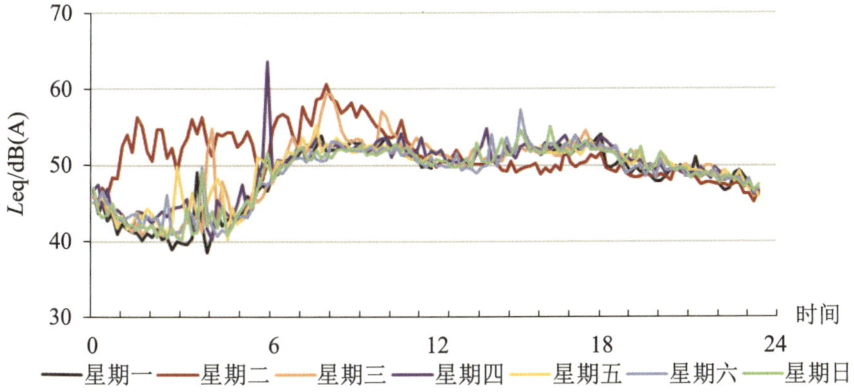

南山区明华会议中心具有南山区混元之声的典型特征。从上图展示的明华会议中心夏季某周混元声级变化可以看出，周二夜间 0 点以后至中午 12 点时间段声级较高，其他时间段与其他日期的声级接近。除周二外的其他日期夜间声级比白天高。

南山区明华会议中心四季混元声景声级变化趋势

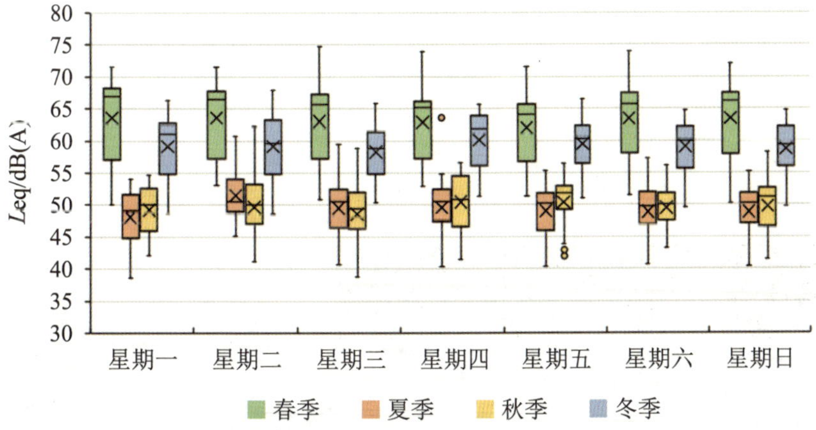

从南山区明华会议中心四季混元声级变化可以看出，春季声级最高，在 60 ～ 65 dB(A)，冬季次之，在 55 ～ 60 dB(A)，这两个季节明显大于其他两季。

宝 安

“宝安”区为深圳地区改革开放前的名称，称为宝安县。改革开放后撤县建区。宝安区地处深圳城市西部，以广府文化为主，区内名胜古迹较多、民族文化丰富。宝安区西临珠江口，东接龙华区与光明新区，南面与南山区相连，北部为东莞市。宝安区位于北纬 22° 30′ ～ 22° 52′ 、东经 113° 40′ ～ 113° 59′ 。区内地形较为复杂，主要地貌为低山、丘陵、台地和平原，属低山丘陵滨海地貌。宝安区背山面海，岗峦起伏，主要山脉属莲花山系，由阳台山、凤凰山等构成海岸屏障，最高海拔地区为阳台山山顶。宝安区行政辖区面积 397 平方千米，海岸线长 45 千米，海域 220 千米。宝安区下属 10 个行政街道，124 个行政社区。

宝安区背山面海、岗峦起伏，具有得天独厚的自然景观，自然声景亦十分丰富。随着深圳城市扩容，前海现代化自由贸易区建设，宝安区境内物流业日益发达，交通及建设噪声也日益严重。随着城区建设日益完善，宝安区将形成海港、空港、现代高端制造以及金融贸易服务的重要城区，现代化都市建设的发展将使宝安区日益接近南山城市格局，生产、生活、与原生态基底之间形成了较为混合的城市声环境。宝安区混元之声篇共包括了 45 个声源片段。它们展现了宝安区日新月异的现代化都市声景，形成了宝安独特的城市交响曲。

河滨南路视景

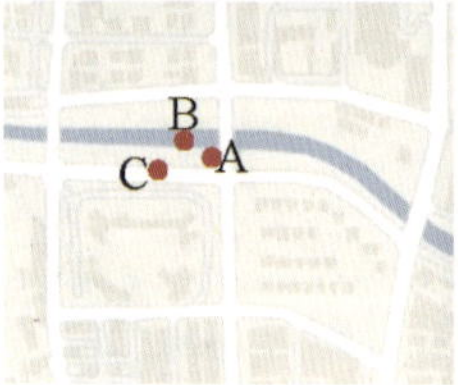

北纬 22° 40′
经 113° 56′

此处植物类型

车前草

大王椰子

河滨南路声景：河滨南路位于宝安区新桥市民广场东面；工作日清晨以汽车声夹杂着些许人们的交谈声为主，工作日下午则以鸟鸣蝉叫声，汽车声和人们的交谈声为主；在工作日下午呈现出喧闹的汽车声和鸟鸣交融混元的声景。

周边环境存在的动物有鸟等。

工作日声音的声学特征：此处环境声级为 55 ～ 80 dB(A)，声音随时间存在节律性变化，呈现出婉转的鸟鸣与生活声混合在一起的特征；环境声以中、高频率声音为主，且中、高频声音抖动较为剧烈；左右耳在高频率段有明显的听觉差异，反映出此处环境声中自然声的方向性很强。

工作日下午之声			
声音时长	5 min	FFT	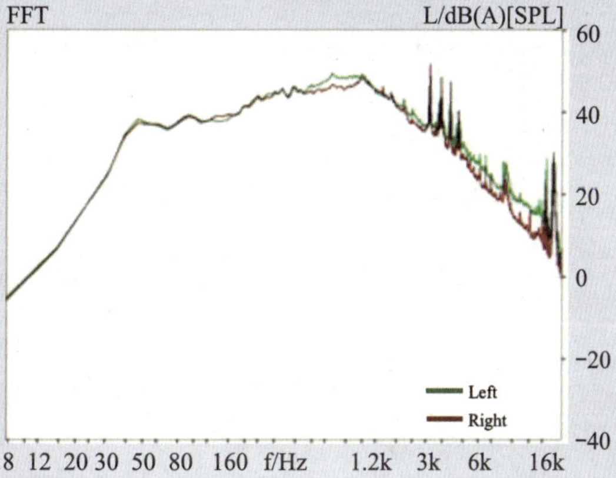
*L*eq	68.2 dB(A)		
可听见的声音：			
		Level vs. Time	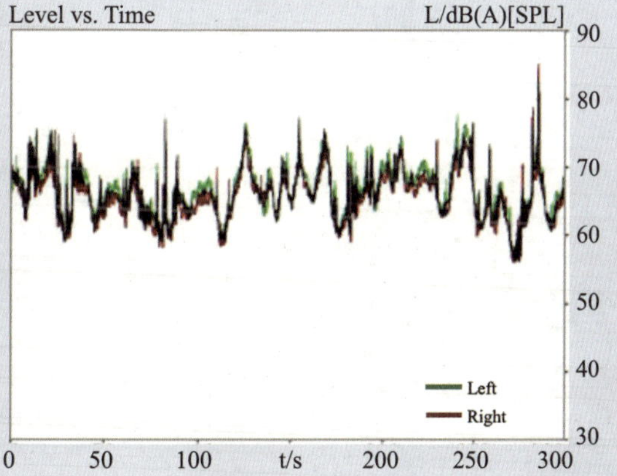

工作日上午之声　　工作日下午之声　　工作日傍晚之声

休息日上午之声　　休息日下午之声　　休息日夜间之声

罗租上新村视景

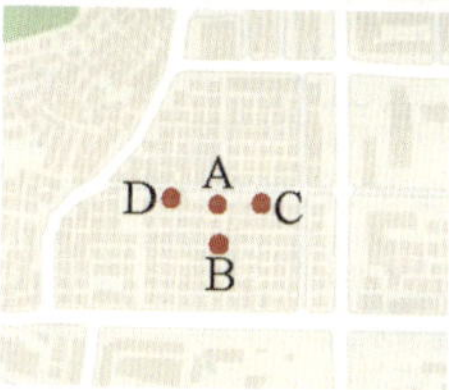

北纬 22° 40′
东经 113° 56′

罗租上新村声景：罗租上新村位于宝安区石岩大道；休息日上午以人们的交谈声为主，工作日下午则以人们的交谈声夹杂着交通声为主；在工作日下午呈现出城中村空间拥挤，轰隆的交通声和喧嚣的谈话声交融混元的声景。

周边环境不存在野生动物。

工作日声音的声学特征：此处环境声的声级为 60 dB(A) 左右随时间呈波动变化，最高可达 80 dB(A)；环境声包括了高、中、低频率的声音，中高频声音的波动剧烈；左右耳基本无听觉差异，反映出此处环境声的方向性不强。

工作日下午之声			
声音时长	5 min	FFT	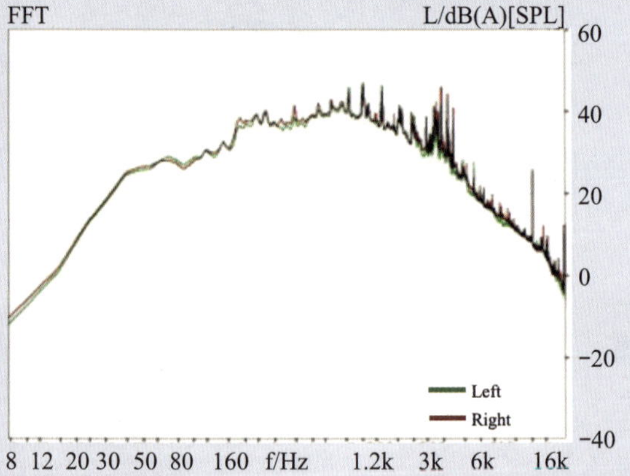
Leq	62.2 dB(A)		
可听见的声音： __________ __________ __________ __________ __________ __________		Level vs. Time	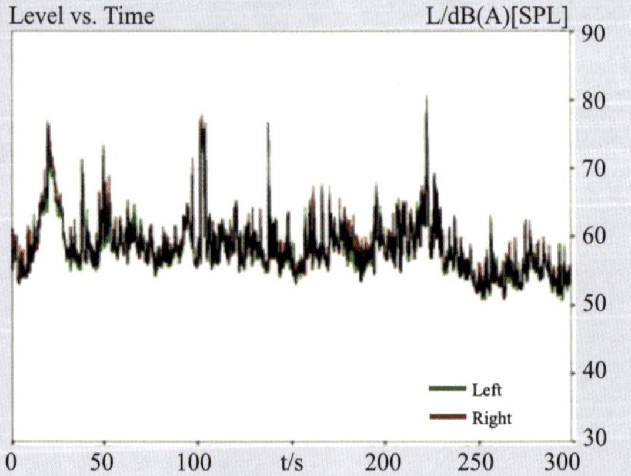

工作日清晨之声　　工作日上午之声　　工作日傍晚之声

休息日下午之声 1　　休息日下午之声 2

老干部活动中心
育才路

石岩街道老干部活动中心视景

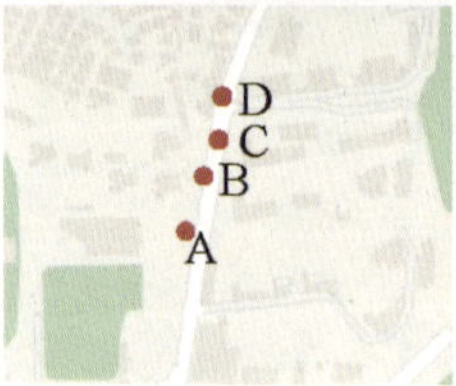

北纬 22° 40′
东经 113° 56′

此处植物类型

黄樟

石岩街道老干部活动中心声景：石岩街道老干部活动中心位于育才路和龙腾路十字交叉口东北面；大部分时段以鸟鸣声和汽车声为主；该处呈现出喧闹的汽车声和鸟鸣声交融混元的声景。

周边环境存在的动物有鸟等。

工作日声音的声学特征：此处环境声级 55 ～ 70 dB(A) 随时间呈节律性变化，反映了婉转鸟鸣与机械声混一起的特征；环境声以高频率和低频率的声音为主，声音在高频段波动明显；左右耳在高频段有听觉差异，反映出此处环境中的自然声有方向性。

工作日清晨之声

声音时长	5 min	FFT	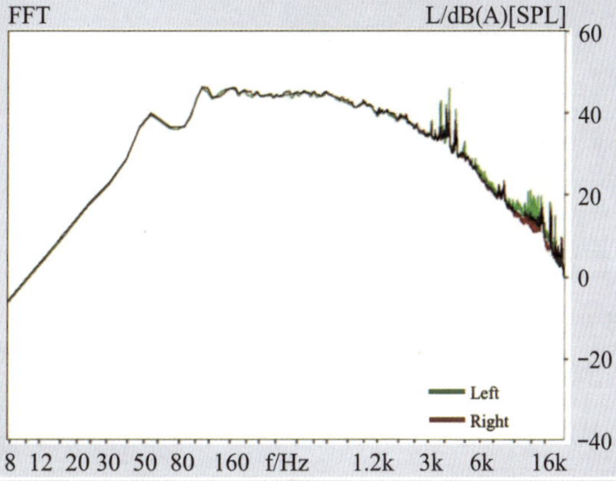
*L*eq	65.3 dB(A)		
可听见的声音： ______ ______ ______ ______ ______ ______		Level vs. Time	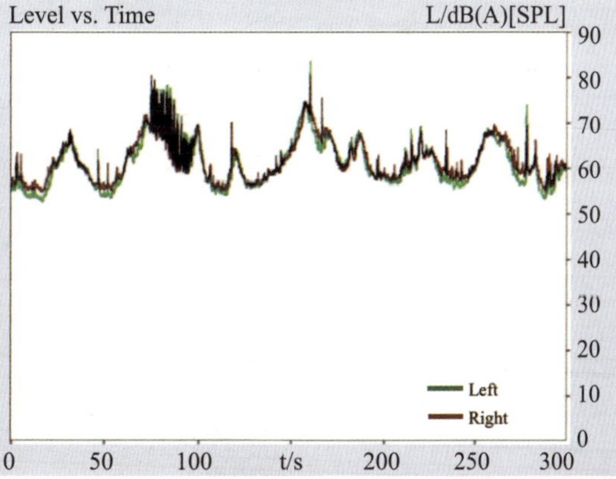

工作日上午之声　工作日下午之声　工作日夜间之声

休息日清晨之声　休息日上午之声　休息日午间之声

休息日下午之声　休息日傍晚之声

石岩公学顺达路视景

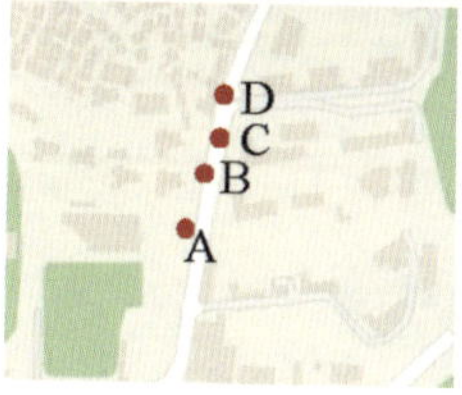

北纬 22° 40′
东经 113° 56′

此处植物类型

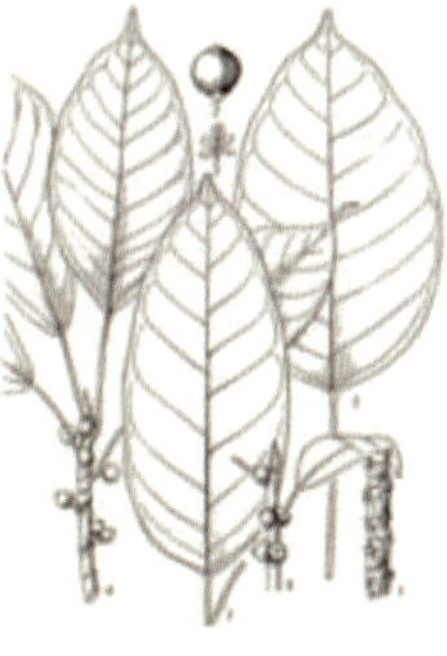

黄葛树

车前草

石岩公学顺达路声景：石岩公学顺达路位于阳台山森林公园西北面；工作日清晨以鸟鸣声夹杂着汽车声为主；在工作日清晨呈现出鸟鸣与喧闹的汽车声交融混元的声景，工作日上午以汽车声为主。

周边环境存在的动物有鸟。

工作日声音的声学特征：此处环境声级 55 ～ 80 dB(A) 随时间呈节律性变化，最高时可达 90 dB(A)；环境声以高频率和低频率的声音为主，声音在高频段轻微波动；左右耳在高频段有较小的听觉差异，反映出此处环境中的自然声有方向性。

工作日清晨之声			
声音时长	5 min	FFT	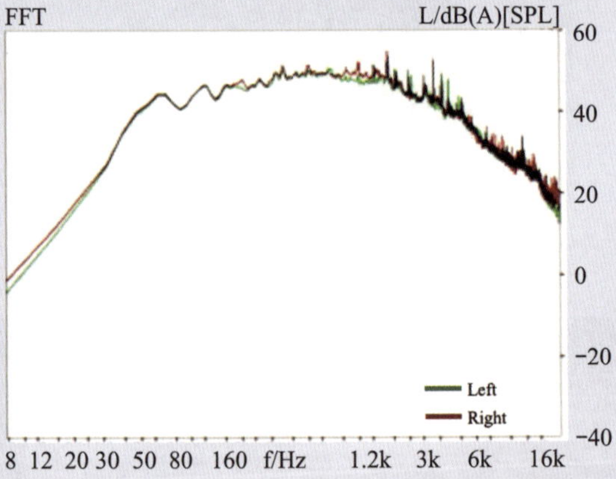
*L*eq	71.9 dB(A)		
可听见的声音： ______ ______ ______ ______ ______ ______			
		Level vs. Time	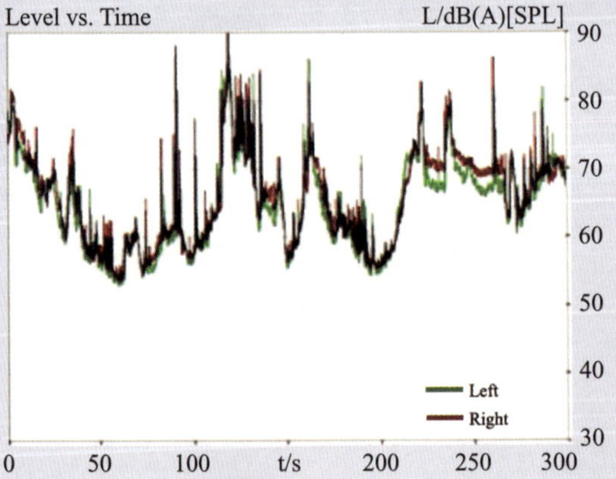

工作日上午之声　　工作日下午之声　　工作日夜间之声

休息日清晨之声　　休息日下午之声　　休息日傍晚之声

中心岭村

阳台山中心岭村视景

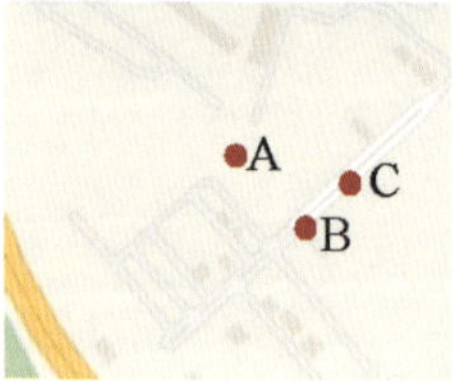

北纬 22° 40′
经 113° 59′

此处植物类型

车前草

软枝黄蝉

阳台山中心岭村声景：阳台山中心岭村位于阳台山森林公园东北面；大部分时段以鸟鸣声和汽车声为主；该处呈现出鸟鸣声与喧闹的汽车声交融形成的混合多元的声景。

周边环境存在的动物有鸟、蝉等。

工作日声音的声学特征：此处环境声级 55 ～ 60 dB(A) 随时间呈节律性变化，呈现出鸟鸣声与生活声混合在一起的特征；环境声包括了高、中、低频率的声音，声音在频域方面的波动不剧烈；左右耳在高频段有轻微的听觉差异，反映出此处环境中的自然声有方向性。

工作日清晨之声			
声音时长	5 min	FFT	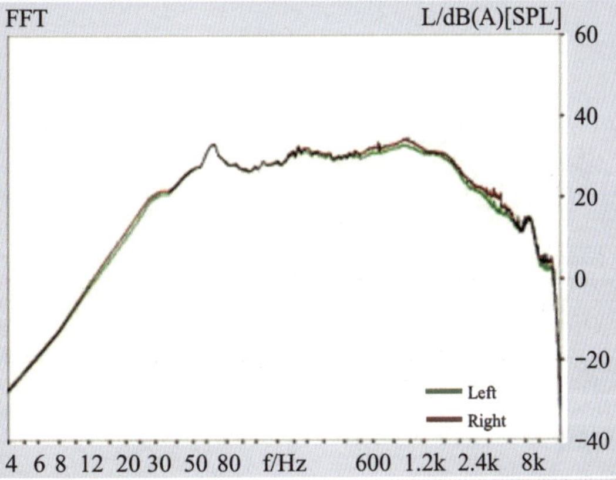
*L*eq	56.6 dB(A)		
可听见的声音： ______ ______ ______ ______ ______ ______			
		Level vs. Time	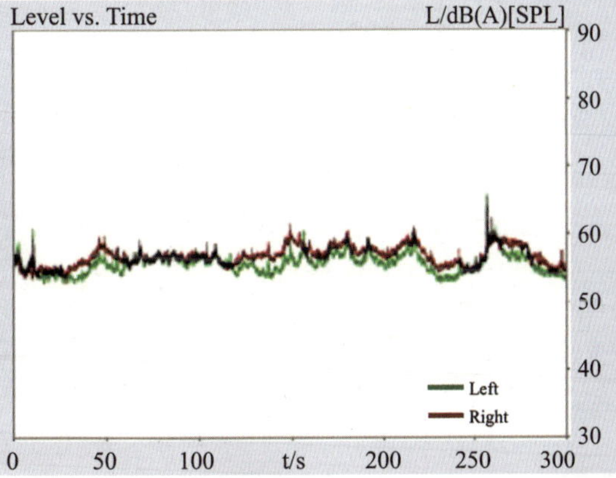

工作日上午之声　　工作日下午之声　　工作日傍晚之声

休息日清晨之声　　休息日午间之声　　休息日下午之声

休息日傍晚之声

阳台山应人石路视景

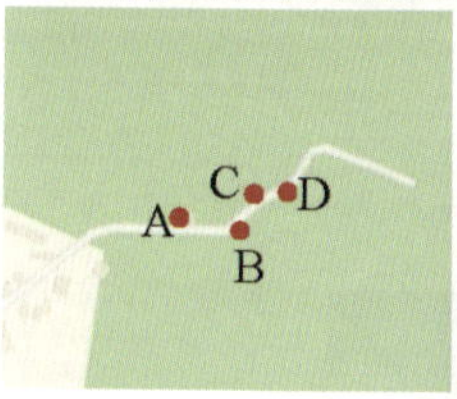

北纬 22° 39′
东经 113° 55′

此处植物类型

车前草

黄樟

阳台山应人石路声景：应人石路位于阳台山森林公园正西面；工作日清晨以鸟鸣蝉叫声为主，休息日下午以汽车声和人们的交谈声为主；在休息日下午呈现出生活声、汽车声、鸟鸣蛙叫、犬吠蝉鸣声交融混元的声景。

周边环境存在的动物有鸟、蝉、蛙等。

休息日声音的声学特征：此处环境声级 45 ～ 60 dB(A) 随时间呈剧烈性变化，最高可达 70 dB(A)，机械声与生活声混合在一起的特征；环境声以低频率和高频率的声音为主，声音在中秋、高频域方面有轻微波动；左右耳在低频段存在明显的听觉时差，反映出此处环境声中的机械声存在一定的方向性。

<table>
<tr><th colspan="4">休息日下午之声</th></tr>
<tr><td>声音时长</td><td>5 min</td><td rowspan="3">FFT</td><td rowspan="3">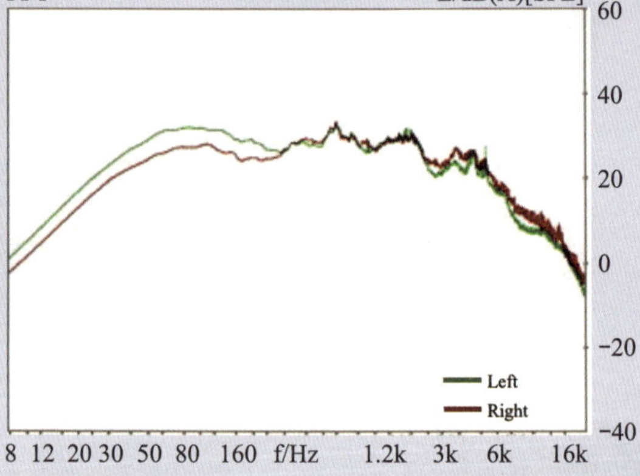
</td></tr>
<tr><td>Leq</td><td>52.8 dB(A)</td></tr>
<tr><td colspan="2">可听见的声音：
______
______
______
______
______
______</td></tr>
<tr><td colspan="2"></td><td>Level vs. Time</td><td>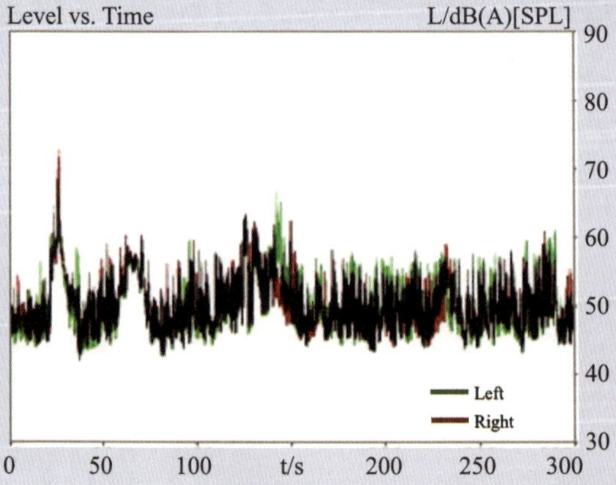
</td></tr>
</table>

工作日下午之声 1　　工作日下午之声 2　　工作日傍晚之声

休息日下午之声　　休息日傍晚之声

宝安区混元声景特征

宝安区位于深圳西北，与中山市隔海相望。在历史上，该地区是县政府所在地。古代的深圳地区为宝安县。因此，宝安区拥有较多的历史古迹、以及源远流长的人文典故。在这块土地上，广府文化与客家风情交相辉映，深港文化在这里扎根发展。随着深圳特区撤销二线关，宝安地区得到了大力发展。特别是随着前海自贸区建设的不断推进，宝安地区的城市化程度快速提高。目前，宝安区内交通量日益增大，工程建设进程如火如荼。宝安区同坪山区一样，正从城郊快速蜕变为现代化都市。在生态发展的建设指导下，宝安区内的自然资源（如：阳台山）受到一定保护。区内的客家风土人情也与现代摩登生活兼蓄，在城中村里得到完整体现。随着历史、现代、未来在城市中碰撞、裹挟前行，宝安区内集聚了丰富的环境声。其中，人们的文体活动声、餐饮喧闹声、夹杂着不时传来的鸟鸣虫叫声、海潮声，构成了区内具有活力的“音符”。然而，大量的交通背景声、吵杂的施工机械声亦与这些“音符”融为一体，展现出海滨之城现代化、多元化的独有气息。

宝安虽然紧邻南山，且地理环境与南山也相近，但由于其城市化进程晚，目前正处于加速城市化过程中，该地区的混元声景与南山区有所不同。宝安区混元声景主要由人声、鸟虫声、交通声组成，但其环境声级偏低，一般在 50 ～ 60 dB(A)，最高也可达 75 dB(A)。这些年的开发建设，使得宝安区城市结构越来越接近南山。可以预见其未来的混元声景也将呈现出以自然声与社会生活声为主，以交通声为背景的声景特征声。从时间维度来看，宝安混元声景的环境声在工作日比休息日高，春季比其他季节高，体现出该区域目前还是以生产性活动为主的城市经济特点。

从本章包括的 45 个宝安地区混元声景音频特征来看，其环境声的方向性不明显，存在较宽泛的频域特征。在宝安西部临海一面，海水声与临港游人的嬉闹声是该区域特有的一类混元声景。

宝安区阳台山中心岭村典型混元声景的声学特征

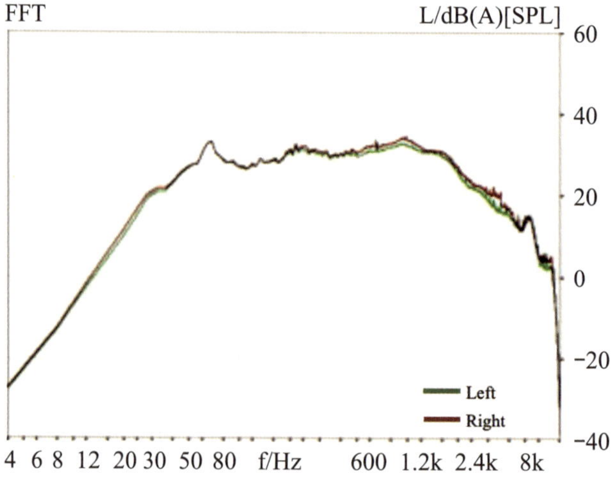

宝安区罗租上新村典型混元声景的声学特征

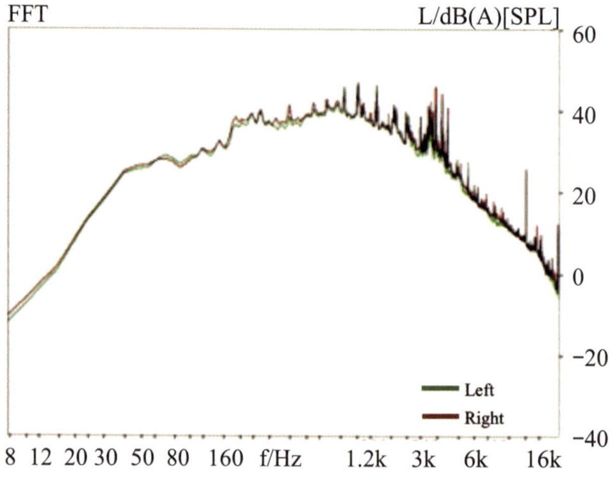

从上述图可以看出，某些中高频声音存在明显抖动。

宝安区阳台山公园夏季某周混元声景声级变化趋势

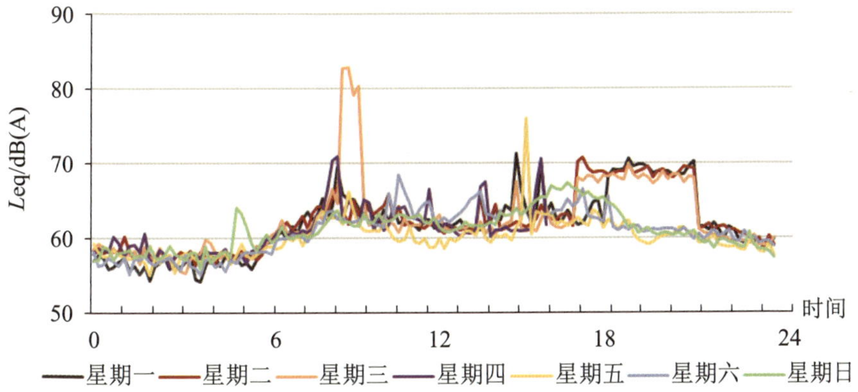

宝安区阳台山公园具有宝安区混元之声的典型特征。从上图展示的阳台山公园夏季某周混元声级变化可以看出，除周一、周三外，其他日期声级较为接近，晚间略低于白天。周一、周三出现了较为明显的声音事件，且在晚间时段持续时间较长，周一晚间晚些时候亦出现了类似较高声音事件，其声级达到了 70 dB(A)。

宝安区阳台山公园四季混元声景声级变化趋势

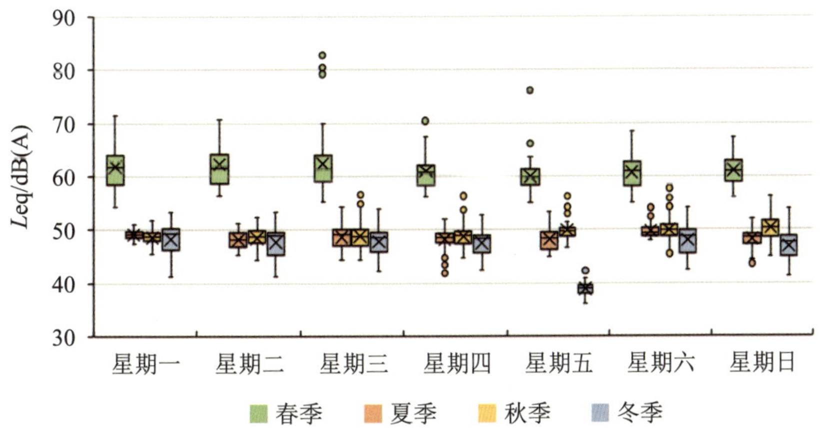

从宝安区阳台山公园四季混元声级变化可以看出，春季声级明显大于其他三个季节，达到 60 dB(A) 左右。其他三个季节声级较为接近，在 45 ～ 50 dB(A)。冬季周五的声级较低，在 40 dB(A)。

深圳属亚热带海洋性季风气候，四季温和，阳光充沛，城市中公园、绿地较多。城市声源种类丰富。既有自然声，又有社会生活娱乐声，更是普遍存在交通噪声。混元声景就是这些声源混合存在的一种声景。城市化程度偏低区域的混元声景声级一般在 50 dB(A) 左右；而城市化程度较高地区的一般在 60 dB(A) 左右，较高可达 75 dB(A) 以上。

大鹏新区位于深圳东南部，地貌以滨海低山、丘陵为主，三面临海、一面环山。是古代中国南部海防要塞，闻名遐迩的“大鹏新区所城”就在其内。作为生态旅游胜地，自然声源与其他声源混合程度高，在渔村、古镇等旅游区形成了多元混合的声景。大鹏新区混元声景中的环境声级一般在 50 dB(A) 以上，最高可达 80 dB(A)。坪山区位于深圳市东北部。北靠惠州、东莞，隔海与香港新界相眺，是客家人之乡。深圳扩容将坪山带入了飞速城市化阶段。原城中人口外迁，导致坪山生活声与机械声日益高涨，结合原区域保留的生态环境中的自然声，呈现出多元混合的声景特征。坪山混元声景中的环境声级一般在 45 ～ 60 dB(A)。罗湖区位于深圳市中东部，与香港隔河相望，是改革开放的前沿阵地。罗湖区城市化程度高、区内商业发达，商业活动与交通声形成了主要的混元声景，其声级一般在 60 dB(A) 以上。福田区位于深圳市中部，东接罗湖、西临南山。地势北高南低，海岸线绵长。福田城市化程度高，第三产业发达。公园绿地众多，自然声、生活声与交通声并存，构成了现代生态都市的混元声景特色。其环境声级一般在 60 dB(A) 左右。南山古称南头，位于深圳市中西部。南部与香港隔海相望，与珠海、澳门隔江相邻。地势北高南低，海岸线较长。高端制造业与港口为主要产业。滨水背山地貌为城市提供了生态的活动场所。自然声、生活声与交通声构成混元声景，其声级一般在 60 ～ 70 dB(A)，相比于深圳其他地区的混元声景，其环境声级较高，与区内存在发达的制造业有关。宝安区位于深圳市西部，西临珠江口，北接广东东莞，以广府文化为主，社会生活内容丰富。主要以港口和现代服务业为主。区内海、陆、空交通完备。与坪山相似的是随着深圳城市扩容，自然生态区的缩减，交通声与社会生活声构成了主要的混元声景。但在滨海、山脉等自然生态区，混元声景中的自然声占比亦较大。宝安区混元声景中的环境声级一般在 50 ～ 60 dB(A)，在某些城市环境下，最高可达 75 dB(A)。